中国花生
种植制度

◎ 万书波 郭 峰 编著

中国农业科学技术出版社

图书在版编目（CIP）数据

中国花生种植制度 / 万书波，郭峰编著. —北京：中国农业科学技术出版社，2020.12

ISBN 978-7-5116-5101-3

Ⅰ. ①中… Ⅱ. ①万… ②郭… Ⅲ. ①花生—种植制度—中国 Ⅳ. ①S565.207

中国版本图书馆 CIP 数据核字（2020）第 247770 号

责任编辑 王惟萍
责任校对 贾海霞

出 版 者 中国农业科学技术出版社
北京市中关村南大街12号　　邮编：100081
电　　话 （010）82106625（编辑室）（010）82109702（发行部）
（010）82109709（读者服务部）
传　　真 （010）82106625
网　　址 http://www.castp.cn
经 销 者 各地新华书店
印 刷 者 北京建宏印刷有限公司
开　　本 710mm×1 000mm　1/16
印　　张 17.25
字　　数 325千字
版　　次 2020年12月第1版　2020年12月第1次印刷
定　　价 138.00元

《中国花生种植制度》

编 著 人 员

主 编 著：万书波 郭 峰

副主编著：陈殿绪 张佳蕾 吴正锋 王建国 沈 浦
李新国

参编人员（按姓氏笔画排序）：

丁 红 王才斌 王月福 王铭伦 刘 苹

孙秀山 李向东 李 林 李娜娜 杨丽萍

邹晓霞 张 正 张智猛 陈为京 郑永美

郑奕雄 单世华 孟维伟 徐 杰 唐荣华

唐朝辉 慈敦伟

序　言

　　花生是中国重要的油料作物、经济作物和出口农产品，在保障中国食用油供给安全、增加农民收入和出口创汇中占有重要地位。花生适应性广，在中国广大地区均有种植，且种植制度多样，历来有花生连作，或与其他作物、果、蔬、林等进行轮作、间套作的传统和习惯，花生在作物轮作换茬和稳定熟制、改良土壤生态条件等方面具有重要意义。随着中国国民经济的发展，城镇化速度的加快，农业可耕作土地资源总量不断缩小，社会对农产品的需求分化和强化，对粮油产品需求、经济需求和生态需求日趋提高，粮棉油果蔬等争地矛盾日益突出。当前，既要保证粮食稳产、增产和高效，又要缓和食用油脂需求压力与因市场影响导致花生播种面积的大幅波动的局面，亟须对中国花生现有的种植制度进行梳理与总结，在发现问题并明确制约种植制度稳定推行的影响因素的基础上提出对策。目前本团队已完成《中国花生品质区划》和新一轮的《中国花生种植区划》，为中国花生区域布局及生产发展提供了支撑，在此基础上，加强花生与其他作物种植制度的研究已成为当务之急。

　　随着农业变革的深化，目前，中国农业处于从传统农业种植制度向现代农业种植制度的转变的重要时期。在实现粮食作物稳产、增产的基础上，确保花生种植面积和产量的前提下，提高耕地复种指数，实现农业综合效益的提高，探讨花生不同种植模式下的规模化应用，从而有利于促进中国花生与其他作物轮作、间作的传统模式向现代农作制度的转变。

　　全书共六章。第一章概述了世界及中国油料作物生产情况、中国花生生产及在农业与国民经济中的地位；第二章对中国花生种植历史、制度沿革及生产布局进行了梳理；第三章着重阐述花生种植制度理论基础，涵盖气候、土壤、生产、经济、科技水平与种植制度的关系，复种、轮作搭配原则；第四章论述了花生高产高效典型种植模式，主要有一年一作、两年三作、一年两作、轮作、连作、间套作等种植模式；第五章阐述了黄河流域、长江流域、华南、东北和西北中国花生主产区主要种植制度；第六章对中国花生种植制度发展趋势进行了探讨及展望。力求为中国花生种植制度未来发展提供一定的理论与实践支撑。

本书的编辑出版，得到了国家花生产业技术体系（CARS-13）、山东省农业农村专家顾问团、山东省农业重大应用技术创新课题（SD2019ZZ011）和国家重点研发计划（2018YFD1000900）等项目的资助。在编写过程中，还得到国家花生产业技术体系各位专家、花生界及作物界同仁的大力支持，在此一并致谢。

本书内容通俗易懂，可供高校、广大农业科研人员、农技推广人员及广大花生种植者参考。

由于中国花生种植范围广泛，各地区气候及生态条件差异大，种植制度丰富多样，加之编著时间仓促以及编写人员水平所限，疏漏之处在所难免，恳请同仁和读者指正。

万书波 郭 峰

2020年8月

目　录

第一章　概述 ··· 1

　　第一节　世界油料作物生产概况 ··· 1

　　第二节　中国油料作物生产概况 ··· 6

　　第三节　中国花生生产概况 ··· 11

　　第四节　花生在农业与国民经济中的地位及作用 ··················· 17

第二章　中国花生种植制度沿革 ··· 21

　　第一节　中国花生种植历史 ··· 21

　　第二节　中国花生种植制度沿革 ··· 24

　　第三节　中国花生生产布局 ··· 28

第三章　花生种植制度理论基础 ··· 51

　　第一节　气候条件与种植制度 ·· 51

　　第二节　土壤条件与种植制度 ·· 57

　　第三节　生产条件与种植制度 ·· 68

　　第四节　经济条件与种植制度 ·· 75

　　第五节　科技水平与种植制度 ·· 78

　　第六节　复种、轮作、间作搭配原则 ·· 80

第四章　花生高产高效典型种植模式 ·· 93

　　第一节　一年一熟种植模式 ··· 93

　　第二节　两年三熟种植模式 ··· 99

　　第三节　一年两作种植模式 ··· 103

第四节　轮作与连作 ……………………………………………… 109

第五节　间作套种 …………………………………………………… 125

第五章　中国花生主产区主要种植制度 ………………………… 143

第一节　黄河流域花生区主要种植制度 ……………………… 143

第二节　长江流域花生区主要种植制度 ……………………… 159

第三节　华南花生区主要种植制度 …………………………… 170

第四节　东北花生区主要种植制度 …………………………… 190

第五节　西北花生区主要种植制度 …………………………… 197

第六章　中国花生种植制度发展及展望 ………………………… 203

第一节　未来气候条件变化与种植制度 ……………………… 203

第二节　未来土壤条件变化与种植制度 ……………………… 212

第三节　机械化、信息化、标准化、产业化发展与种植制度 ………… 216

第四节　国家粮油安全与花生种植制度 ……………………… 228

参考文献 …………………………………………………………… 235

附录 ………………………………………………………………… 253

一、世界花生主产区主要方式 ………………………………… 253

二、中国花生种植典型方式及模式 …………………………… 257

三、主要相关标准或技术规程 ………………………………… 263

第一章 概　　述

第一节　世界油料作物生产概况

油料作物是以榨取油脂为主要用途的一类作物，同时也是植物蛋白和蛋白饲料的来源。这类作物主要有油菜、大豆、花生、芝麻、向日葵、棉籽、蓖麻、苏子、油用亚麻和大麻等。传统认为世界四大主要油料作物为大豆、油菜、花生、向日葵。

据美国农业部（USDA）有关数据显示，全球食用油籽的产量从2005—2006年度的3.94亿t增长至2015—2016年度的5.27亿t，10年累计增幅33.8%，年均增幅3.0%。世界油籽原料市场是以大豆为主导，约占60%，位居第一位；近年来全球大豆产量持续增长，国际谷物理事会（IGC）发布报告显示，2015—2016年度全球大豆产量为3.215亿t，较2011—2012年度增加了1/3。棉籽、花生、葵花籽及油菜籽约占30%，其中油菜籽、葵花籽和棉籽产量均超过4 000万t，油菜籽7 000万t左右，位居油料产量的第二；全球花生产量较为平稳，在3 800万t左右，棕榈仁产量1 600万t左右。

一、世界大豆生产概况

大豆原产于中国，已有几千年的栽培历史，世界上其他主产国（美国、巴西、阿根廷等）的栽培历史短暂，但发展迅猛。目前，世界大豆主要生产国是美国、巴西、阿根廷、中国及印度，它们的生产量占世界总生产量的90%以上。美国是目前世界上头号大豆生产国，其产量占世界大豆总产量的1/3以上，2015—2016年度美国大豆产量约1.07亿t，而2011—2012年度仅为0.84亿t，累计增幅27.4%，年均增幅5.48%。但是从2002年起，南美的巴西和阿根廷两国的生产量合计与美国持平，形成了美国与巴西、阿根廷的两极结构。巴西为第二大大豆生产国，近几年大豆产量与美国的差距越来越小，其产量占全球的1/3左右，从2011—2012年度的0.67亿t增加至2015—2016年度的0.97亿t，累计增加44.8%，年均增幅9.0%。近年来全球油料产量呈持续增长态势，特别是大豆产量增长占全球油料产量增长的主要份额。其中，增产量最大的主要是美国和巴西，而阿根廷、中国产量的增加额占世界大豆总增产额的比重较小（图1-1）。

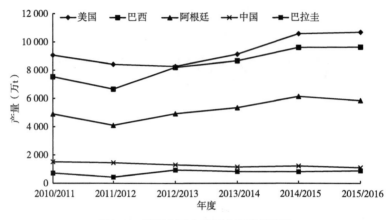

图1-1　世界大豆主产国大豆产量变化

（数据来源：美国农业部、国家统计局）

二、世界油菜籽生产概况

全球油菜籽产量至2013—2014年度达到7 166.5万t，为历史最高产量，得益于欧盟总产提高，近年来产量有所下降。世界上油菜籽主要生产国（组织）为欧盟、加拿大、中国、印度、澳大利亚、乌克兰和美国，2015—2016年度分别占全球油菜籽产量的32.3%、25.2%、21.0%、8.2%、4.4%、2.6%、1.9%，其中，欧盟、加拿大、中国和印度四国（组织）总计占全球产量的86.8%。1998年之前中国一直是世界上最大油菜籽主产国，自2005年以来欧盟由于种植面积增加，其产量持续保持世界第一位置，特别是2010年以来，年均产量2 100万t以上，占全球总产量的1/3。近年来加拿大油菜籽种植面积不断扩大，产量不断提高，年均产量超过1 500万t，已超过中国位居第二位，而中国年均产量不足1 400万t。印度一度是全球第四大油菜籽主产国，年均产量600多万t。澳大利亚年均产量300多万t，乌克兰年均产量不足200万t，美国年均产量100多万t，三国仅占全球总产的9%左右（图1-2）。

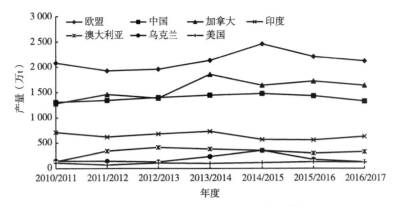

图1-2　世界油菜籽主产国油菜籽产量变化

（数据来源：美国农业部）

三、世界葵花籽生产概况

近年来，世界葵花籽产量持续增加，2014/2015—2016/2017年度年均总产量约4 320万t，预计2017—2018年度总产达到4 600万t以上，将创历史最高产量。乌克兰、俄罗斯、欧盟、阿根廷、中国等国家（组织）是葵花籽的主产地，各地产量分别约占世界葵花籽总产量的26%、23%、20%、7%和6%，合计占世界总产的80%以上（图1-3）。乌克兰近年来总产增加较快，年均产量已突破1 000万t，为世界葵花籽产量第一大国。其次是俄罗斯，近年来产量持续增加，年产量仅次于乌克兰，近1 000万t，位居世界第二。欧盟作为第三大生产国，年产量约850万t。

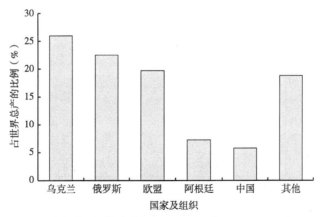

图1-3　世界葵花籽主产国葵花籽产量变化（2014—2017年）

（数据来源：《油世界》）

第四位是阿根廷，产量约300万t。中国作为世界上最大的农产品生产国和消费国，但葵花籽产量年均仅约为250万t，约占到世界葵花籽总产量6%。

四、世界棉籽生产概况

目前世界上种植棉花的国家有100多个，分布在亚洲、美洲、非洲、大洋洲和欧洲，产棉区域主要分布在北纬40°到南纬30°的广阔地带。亚洲和美洲占全球的80%以上。亚洲是全球最大的棉花和棉籽生产洲，产量均占全球的70%左右；主产国有中国、印度、巴基斯坦、乌兹别克斯坦和土耳其，产量约占全球的一半、约占亚洲的95%。美洲是全球的第二大产棉和棉籽的洲，产量约占全球的20%，尤其是北美洲占全球18%左右，主产棉国有美国和墨西哥。非洲是全球第三大产棉和棉籽的洲，产量占全球的6%左右；主产国是埃及。大洋洲只有澳大利亚种植棉花，棉籽产量约为全球的2%。欧洲的产棉国不多，棉籽产量仅约为全球的1.5%（图1-4）。

2010—2014年全球棉籽总产年均4 706万t，中国、印度、美国是全球最主要的产棉国，三国的棉籽产量约占世界的一半以上。中国曾是世界最大的棉花和棉籽生产国，2013年之前每年棉籽产量为1 200万~1 300万t；但是近年来棉花面积大幅下滑，年均棉籽产量不足900万t。印度棉籽产量增长较快，2014—2015年度印度棉花产量排名第一，取代中国成为全球最大的产棉国，其棉籽产量超过中国，位居第一。美国2001年棉籽产量增长至750万t，2005年达到820万t，然而2008—2009年度产量锐减，近年来年均接近500万t。

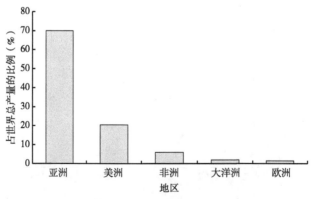

图1-4　世界棉籽生产区域分布（2010—2014年）

（数据来源：联合国粮食及农业组织）

五、世界花生生产概况

据联合国粮农组织统计数据，全球种植花生的国家有100多个，分布在亚洲、非洲、美洲和大洋洲。近年来花生种植面积年均3.8亿亩[①]左右，年均总产量4 300万t左右。亚洲是全球最大的花生生产洲，非洲位居第二，2000—2014年年均产量分别占全球的65.8%和25.8%，两洲合计占全球总产的90%以上（图1-5）。近年来，花生种植面积居前五位的国家依次是印度、中国、尼日利亚、苏丹、印度尼西亚，年总产居前五位的国家依次是中国、印度、尼日利亚、美国、苏丹。印度和中国的种植规模约占亚洲地区的90%；印度是世界花生种植面积第一大国，是全球唯一超过1亿亩的国家；中国位居第二，2016年达到7 000万亩，但总产中国居第一位，2016年达到1 729万t。

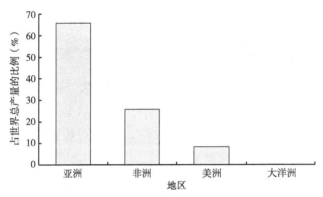

图1-5　世界花生生产区域分布（2010—2014年）

（数据来源：联合国粮食及农业组织）

世界花生种植制度及模式丰富多样（附录）。花生主要生产国美国机械化、精准化程度高，普遍施行轮作、免耕、休耕，很少有花生与其他作物间套作，多采用宽窄单行、宽窄双行等种植模式。阿根廷多采用与小麦、玉米等作物轮作换茬，进行免耕及秸秆还田方式，种植管理方式与美国类似。印度作为花生种植大国，种植范围几乎遍布全国，主要以畦作为主，方式多样，玉米套种、平垄播种、大垄等行距裸种等。中国从北到南依次为一年一熟、两年三熟、一年两熟、一年多熟等种植制度，花生种植一般分为春播、夏播、秋播，种植方式包含平作、垄作、畦作、单作、间作、混作、套作等。

———————————

① 　1亩≈667m^2，1公顷=15亩，全书同。

第二节　中国油料作物生产概况

油料作物是中国食用植物油、植物蛋白和蛋白饲料的重要来源，油料作物的生产在国民经济和社会发展中占有重要地位。中国种植的油料作物品种繁多，但习惯上由于花生、油菜、芝麻、胡麻、向日葵的生产规模大，商品率高，而将其统称为五大油料作物，是中国主要的食用油源。另外，可作为食用油源的还包括大豆、棉籽、油茶等。中国农业统计长期以来都将大豆归类于粮食作物，主要是因为大豆含有丰富的蛋白质，但由于大豆同样具有较高的含油量，且由于近年来，大豆的榨油消费在大豆总消费中占的比例越来越高，大豆油在食用植物油的供给中扮演着越来越重要的角色，因此也将大豆纳入油料作物。

一、中国主要油料作物产量

从油料产量分析，2000—2012年度中国油料总产量稳步增长，总产量从5 373.3万t增长到6 145.1万t，增加了771.8万t，增幅达14.4%。2013年以后总产下滑，2015—2016年年均5 800多万t（表1-1）。大豆产量自2000—2005年持续增长，达到1 635万t，此后产量呈波动递减，2013—2016年维持在1 200万t左右。近年来随着种植业结构调整，大豆种植面积有所增加，国家统计局数据显示，2017年大豆产量1 455万t，同比增长12.4%。油菜籽产量从2010—2014年持续增加，总产量从1 278.8万增长到1 391.4万t，增幅8.8%。近年来油菜籽价格一直偏低，由此影响农户种植意愿，加上天气等因素，国产油菜籽呈连年减产趋势。自2010年以来，花生产量超过大豆，成为第一大油料作物，但是面积位列大豆、油菜之后。从2005年开始，花生产量是"先升后降再增长"的趋势，特别是近年来国家种植业结构调整，种植效益较好，总产已超过1 600万t。从产量分析，棉籽为中国第四大油料原料，经历了先增后降趋势，2005—2014年均产量1 100多万t，从2012年随着劳动力成本增加、种植效益下滑，棉籽产量大幅下滑，棉籽产量仅为900多万t。葵花籽和胡麻籽产量也表现出波动稳步增长，2010年后分别稳定在230万t和35万t以上。芝麻产量年际间波动较大，2016年产量下降。油茶籽产量一直保持稳步增长，2014年达202.3万t，为2000年的2.46倍，较2010年增加85.26%。

表1-1 中国主要植物油料产量

单位：万t

年份	总产量	棉籽	大豆	花生	油菜籽	葵花籽	芝麻	胡麻籽	油茶籽	其他
2000	4 520.8	795.1	1 541.1	1 443.7	1 138.1	195.4	81.1	34.4	82.3	62.1
2005	5 373.3	1 028.6	1 635.0	1 434.2	1 305.2	192.8	62.5	36.2	87.5	46.2
2010	5 828.2	1 073.0	1 508.3	1 513.6	1 278.8	229.8	46.2	32.4	109.2	36.6
2011	5 827.9	1 186.0	1 448.5	1 530.2	1 313.7	231.3	45.8	35.9	148.0	31.9
2012	5 971.3	1 230.5	1 305.0	1 579.2	1 340.1	232.3	46.6	39.1	172.8	31.6
2013	5 977.2	1 133.8	1 195.1	1 608.2	1 352.3	242.4	43.8	39.8	177.7	29.5
2014	5 822.6	1 112.0	1 220.0	1 590.1	1 391.4	249.2	43.7	38.7	202.3	31.5
2015	5 878.9	—	1 160.6	1 596.1	1 385.9	—	45.0	—	—	—
2016	5 724.4	—	1 294.5	1 636.1	1 312.8	—	35.2	—	—	—
平均	5 809.8	1 079.9	1 367.6	1 547.9	1 313.1	224.7	50.0	36.6	140.0	38.5

注：数据来源于中国统计年鉴（2018）和国家粮油信息中心。

从油料占比分析，中国主要植物油料产量主要由花生、油菜籽、大豆及棉籽组成，2000年以来，4种植物油料占总产量90%以上，其中花生、油菜籽和大豆占比均超过20%，花生占比最高。此外，植物油料中还含有少量葵花籽、油茶籽、芝麻和胡麻籽，占比较低（表1-2）。近年来，随着棉花种植面积减少，棉籽产量占比随之下降，而花生、大豆种植面积增加，两者占比有所增加。因此，确保花生、油菜籽、大豆及棉籽等主要植物油料稳产和产量增加对中国油料安全供应十分重要。此外，需进一步挖掘葵花籽、芝麻、胡麻籽及油茶籽等其他植物的增产潜力，优化油料组成占比结构。

表1-2 中国主要植物油料占总产量比例

单位：%

年份	棉籽	大豆	花生	油菜籽	葵花籽	芝麻	胡麻籽	油茶籽	其他
2000	14.80	28.68	26.87	21.18	3.64	1.51	0.64	1.53	1.16
2005	17.65	28.05	24.61	22.39	3.31	1.07	0.62	1.50	0.79
2010	18.41	25.88	25.97	21.94	3.94	0.79	0.56	1.87	0.63
2011	19.86	24.26	25.63	22.00	3.87	0.77	0.60	2.48	0.53
2012	20.59	21.83	26.42	22.42	3.89	0.78	0.65	2.89	0.53
2013	19.47	20.53	27.62	23.23	4.16	0.75	0.68	3.05	0.51

（续表）

年份	棉籽	大豆	花生	油菜籽	葵花籽	芝麻	胡麻籽	油茶籽	其他
2014	18.92	20.75	27.05	23.67	4.24	0.74	0.66	3.44	0.54
2015	—	20.27	27.88	24.21	—	0.79	—	—	—
2016	—	22.00	27.80	22.31	—	0.60	—	—	—
平均	18.53	23.58	26.65	22.59	3.86	0.87	0.63	2.40	0.67

注：数据来源于中国统计年鉴（2018）和国家粮油信息中心。

二、中国主要油料作物播种面积与种植结构

中国主要油料作物播种总面积表现为2000—2005年小幅增长，随后至2013年持续减少了367.1万hm²，之后几年出现波动性起伏变化。2010—2016年平均播种面积2 545.2万hm²，较2000—2005年平均播种面积减少了295.8万hm²，减少幅度10.4%（表1-3）。中国大豆播种面积表现为先增后减再增变化，2000—2005年增加了29.4万hm²，随后至2015年（除2014年略有增加外）持续降低，降幅达32.2%，到2016年开始回升，2017年大豆播种面积780hm²，比上年增加了8%以上。2018年全国大豆种植面积保持恢复性增长。中国油菜播种面积2000年以来年均700多万hm²，仅次于大豆，但自2013年以来有减少的趋势，2012—2015年面积一直高于大豆，位居第一，2016年被大豆赶上。2000—2016年花生年均播种面积447万hm²，2000年面积最大，2010年之后年际间在430万～450万hm²变化，因种植业结构调整、花生价格较高效益较好等因素，近年来面积不断增加，2017年花生种植面积增加到460.8万hm²。棉花年均播种面积437.6万hm²，自2011年以来随着劳动力成本增加、种植效益下滑，棉花播种面积逐年减少，从503.8万hm²降至2016年的334.5万hm²。葵花、芝麻和胡麻播种面积均在2000年以后减少，2011年之后分别在92万hm²、43万hm²和31万hm²左右波动，较2000年降幅分别达到26%、45%和38%左右。

表1-3 中国主要植物油料播种面积

单位：万hm²

年份	总面积	大豆	棉籽	花生	油菜籽	葵花籽	芝麻	胡麻籽
2000	2 820.8	930.0	404.1	485.6	749.4	123.5	78.2	50.0
2005	2 861.1	959.4	506.2	466.2	728.2	102.6	59.1	40.4

（续表）

年份	总面积	大豆	棉籽	花生	油菜籽	葵花籽	芝麻	胡麻籽
2010	2 701.3	851.6	484.9	437.7	731.6	98.0	45.0	32.1
2011	2 655.7	788.7	503.8	433.6	719.2	94.1	43.8	32.5
2012	2 556.6	717.4	468.8	440.1	718.7	88.2	44.1	31.0
2013	2 494.0	678.3	434.6	439.6	719.3	92.2	41.2	31.3
2014	2 506.5	680.0	422.2	437.0	715.8	94.3	43.0	31.4
2015	2 433.8	650.6	379.7	438.6	702.8	—	—	—
2016	2 468.5	720.2	334.5	444.8	662.3	—	—	—
平均	2 469.6	775.1	437.6	447.0	716.4	99.0	50.6	35.5

注：数据来源于中国统计年鉴（2018）和国家粮油信息中心。

从主要植物油料种植结构分析，占总播种面积前四位的作物是油菜籽、大豆、花生和棉籽，四者占总播种面积90%以上，大豆与油菜籽位居第一梯队，占比超过20%，花生与棉籽位居第二梯队，占比超过15%。葵花籽、芝麻和胡麻籽播种面积占总播种面积比例较少，三者总计占总面积的7.1%（表1-4）。由此可见，稳定或增加油菜籽、大豆、花生及棉籽等主要植物油料播种面积，是获得油料稳产和提高产量的前提和保障。此外，还应积极采取措施提高葵花籽、芝麻和胡麻籽的播种面积，优化油料种植结构，促进油料总面积持续稳步增长。

表1-4　中国主要植物油料种植结构（占总播种面积比例）

单位：%

年份	大豆	棉籽	花生	油菜籽	葵花籽	芝麻	胡麻籽
2000	32.97	14.33	17.21	26.57	4.38	2.77	1.77
2005	33.53	17.69	16.29	25.45	3.59	2.07	1.41
2010	31.53	17.95	16.20	27.08	3.63	1.67	1.19
2011	29.70	18.97	16.33	27.08	3.54	1.65	1.22
2012	28.06	18.34	17.21	28.11	3.45	1.72	1.21
2013	27.20	17.43	17.63	28.84	3.70	1.65	1.26
2014	27.13	16.84	17.43	28.56	3.76	1.72	1.25
2015	26.73	15.60	18.02	28.88	—	—	—
2016	29.18	13.55	18.02	26.83	—	—	—
平均	29.69	16.76	17.12	27.44	3.79	1.94	1.36

注：数据来源于中国统计年鉴（2018）和国家粮油信息中心。

三、中国主要油料作物单产水平

7种主要油料单位面积产量总体上呈波动增长趋势变化。其中，单产水平最高的是花生，2000—2016年平均单产3 471.3kg/hm²，2010年以来单产稳定在3 400～3 700kg/hm²，最高达到3 678kg/hm²。棉籽平均单产位居第二，特别是2012年以来稳定在2 600kg/hm²以上。葵花籽平均单产仅次于棉籽，位居第三，2012年以来也是稳定在2 600kg/hm²以上。油菜籽单产水平2010—2016年保持稳定增长，2016年达1 982kg/hm²。2000—2016年大豆平均单产仅次于油菜籽，2011—2016年稳定在1 700kg/hm²以上，最高年份1 814.4kg/hm²。2000—2016年芝麻和胡麻籽平均单产较低，但近年来稳步增长。随着栽培水平的提高各种油料表现为逐步增长变化趋势（表1-5）。

表1-5　中国主要植物油料单位面积产量

单位：kg/hm²

年份	棉籽	大豆	花生	油菜籽	葵花籽	芝麻	胡麻籽
2000	1 968.0	1 655.7	2 973.3	1 518.9	1 590.0	1 034.2	690.3
2005	2 032.0	1 704.5	3 076.1	1 793.3	1 889.3	1 054.1	910.7
2010	2 213.0	1 682.0	3 460.0	1 748.0	2 335.3	1 293.0	1 087.5
2011	2 354.0	1 791.7	3 529.0	1 827.0	2 459.8	1 366.0	1 113.5
2012	2 625.0	1 814.4	3 588.0	1 865.0	2 614.1	1 439.0	1 228.6
2013	2 609.0	1 759.9	3 658.0	1 880.0	2 606.8	1 460.0	1 273.2
2014	2 634.0	1 787.3	3 639.0	1 944.0	2 626.7	1 443.0	1 262.7
2015	—	1 811.4	3 640.0	1 972.0	—	1 495.0	—
2016	—	—	3 678.0	1 982.0	—	1 529.0	—
平均	2 347.9	1 750.9	3 471.3	1 836.7	2 303.1	1 345.9	1 080.9

注：数据来源于中国统计年鉴（2018）和国家粮油信息中心。

四、中国主要油料作物发展趋势

为应对入世挑战，推进农业结构战略性调整，2003年，中国出台了《优势农产品区域布局规划（2003—2007年）》，对油料作物生产布局作了科学规划，并大力推进。以大豆为例，2007年优势区大豆面积占全国的58.7%，总产占

50.6%，分别比2001年提高8个百分点和4个百分点。重点产区的黑龙江省，2007年大豆面积和总产分别占全国的43.5%和33%，较2001年分别提高10个百分点和4个百分点。为继续推进优势农产品区域布局，2008年中国出台了《全国优势农产品区域布局规划（2008—2015年）》，规划指出，对于大豆作物，着力建设东北高油大豆、东北中南部兼用大豆和黄淮海高蛋白大豆3个优势区；对于油菜作物，着力建设长江上游、中游、下游和北方4个优势区，油料作物进一步向优势区域集中。以大豆为例，2011年，黑龙江、吉林、辽宁和内蒙古大豆播种面积约占全国的60%，产量约占57%，比2007年分别提高了约2个百分点和7个百分点。原农业部印发的《特色农产品区域布局规划（2013—2020年）》指出重点在吉林、江苏、安徽、福建、江西、河南、湖北、陕西、新疆等地的部分县市发展芝麻；在河北、山西、内蒙古、陕西、甘肃、宁夏、新疆等地的部分县市发展胡麻；在山西、内蒙古、辽宁、吉林、黑龙江、新疆等地的部分县市发展向日葵；在浙江、湖北、湖南、贵州等地的部分县市发展木本油料。由此可见，根据生态区及作物的特点等因素，各油料种植向优势区域集中。

第三节 中国花生生产概况

花生是中国传统的油料作物，与大豆、油菜共同构成中国三大主要食用油源。在国内大豆产业逐渐滑坡、油菜籽进口量激增的大背景下，花生产业能否持续发展不仅关系中国的出口创汇能力，更直接影响到中国油料的战略安全问题。

中国花生生产的区域广泛，主要集中在北部华北平原、渤海湾沿岸地区和南部华南沿海地区及四川盆地等。可分为两大产区，即北方生产区和南方生产区，北方花生生产区的面积、总产分别占全国的60%和65%。

一、中国花生产量情况

20世纪50年代，花生在中国油料生产中占主要地位，产量约占油料（含大豆）总产量的17%左右；20世纪60年代，受自然灾害和社会经济的影响，花生产量急剧下滑，较50年代减少约26.5%，平均总产量只有约176.5万t，占油料总产的比重也有所下降；20世纪70年代是中国花生生产的恢复期，总产237.0万t，仍低于20世纪50年代水平；到了20世纪80年代，花生与其他油料作物生产得到快速恢复，平均总产量是20世纪70年代2.22倍；随后的20余年中，花生总产量持续增长，尤其是20世纪90年代增加迅速，进入21世纪初，产量有下降趋势，随后持续增加，2014—2015年有些下滑，到2016年总产达到1 728.98万t，为历史最高产量，总产位居全国油料作物之首，为全球第一大花生生产国（图1-6）。

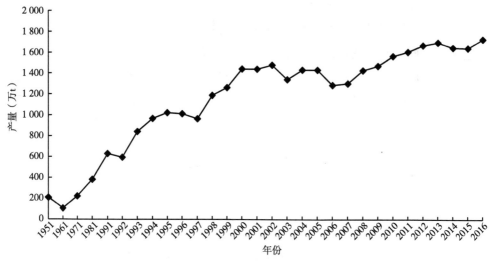

图1-6　中国花生产量变化情况

（数据来源：中国统计年鉴，2017）

国内花生种植以山东、河南、河北、广东、安徽、辽宁、湖北、四川、广西、江苏、江西等省（区）为主，总产约占全国的93%。2012—2016年年均产量在50万t以上省（区）有山东、河南、河北、广东、安徽、辽宁、湖北、四川和广西，其中河南和山东产量最大，近10余年来年均超过300万t，两省的花生产量之和约占全国的一半（表1-6）。山东总产维持在330万t左右，河南2006年总产首超山东，至2016年持续增加，已超过500万t。河北年产130万t左右，年际间变幅不大，为第三大省份。广东自2005年以来产量持续增加，2014年突破100万t，2016年达到111.9万t。安徽在2010年之前产量波动较大，之后维持在90万t左右。辽宁花生总产波动大，2011—2013年均超过110万t，而后迅速减少，2016年有所回升。湖北、四川、广西和江西四省花生总产增加较为缓慢。吉林近年来总产持续增加，2013年突破50万t，2016年达到66.8万t。江苏原为传统花生产区，2003—2006年均60万t以上，2007—2016年均仅为36万t，10年间从未有超过40万t的年份。

表1-6　中国花生主产区花生产量

单位：万t

年份	山东	河南	河北	广东	安徽	辽宁	湖北	四川	吉林	广西	江苏	江西
2003	355.6	228.2	148.1	80.7	69.4	54.8	68.4	59.9	27.4	48.1	51.6	36.8
2004	365.3	306.3	137.9	76.5	95.4	41.9	63.2	59.8	20.3	51.5	69.1	31.8
2005	359.9	338.3	140.3	75.9	79.3	33.0	60.2	62.0	28.7	55.1	55.5	31.7
2006	355.0	367.5	137.0	76.5	84.9	35.7	58.4	47.1	32.9	57.2	66.8	32.2
2007	325.6	373.6	130.7	76.7	61.8	25.0	48.6	51.0	22.0	32.0	33.8	38.3
2008	337.1	384.6	140.1	80.5	77.9	45.1	57.5	59.0	35.0	35.4	35.6	36.8
2009	330.9	412.6	134.0	83.6	75.1	53.5	62.6	60.1	30.5	39.8	38.7	38.2
2010	339.0	427.6	129.2	87.1	86.4	96.1	64.4	61.5	37.1	43.5	37.7	40.8
2011	338.6	429.8	128.9	90.8	84.3	116.5	68.7	62.7	36.0	47.5	37.0	43.7
2012	348.7	454.0	126.9	95.5	86.9	116.5	74.3	64.8	46.7	51.3	36.0	44.8
2013	345.7	471.4	130.1	99.8	88.7	111.3	68.1	65.4	55.8	54.1	35.3	45.2
2014	331.3	471.3	129.2	104.3	94.4	62.0	69.1	66.6	54.6	57.6	34.8	45.7
2015	319.4	485.3	127.4	109.0	94.8	44.8	67.9	67.5	55.9	60.7	35.1	46.4
2016	321.6	509.2	129.7	111.9	90.7	77.7	71.7	68.8	66.8	64.9	36.7	46.5
平均	341.0	404.3	133.5	89.2	83.5	65.3	64.5	61.2	39.3	49.9	43.1	39.9
2012—2016年平均	333.3	478.2	128.7	104.1	91.0	82.5	70.2	66.7	56.0	57.7	35.6	45.7

注：数据来源于中国统计年鉴（2017）。

二、中国花生种植面积情况

20世纪50年代，中国种植面积约200万hm²，约占油料（含大豆）总种植面积的1/10左右；20世纪60年代，受自然灾害和社会经济的影响，花生面积下滑，较50年代减少17.9%，占油料面积比重也有所下降；20世纪70年代中国花生生产得到恢复，面积有所增加，但仍低于50年代7.1%；到了20世纪80年代，花生面积增加较快，较上一年代增长48.2%；随后的10余年中，花生种植面积总体上持续增加，到2003年花生种植面积505.68万hm²，为历史最高纪录，也是至2016年唯一一次突破500万hm²年份。之后至2007年面积持续下降，而后10年间总体缓慢增加，2016年恢复至472.7万hm²（表1-7），面积仅次于印度，为全球第二大种植面积的国家。

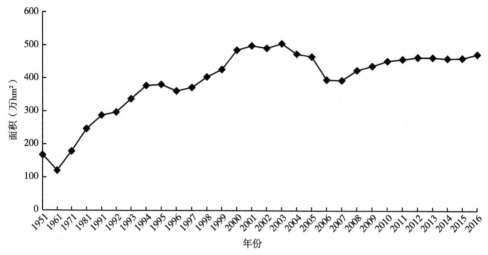

图1-7 中国花生面积变化情况

（数据来源：中国统计年鉴，2017）

中国花生种植范围广泛，2003—2016年花生年种植面积超过15万hm²的省份有10个，合计占全国花生种植面积的84.0%，其中黄淮、华南、长江流域及东北是四片相对集中的主产区，尤其以河南、山东、河北、广东、四川、辽宁、广西、安徽的种植面积较大，各省（区）年均接近或超过20万hm²，其中河南和山东两省约180万hm²，占全国花生面积的40.2%（表1-7）。2003年以前山东为全国第一种植大省，近年来在70万～80万hm²。自2004年以来河南超过山东成为全国第一种植大省，2011年超过100万hm²，近年来逐年增加，2016年超过110万hm²，随着种植业结构调整，其面积还有继续增加的趋势。河北近年来花生面积持续下降，目前不足35万hm²，远低于21世纪初。广东花生面积持续增加，2014年以来超过河北，成为中国第三大花生种植省份。辽宁花生面积增加较快，但是自2011年以来，面积持续下滑，2015—2016年不足30万hm²。四川花生面积十分稳定，年均25万～27万hm²。近年来安徽花生面积较为稳定在19万hm²左右，但是较21世纪初面积下滑较大。2003—2016年广西花生面积经历了先降后升的趋势，近年来稳定在20万hm²以上。湖北是仅次于广西的花生产区，年际间波动较大，近年来的面积在20万hm²左右。吉林近年来花生面积逐年增加，2016年首次突破20万hm²。江西花生面积较为稳定，在16万～17万hm²。江苏原为中国重要的花生产区，由21世纪初的20多万hm²下降到目前不足10万hm²，减少了一半以上。

表1-7 中国花生主产区花生面积

单位：万hm²

年份	山东	河南	河北	广东	辽宁	四川	安徽	广西	湖北	吉林	江西	江苏
2003	98.82	96.34	48.95	32.58	27.16	27.00	27.3	22.8	20.11	11.05	16.68	21.45
2004	92.53	95.17	44.89	30.81	21.11	26.47	25.44	23.65	17.30	8.30	13.45	21.86
2005	88.48	97.93	43.88	30.94	17.24	26.4	23.85	24.37	17.17	11.19	13.51	17.43
2006	85.79	95.67	42.51	30.82	13.77	26.09	21.84	24.68	16.89	12.53	13.26	19.17
2007	79.01	94.78	39.15	30.25	9.87	23.78	17.27	13.62	13.78	10.02	15.21	9.57
2008	80.05	95.67	40.99	31.41	14.83	25.62	19.45	14.52	17.6	12.69	14.20	10.16
2009	77.48	97.54	38.97	32.21	26.06	25.63	18.09	16.08	18.37	12.25	14.64	10.55
2010	80.50	98.95	36.74	32.85	33.24	25.93	19.46	17.03	18.93	13.54	15.24	10.34
2011	79.71	101.06	36.02	33.44	37.71	25.86	18.89	17.95	19.22	11.85	15.79	10.02
2012	78.71	100.71	35.45	34.32	35.96	26.2	18.75	18.88	23.98	14.15	16.07	9.59
2013	78.03	103.73	35.56	35.1	34.15	25.99	18.73	19.49	20.04	14.83	16.37	9.42
2014	75.53	105.83	35.25	35.74	30.56	26.11	19.04	20.43	19.85	15.04	16.26	9.16
2015	74.04	107.46	34.29	36.59	27.78	26.30	19.11	21.43	19.91	17.34	16.42	9.06
2016	73.97	112.82	34.23	36.90	28.13	26.44	18.31	22.13	20.61	20.67	16.38	9.39
平均	81.62	100.26	39.06	33.14	25.54	25.99	20.40	19.79	18.84	13.25	15.25	12.66
2012—2016年平均	76.06	106.11	34.96	35.73	31.32	26.21	18.79	20.47	20.88	16.41	16.30	9.32

注：数据来源于中国统计年鉴（2017）。

三、中国花生单产情况

花生单产水平总体上是持续提高的。20世纪50—60年代花生单产仅为1 105.9kg/hm²，随着科技进步和生产条件改善，花生单产稳步提高，以20世纪80—90年代增幅最大，80年代花生平均单产比70年代增加了约50%，90年代花生平均单产2 620.57kg/hm²，比80年代又增加了39.9%。21世纪前10年花生平均单产达到3 138.94kg/hm²，2011年首次突破3 000kg/hm²，2013年达到3 663.33kg/hm²，为历史最高水平。2011—2016年年均花生单产3 593.87kg/hm²，较2001—2010年增加了454.93kg/hm²，增幅14.5%（图1-8）。与中国大豆、油菜等主要油料作物相比，花生单产约为大豆的2倍、油菜的1.9倍，优势明显。

当前世界花生平均单产水平最高的国家是以色列，达到6 300kg/hm²左右。中国花生的平均单产水平与以色列相比还有较大差距，为其平均单产水平的57%。但在世界主要花生生产和出口国中，中国花生的平均单产水平较高，基本维持在世界平均水平的2倍以上。美国花生单产4 000kg/hm²左右，位居世界前列，中国与美国之间有一定差距，但高于阿根廷和印度。

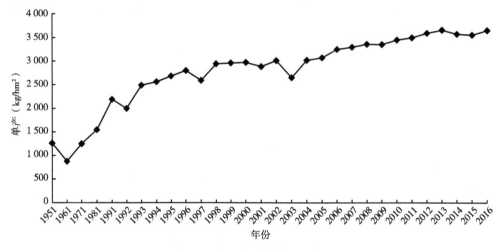

图1-8　中国花生单产变化情况

（数据来源：中国统计年鉴，2017）

中国各省（区）花生单产水平各不相同（表1-8），新疆花生单产水平最高，2015—2016年年均5 890kg/hm²，这得益于当地良好的自然条件，光照充足。花生主产区除辽宁、吉林和湖北外，其余省（区）花生单产总体上呈现上升趋势。花生主产区2012—2016年年均单产超过3 000kg/hm²的省份有7个，分别为山东、河南、河北、安徽、湖北、吉林和江苏；超过4 000kg/hm²的省份有3个，为山东、河南和安徽，均位于黄淮海区，其中安徽单产水平最高，平均4 843.8kg/hm²，2010年首超山东和河南，2014年和2016年均达到4 955kg/hm²；其次是河南，2010年超过山东。除湖北和吉林外，南方和东北产区花生单产水平相对较低，最主要原因是受天气因素影响，南方雨水多、渍涝灾害频发，东北地区特别是辽西地区风沙地较为贫瘠、降水较少、风沙重，靠天吃饭。

表1-8 中国花生主产区花生单产

单位：kg/hm²

年份	山东	河南	河北	广东	辽宁	四川	安徽	广西	湖北	吉林	江西	江苏
2003	3 599.0	2 369.0	3 026.0	2 478.0	2 019.0	2 218.0	2 543.0	2 112.0	3 400.0	2 484.0	2 208.0	2 404.0
2004	3 948.0	3 218.0	3 071.0	2 482.0	1 985.0	2 277.0	2 668.0	2 176.0	3 652.0	2 451.0	2 364.0	3 162.0
2005	4 067.0	3 454.0	3 198.0	2 452.0	1 915.0	2 349.0	3 324.0	2 262.0	3 505.0	2 562.0	2 344.0	3 182.0
2006	4 138.0	3 841.0	3 224.0	2 484.0	2 591.0	1 805.0	3 889.0	2 317.0	3 458.0	2 625.0	2 426.0	3 485.0
2007	4 121.0	3 942.0	3 338.0	2 534.0	2 533.0	2 143.0	3 576.0	2 352.0	3 527.0	2 196.0	2 516.0	3 536.0
2008	4 211.0	4 020.0	3 417.0	2 563.0	3 039.0	2 303.0	4 004.0	2 436.0	3 267.0	2 758.0	2 592.0	3 502.0
2009	4 270.0	4 230.0	3 438.0	2 596.0	2 052.0	2 345.0	4 152.0	2 477.0	3 408.0	2 491.0	2 609.0	3 665.0
2010	4 212.0	4 322.0	3 571.0	2 652.0	2 893.0	2 373.0	4 440.0	2 554.0	3 405.0	2 739.0	2 677.0	3 646.0
2011	4 248.0	4 253.0	3 579.0	2 716.0	3 091.0	2 426.0	4 465.0	2 644.0	3 577.0	3 041.0	2 771.0	3 692.0
2012	4 430.0	4 508.0	3 581.0	2 784.0	3 240.0	2 474.0	4 634.0	2 716.0	3 100.0	3 301.0	2 788.0	3 756.0
2013	4 430.0	4 544.0	3 658.0	2 845.0	3 259.0	2 516.0	4 734.0	2 776.0	3 400.0	3 765.0	2 761.0	3 745.0
2014	4 386.0	4 453.0	3 667.0	2 919.0	2 030.0	2 553.0	4 955.0	2 818.0	3 478.0	3 630.0	2 808.0	3 800.0
2015	4 314.0	4 516.0	3 716.0	2 980.0	1 612.0	2 579.0	4 941.0	2 832.0	3 410.0	3 223.0	2 827.0	3 871.0
2016	4 347.0	4 513.0	3 790.0	3 033.0	2 764.0	2 601.0	4 955.0	2 931.0	3 481.0	3 232.0	2 839.0	3 910.0
平均	4 194.4	4 013.1	3 448.1	2 679.9	2 501.6	2 354.4	4 091.4	2 528.8	3 433.4	2 892.7	2 609.3	3 525.4
2012—2016年平均	4 381.4	4 506.8	3 682.4	2 912.4	2 581.0	2 544.6	4 843.8	2 814.6	3 373.8	3 430.2	2 804.6	3 816.4

注：数据来源于中国统计年鉴（2017）。

第四节 花生在农业与国民经济中的地位及作用

农业是国民经济的基础，粮棉油则是基础的基础。花生作为中国主要的油料之一，在农业和国民经济中处于极其重要的地位。由于国内油脂短缺、出口贸易以及种植业结构调整等因素影响，花生的发展前景十分广阔。对于改善人民膳食结构、发展畜牧业、抗旱节水农业等方面均具有重要意义。

一、消费现状

目前，中国油料及食用油产量是满足不了国内需求的，以转变成为以依赖进口为主的局面。近年来，中国食用植物油年消费量已超过3 000万t，其中国产食用植物油产量年均1 000万t左右，食用植物油自给率不足1/3，60%以上依赖进口。据美国农业部统计，2016—2017年度中国植物油消费达3 568万t，国产油脂仅占1 100万t，自给率差不多为30.8%。据海关统计，2016年，中国进口各类植物油总量为688.4万t。其中，进口大豆油56万t、菜籽油70万t、棕榈油447.8万t、葵花籽油95.7万t、花生油10.7万t、橄榄油4.5万t。豆油、菜籽油、花生油和棕榈油的平均自给率仍然低于40%。世界油脂市场形势严峻，供不应求的现象将持续下去。因此，要缓解目前中国植物食用油的供需矛盾，大力发展花生作物不容置疑。

从消费结构看，中国植物油消费以大豆油、棕榈油、菜籽油及花生油为主，占总消费量的近90%，品种结构不均衡。其中大豆油消费量最大，占总消费量的45% ~ 50%，菜籽油和棕榈油各占15% ~ 20%，花生油约占8%。目前，中国所产花生50%以上用于榨油，测算年产花生油在270万 ~ 300万t，占国产食用植物油生产量的1/4 ~ 1/3，是中国重要的优质食用油来源。

二、贸易现状

花生在世界农业生产和贸易中占有重要地位。国际市场上，中国、美国、阿根廷、印度是最主要的花生出口国。从花生产品的国际市场占有率来看，中国的市场占有率最大，阿根廷第二，此外是印度、美国、荷兰等国。近几年来，中国花生产品的国际市场占有率呈现明显下降态势，而阿根廷、荷兰、印度持续上升，美国虽有波动但变化不大。从花生产品出口结构来看，带壳花生的竞争力以中国最强，美国、荷兰次之，印度较弱，阿根廷最弱；去壳花生、花生饼的竞争力以印度最强，其余四国均偏弱；花生油的竞争力以阿根廷最强，其余四国均偏弱；花生制品的竞争力以中国、阿根廷为强，荷兰、美国次之，印度最弱。中国各项花生产品的竞争力波动程度不同，花生油、花生制品的竞争力波动剧烈，带壳花生、去壳花生、花生饼的竞争力均呈现出下降趋势。

2000—2011年中国始终保持花生净出口，年均出口约63万t，以食用花生为主，占全球花生贸易量的40%以上。近年来出口量有所下滑，进口量有所增加。据海关统计，2017年中国花生总体出口情况成上升态势，花生出口52.52万t，同比增长27.45%，出口额9.78亿美元，同比增长21.12%。日本、荷兰、西班牙是中国花生主要出口国，印度尼西亚同比涨幅较大。2017年中国进口花生相关产品25.35万t（不含花生油），较去年同比下降44.72%，进口额1.94亿美元，金额较去年同比下降41.49%。塞内加尔、美国、印度是中国花生主要进口国，埃塞俄比亚和新西兰同比涨幅较大。

2005年以来，中国花生油出口占世界总出口量的比重逐年下降，2011年出口占世界总贸易量的5.4%，进口则呈现增加趋势。2017年中国花生油进口数量为10.8万t，出口数量0.9万t，净进口9.9万t；花生油进口金额为1.48亿美元，出口金额为0.21亿美元，净进口1.27亿美元。中国花生油进口来源地主要为阿根廷、苏丹、巴西、印度和尼加拉瓜，共计进口花生油10.5万t，占总花生油进口数量的97.2%，进口金额1.42亿美元，占总进口花生油金额的95.9%。中国花生油出口去向地主要为中国香港、马来西亚、中国澳门、日本和新加坡，共计出口花生油8 416t，占花生油总出口数量的99.3%，出口金额0.21亿美元，占花生油总出口金额的99.2%。

三、发展趋势

《国家粮食安全中长期规划纲要（2008—2020年）》中预测，到2020年中国食用油总量将达到2 900万t，人均食用油消费量为20kg，有资料显示2016年中国食用油人均消费量为24.8kg，已提前超过预期目标。随着人民生活水平逐步提高和人口稳步增长，中国食用油消费量仍有增长空间。目前，中国食用植物油年消费量已远超3 000万t，未来几年内有望突破4 000万t。根据目前中国主要植物油料生产状况及油脂进口需求发展趋势，要满足国内食用油不断增长市场需求，在今后较长一段时间内仍需进口较大数量的植物油料和植物油。要改变这种状况，必须积极发展国内油料植物种植，尤其是保证花生产业发展，发挥其优势，并做大做强，为食用油供给安全提供保障。

一是要有完善的国家政策，促进花生面积不断扩大、提高产量。大力扶持黄淮海、东北、南方等花生生产优势区域，发挥好区域优势，支持新疆等新兴花生产区，积极开拓花生种植区域，扩大花生种植面积。加强对食用植物油工业发展的产业政策引导，鼓励有实力的企业到国外扩展花生种植，建设花生油生产、加工及配套原料基地。制定和完善花生生产补贴制度，稳定市场价格和增强农民种植积极性。

二是加强科技投入，促进花生新品种、新技术研发与推广应用。加强选育高产、优质、多抗和适应性强的专用花生新品种，拥有完全自主知识产权，占领制高点，防止国外品种控制。研究建立高产高效栽培技术体系，实现良种良法配套。

三是推进生产机械化，实现农机农艺融合。加大科研投入，研究集成花生全程机械化生产技术，如种子加工技术、机械化精量播种技术、田间管理技术、机械化收获技术和加工贮藏技术等产业化关键技术，切实实现农机农艺融合，提高机械化生产水平。

第二章 中国花生种植制度沿革

第一节 中国花生种植历史

中国是重要的花生生产国之一，花生种植面积居全球第二，花生总产量、总消费量、总出口量均居全球首位。花生不仅在中国的经济作物种植中占有重要的地位，而且成为大众生活中不可或缺的常用副食品。

中国花生种植的历史至迟在明代就已开始，学界对花生的起源、传播与分布、品种与技术的改良方面的研究由来已久。在花生起源方面，张勋等提出了中国原产花生说；在花生传播与分布方面，何炳棣利用各地方志对花生传入各地的时间及传播地区进行了研究；在花生品种与技术的改良方面，王在序等对传入山东的花生品种的栽培史进行了探讨。但总体说来，花生的起源、传播与分布、品种与技术的改良等仍有许多尚未解决的问题，特别是中国历史上花生种植地区差异及其与自然环境的关系、花生用途的区域特点与商业流通等更少有人涉及。鉴于此，本节拟从历史地理学角度对中国花生种植的区域特点与商业流通做一些新的探讨。

目前研究表明，中国虽然可能是花生的原产地之一，但是在明朝之前的历史典籍中并没有明确记载与栽培花生相同特性的作物。可以肯定的是，16世纪初引进南美的花生品种后，栽培种花生才开始在中国传播开来。

事实上，从美洲出传入的花生新品种也并不止一次、一个品种，而是多次、多路的传入中国。这些外来种大部分是20世纪后传入的，在此之前传入的主要有3次（表2-1）。

首先是16世纪初传入的小粒型龙生花生，这种花生匍匐蔓生，品种不是很好，传入之初也没有得到迅速传播，甚至像《农政全书》这样的书都没有加以记载。1673年前花生在中国的分布区仍局限在南方各省，如江苏、福建、浙江、安徽、

表2-1　20世纪之前3次重要花生品种的引进（郭声波 张明，2011）

花生品种	传入时间	传入地	传播途径
龙生型花生	1500年左右	福建	一说是华侨；另一说是西班牙旅行者
弥勒大种落地花生	1673年前	福建	隐元和尚从日本寄回
弗吉尼亚种 （普通型大花生）	1857年	上海	美国传教士汤普森由美国传入

江西、广东等地，因而仍被称为"南果"。康熙年间，从日本传入被称为'弥勒大种落地松'的花生品种，这种花生蔓生，果实大，产量高，适应性强，含油率高。于是，在'落花松'引进的同时，人们也了解到"落花生即泥豆，可作油"。花生可以榨油，这一发现为花生的广泛种植开辟了一个新的前景。到嘉庆以后，差不多中国现在花生栽培分布的地区，绝大部分都传播开了。而之前引入的龙生型品种由于自身的弱点而逐渐淘汰，种植面积不断缩小。在嘉庆以后的文献中，便很少看到有关这种龙生型品种的记载了。大花生传入后，种植面积和产量不断增加。民国初年，全国17个省花生种植面积约1 390.2万亩（约92.68万hm²），总产量约在1 789.4万担①（约合89.47万t），出口量在450万担左右（约合22.5万t）。其中，山东花生出口占到了一半左右。到20世纪30年代抗战爆发之前，全国17省花生种植面积在2 251.2万亩左右（约150万hm²），生产总量在5 380.4万担左右（约合269万t）。之后战乱频发，花生的种植面积和产量非但没有明显的提升，甚至多数年份在下降。到1949年中华人民共和国成立之前，花生的种植面积和产量分别是1 883.6万亩（约125.6万hm²）、2 543.6万担（约合127.2万t）。中华人民共和国成立之后，由于政府的重视及品种、栽培技术的改进，花生种植面积和产量有了极大的提高。1956年全国花生种植面积达到了3 872.5万亩（约258.2万hm²），总产量6 672.1万担（约合334.6万t）。经过20世纪50—70年代的动荡期之后，花生种植面积到1980年恢复到了3 508.5万亩（约合233.9万hm²），产量达到了7 200.5万担（约合360万t）。对中国花生种植影响最大的是19世纪从美国传入的'弗吉尼亚种'（普通型），也就是以前我们通常叫的"洋花生"或"大花生"。这个新品种有直立型和蔓生型两种，含油量比中国以前引种的品种稍差，但适应性更强，颗粒特别大，产量很高。在山东试种成功后，这种新品种迅速向内地传播，在很短时间内便传遍了全国各地，使中国花

---

① 1担=0.05吨。

生栽种面积和产量空前急剧增加，特别是黄河流域及东北、华北地区的大面积种植，很大程度上与这次新品种的传入有直接关系。花生逐渐成为中国的重要经济作物，在国计民生中的作用越来越大。进入20世纪后，又陆续传入了许多花生品种，但都没有'弗吉尼亚种'花生影响大。不过这些引进品种在国内不断杂交之后，也培育出了一些适合国内环境的栽培花生新品种。

新品种及新栽培技术的引进，使花生在种植面积和产量上有了飞跃式的发展，时至今日，花生已经成为全国普遍种植的经济作物之一，全国1 800个县种有花生。若以种植面积1万亩为集中产区与分散产区的界限，则花生面积不足1万亩的县有1 200个（占全国总数的2/3），总种植面积和总产量分别占全国的8%和7%；种植面积1万亩以上的县有600个，总种植面积和总产量分别占全国的92%和93%。

为何花生从美洲引种后能在中国有如此迅速广泛的传播呢？首先，花生虽然原产于热带，但对气候的适应性却极大。花生生长期为110～180d，要求积温在2 500～4 800℃，一般发芽温度要求达到15℃，开花期在22～25℃，对土壤的适应性也较广，pH值在5～8的土壤均可种植。而且即可旱作也可水田耕种。而中国大部分地区积温都在2 500℃以上，土壤即使是酸性经改良后pH值也可达到花生种植的要求，中国多山、多丘陵的地形，不利于重要粮食作物的耕种，但花生气候适应性强的特性使其能够广泛种植。其次，花生不宜连作，适合于各种粮食作物轮作，这种轮作方式不仅可以增加花生产量，而且花生收获后有大量的根瘤和落叶残留于土壤中，提高了土壤肥力，改良土壤结构，减少病虫危害，利于作物产量的提高。而且花生在农作物中单位面积产量是较高的。如在1946年，水稻、小麦、高粱、谷子、玉米的亩产量分别为52.5kg、68.5kg、88kg、86kg、80kg，而花生此年的亩产量为121kg，因而在出现荒灾年岁时，花生往往起到了重要的救灾作用。再次，花生榨油业和花生出口的刺激，让人们获利，积极种植花生。据《中国年鉴》记载："落花生产额之增殖，实在十九世纪之末叶。厥后广东方面，因落花生油需要之增加，本省产量较微，供不应求，以致落花生之栽培，逐推广于北部各省"。清道光初，山东平度县（现为平度市）"试种花生，而油业始盛"。到20世纪初，英文版《海关贸易十年报告》一文说："为榨油而种植的花生输出，已经从9.5万担上升到1911年的79.7万担"。可见，花生的迅速传播与榨油业的发展息息相关。最后，政府对花生种植的重视也是重要的原因。早在光绪中期，大花生引入山东之初，烟台蓬莱的当地官府就在县衙前刻石立碑，对大花生的由来及优点做了说明介绍，从而进一步推动了大花生在本地区的传播推广。而1910年后，山东省劝业公所特札饬各府州县对"粒大而多结"的美种大花生"督办种植"，花生种植进一步在全省范围扩大。可见，政府的重视对花生的迅速传播亦有重要的推动作用。

第二节　中国花生种植制度沿革

一、不同类型花生种植分布

栽培种花生依植物形态来划分有丛生、蔓生，如按荚果大小划分有大粒和小粒两种，而在中国不同地区种植的花生品种，传统上按性状差异可分为四类：多粒型、珍珠豆型、龙生型和普通型。由于各地区的气候条件和土壤差异很大，耕作制度也不相同，因而花生在传入中国后，各地区之间的花生种植也有很大的差异（表2-2）。

表2-2　20世纪50年代花生分布（郭声波　张明，2011）

花生产区	土壤	耕作制度	主要种植品种
黄河冲积平原区	冲积土、沙壤土	一年一熟春花生	普通型、珍珠豆型
辽东半岛、山东、苏北丘陵花生区	花岗岩、片麻岩形成的沙砾土	多为一年一熟春花生，部分夏播和麦套	普通型
淮北平原花生区	黄河泛滥时淤积沙土	两年三熟轮作，以冬麦行中套种为主	普通型
南方春、秋两熟花生产区	丘陵红壤及河流沿岸冲积沙土和沙质壤土	一年两熟春、夏交作	珍珠豆型
长江中下游北部平原花生区	丘陵红壤和黄壤、河流沿岸冲积沙土和沙质壤土	一年两熟春、夏交作	普通型、珍珠豆型
长江中下游南部平原花生区	丘陵红壤、黄壤和紫色土	一年两熟春、夏交作	普通型、珍珠豆型
四川盆地花生区	钙质中性紫色土及红壤、黄壤	一年两熟的麦套和夏播	龙生型
云贵高原花生区	红壤和黄壤	多为一年两熟	普通型
东北早熟花生区	丘陵沙地和风沙土地、黑钙土	一年一熟	珍珠豆型、多粒型
黄土高原花生区	粉沙土	一年一熟春花生	珍珠豆型
西北内陆花生区	沙土	一年一熟	普通型、龙生型

首先，各地花生品种种植与气候条件的差异紧密相关。如在西北内陆及淮河以北地区，年平均气温为11～14℃，无霜期180～230d，年降水量450～900mm，日照率55%～60%，因而花生多为一年一熟，多种植普通型大花生；而在长江流域年平均气温20～25℃，无霜期均在300d以上，年降水量1 500～2 000mm，日照率40%～50%，因而花生可以一年两熟，多种植珍珠豆型花生；而在东北部地区，年平均气温2～7℃，无霜期130～160d，年降水量450～700mm，日照率60%左右，也就只适宜种植早熟型的珍珠豆型和多粒型花生了。

其次，因土壤差异，不同地区种植不同花生品种。如在沙质土壤区，土壤的pH值为中性，多种植普通型花生；在红壤、黄壤土质地区（如粤西），土壤的pH值偏低，则宜种植珍珠豆型花生。另外还有一些地区的特有土壤适合特定的花生品种，如四川盆地的钙质中性紫色土就特别适宜龙生型花生生长，所以，四川的花生多显粒小肉紧的特点。

最后，地形的高低起伏、贫瘠状况也影响着花生品种的分布。同一地区在地势较高的地区，往往种植生长期较短的早熟型花生，如珍珠豆型、早熟型、多粒型花生，而在平原和河流沿岸地区多种植普通型花生和珍珠豆型中、晚熟型；土地的贫瘠状况也直接影响人们对花生品种的选择，土地肥沃的地区多种植产量较高的普通型和珍珠豆型，反之，则多选择较耐旱的龙生型、多粒型和珍珠豆型花生。

二、不同种植制度分布

早期引进品种龙生型小粒花生"性宜沙地，且耐水淹，数日不死"。正因为对自然环境的极强适应力，因而在最初引种的福建，花生多种植在贫瘠的丘陵沙质土壤中。但种植要求"以沙压横枝"，"压花伏地"；在收获时要"割蔓取之"，"具筛筛土"，"水漂晾晒"；甚至还有"经霜"之说。按照这种种植方式，既费时又费工，大规模的种植花生是不容易的。因花生种植规模无法扩大，致使种植技术在很长一段时间并没有多大的改良。在'弗吉尼亚种'大花生引进之后，改变了蔓生的植物性状，引入了直立的丛生花生，这种植株形态的花生种植方法简单，易于收获。因而在引种地山东的丘陵地区开始广泛种植，并逐渐成为最集中的大花生种植区，后逐渐推广到了全国大部分花生种植地区。在花生迅速传播的同时，花生种植技术也不断地改良。特别需要注意的是，花生种植技术的改良与各地的自然环境密切相关，并且各地种植技术具有不同步性和地区差异性。

首先，花生轮作、间作、套作栽培制度各地差异明显。19世纪初，在发现花生重茬种植减产后，各种植区先后采取花生与其他作物轮作的种植方法（表2-3）。

表2-3　20世纪60年代各地花生轮作制度（郭声波 张明，2011）

主产区	主要轮作制度
北方大花生区	一年一熟：晚熟大花生与甘薯隔年轮作 两年三熟隔年轮作：①春花生—[1]冬小麦—夏甘薯；②冬小麦（花生）—春玉米
长江流域 春夏花生交作区	一年两熟，隔年轮作：①花生（冬小麦）—冬小麦—夏甘薯（四川、湖北、江苏、安徽）；②油菜（花生）—冬小麦—夏甘薯（四川、湖北） 两年三熟，隔年轮作：花生（冬小麦）—冬闲—早、中稻—秋耕炕田（江西红壤丘陵区） 三年五熟轮作：花生（冬小麦）—冬小麦—杂豆—甘薯（湖北）
南方春秋 两熟花生区	水旱轮作： （1）一年三熟：①春花生—晚稻—冬甘薯或小麦；②春花生—中稻—晚秋甘薯（广东、福建、广西、台湾） （2）两年五到六熟：①春花生—晚稻—冬甘薯或小麦、油菜、绿肥—早稻—晚稻—豌豆、蚕豆或冬闲（广东、福建、广西、台湾）；②早稻—秋花生—东黄豆或蔬菜、麦类、冬甘薯、冬闲—早稻—晚稻—冬甘薯或麦类、冬闲（广东、广西、福建、台湾等省南部） （3）三年轮作：春花生—晚稻—冬甘薯或大豆—甘蔗—甘蔗 旱地轮作： （1）两年轮作：花生—秋甘薯或陆稻—大麦、小麦或蔬菜、冬闲—大豆或粟—秋甘薯—蔬菜或冬闲（两年五熟或六熟，广东、广西、福建、台湾等省区） （2）三、四年轮作：①春花生—小麦—甘薯—豌豆或冬闲—大豆—甘薯（三年轮作，福建、广西较普遍）；②春花生—秋甘薯—红麻或玉米—大豆或甘薯—甘蔗—甘蔗（宿根）（四年轮作，广东较普遍）
其他花生生产区	黄土高原花生区、东北早熟花生区和西北内陆花生区多是一年一熟制的春花生，与高粱、粟、小麦、玉米、马铃薯、大豆不定期轮作 云贵高原花生区多采用二至三年轮作方式，与小麦、玉米、甘薯、油菜等作物轮作

---

① "—"表示下茬，全书同。

　　花生与其他作物间种的方式也是地区各异。北方平原地区多采取花生与玉米间作的方式；而华南及山东、浙江、四川则采取花生与甘薯间作的方式；在四川、广东、福建、广西、江西则有花生与甘蔗间种的习惯；另外，花生还与果园林地间作，如在华南各省及四川利用柑橘、荔枝、桑树等幼林间作，湖南利用油茶林间作花生，河南、河北、山东、辽宁则利用苹果、枣、梨、桃等经济林地间作花生，都取得了较好的效果。

　　套种花生在前作物的生长后期，于前作物间播种，以充分利用生长季节、提高复种指数，达到粮油双丰收的目的。据气候条件，各地花生套种时间并不尽相同。晚熟大花生可适当早套，早熟珍珠豆型花生可适当晚套；无霜期短的地区可适当早套，无霜期长的地区可适当晚套。且各地套种的作物也不尽相同。如山东、河北有小麦、西瓜、玉米套种花生，广东有甘蔗套种花生，而在山区多用果林套种花生。

　　其次，花生播种、收获时间因各地气候条件的差异而不同（表2-4）。气候因素在花生播种与收获时间上起到的关键性影响。不但影响着花生生长期的长短，还影响着花生耕作地区。播种时期亦以气温关系从南向北逐渐推迟，南方气候温暖地区一年可播种两次。此外，各地的花生播种方式也与当地的自然环境密切相关。播种方法方面，东北地区要早播，山东丘陵地带因土层薄或易受涝灾采用垄作进行穴播或条播，黄淮平原区常用平作穴播的方法，南方多雨区则为了排水而采用穴播或条播；花生播种密度各地也不相同，山东丘陵地区采用垄作方式，在垄面上进行穴播或条播，南方采用高畦作。

表2-4　花生播种、收获时间的地区差异（郭声波 张明，2011）

播种时间	收获时间	所在省份
4月中旬至5月中旬	9月中旬至10月下旬	福建、广东、广西、云南、海南
4月下旬至5月中旬	9月中旬至10月中旬	上海、江苏、浙江、安徽、江西、湖北、湖南
4月下旬至5月下旬	9月中旬至10月中旬	重庆、四川、贵州
5月上旬至5月下旬	9月中旬至10月上旬	吉林
5月上旬至6月上旬	9月上旬至9月下旬	甘肃、宁夏、新疆
5月上旬至6月上旬	9月中旬至10月中旬	山东、河南、陕西
5月上旬至6月下旬	9月中旬至10月中旬	北京、天津、河北、山西、辽宁
5月上旬至6月下旬	9月上旬至9月下旬	内蒙古、黑龙江

第三节　中国花生生产布局

中国花生种植区域十分广阔，主要分布在北纬18°～40°，东经100°以东的亚热带与温带地区。从中国版图上看，北到黑龙江的黑河市，南至海南省的榆林，西自新疆维吾尔自治区的喀什，东到黑龙江省的密山均有种植，种植范围十分广泛。在"十一五"期间，中国种植面积在10万hm²以上的省份有13个，其中河南、山东、河北、广东、四川、辽宁、安徽、广西、湖北、江西和吉林11个花生主产省份年均花生种植面积占全国总面积的85.68%，可见中国花生生产主产区集中的特点十分突出。

一、中国花生种植区划

中国花生种植区划研究工作始于20世纪60年代，到目前为止已进行了两次全国性的花生种植区划工作，这些工作给中国花生种植带来巨大的积极影响，对于因地制宜、科学的指导花生生产，实现区域化、专业化生产，以及引种、育种、良种布局等均有重要的意义。

（一）第一次花生种植区划

20世纪60年代，中国农业科学院花生研究所根据中国各地的地理、气候因素、耕作栽培制度、品种类型的分布特点等方面，并考虑到今后花生生产发展的前途，将中国花生的产地划分为七个自然区：北方大花生产区；长江流域春、夏花生交作区；南方春、秋两熟花生区；云贵高原花生区；黄土高原花生区；东北早熟花生区和西北内陆花生区。又根据地势、土质、品种分布和栽培制度的不同，将北方大花生产区分为三个亚区：黄河冲积平原亚区；辽东半岛、山东丘陵花生亚区和淮北麦套花生亚区。将长江流域春、夏花生交作区也分为三个亚区：长江中下游北部平原花生亚区；长江中下游南部丘陵花生亚区和四川盆地花生亚区。

（二）第二次花生种植区划

1979—1983年，由原国家农委、农牧渔业部组织中国农业科学院16个研究所，通过系统分析和综合研究，完成了中国各种农作物单项区划研究。中国花生第二次种植区划就是在此期间，由中国农业科学院油料作物研究所主持完成的。本次区划首次分析中国花生生产布局现状，并划分花生不同生态类型品种适宜气候区域，最终做出花生种植区划。

1. 中国花生不同生态类型品种适宜气候区划

花生不同生态类型品种适宜气候区划是花生种植区划的主要组成部分，是以花生对气候生态环境的要求为基础，以对花生起决定作用的关键温度条件，作为区划指标（表2-5）。

表2-5　花生气候分区指标（中国农业科学院油料作物研究所，1983）

区号	分区名称	7月、8月均温（℃）	积温（℃）
Ⅰ	各型品种适宜气候区	≥24	≥3 300
Ⅱ	珍珠豆型品种适宜气候区	22~24	2 750~3 300
Ⅲ	多粒型品种气候适宜区	19~22	2 250~2 750
Ⅳ	不适宜气候区	≤19	≤2 250

（1）各种品种适宜气候区。以7月、8月均温≥24℃作等值线，以积温≥3 300℃加以修正。本区包括天津、上海、江苏、浙江、安徽、福建、江西、山东、河南、湖北、湖南、广东、广西、台湾的全部，北京、河北、四川、贵州、新疆的南疆大部和东疆，辽宁的辽东湾沿岸的辽东半岛西侧、辽河下游平原和辽西走廊北部，山西南部，陕西中南部，云南的南部和西南部。

（2）珍珠豆型品种适宜气候区。以7月、8月均温22~24℃作等值线，以积温2 750~3 300℃加以修正。本区包括河北燕山东段以北，山西中部，内蒙古西北部，辽宁大部，吉林中部，四川西南部，贵州北部，云南大部，西藏察隅，陕西北部，甘肃东北部，宁夏大部，新疆的北疆部分县。

（3）多粒型品种适宜气候区。以7月、8月均温19~22℃作等值线，以积温≥2 250~2 750℃加以修正。本区包括河北北部，内蒙古东、南、西南部，辽宁北部，吉林西北部，甘肃东、南、河西走廊中部，新疆的北疆部分县。

（4）不适宜气候区。其余区域为不适宜气候区。

2. 第二次中国花生种植区划

本次区划的分区主要按纬度高低和热量条件，以及地貌分异划分，也考虑到花生不同生态类型品种适宜气候区的基本相对一致性，保持县界的完整性。亚区的划分依据基本相似。

（1）黄河流域花生区。以各型品种适宜气候区的指标划出其北、西北界，以秦岭、桐柏山、淮河线为其南界，东至海滨。本区包括山东、天津的全部，北京、河北、河南的大部，山西南部，陕西中部以及江苏北部和安徽北部，种植面积最大、总产量最高，均占全国的50%以上。

本区气候、土壤条件好，积温3 500℃以上，日照时数一般在1 300～1 550h，降水量在450～800mm，山东半岛、鲁中南、徐淮等地为丘陵地，其他地区为河流洪积冲积平原沙地。栽培制度过去为一年一熟和二年三熟制，现在基本为一年两熟制的麦套花生和夏直播花生所取代。该区被分为四个亚区：山东丘陵花生亚区、华北平原花生亚区、黄淮平原花生亚区、陕豫晋盆地花生亚区。

（2）长江流域花生区。以各型品种适宜气候区的指标划出其西界，东至海滨，南以四川盆地的盆舟山地的西北部，雪峰山和东南沿海花生区的北界为界，北与黄河流域花生区相连。该区包括湖北、浙江、上海的全部，四川、湖南、江西、安徽、江苏的大部，河南南部，福建西北，陕西西部以及甘肃东南部的武都、文县和康县。

花生主要分布在四川嘉陵江以北的绵阳—成都—宜宾一线地区，湖南的涟源—邵阳—道县一线地区，江西的赣江流域地区，淮南冲积土和湖北的鄂东丘陵地区。积温3 500～5 000℃，日照一般为1 000～1 400h，降水量一般在1 000mm左右。种植花生的土壤以红壤、黄壤、紫色土、沙土和沙砾土。栽培制度现在多为一年二熟制和二年三熟制，以麦套花生、油菜茬花生为主，部分春花生，湘、赣两省还有少量的秋花生种植。本区分为四个亚区：长江中下游平原丘陵花生亚区、长江中下游丘陵花生亚区、四川盆地花生亚区、秦巴山地花生亚区。

（3）东南沿海花生区。以积温≥5 800℃作等值线，以其间的天数≥265d加以修正，划出其北界和西界，东、南到海滨。位于南岭以南的东南沿海地区，包括广东、台湾的全部，广西、附件的大部和江西南部四县。

该区是中国花生种植历史最早，又能春秋两作的主产区。花生主要种植在海拔50m左右的地区，以东南沿海丘陵地区和沿海、河流冲积地区分布较多，广西的西北部和福建的戴云山等地分布较少。土壤主要是丘陵地区红、黄壤和滨海、河流冲积沙土。积温6 000～9 000℃，降水量1 200～1 800mm，日照1 300～2 500h。栽培制度因气候、土壤、劳力等因素而比较复杂，以一年二熟、一年三熟和二年五熟的春秋花生为主，海南岛等地还可种冬花生，有水旱轮作、旱地轮作、间种、套种等多种形式。

（4）云贵高原花生区。北、东、东南与长江流域花生区和东南沿海花生区相连，以珍珠豆型品种适宜气候区的指标划出其西北界，南、北为国界。包括贵州的全部、云南的大部、湖南西部、四川西南、西藏的察隅以及广西北部乐业至全州一线以北各县。

该区花生分布范围广且分散，以云南的红河州、文山州、西双版纳州、思茅地区和贵州的铜仁地区较多。本区为高原山地地形，气候垂直差异明显，花生多分布在海拔1 500m以下的丘陵、平坝与半坡地带的梯田和缓坡地上。土壤以红、黄壤为主，土质多为沙质壤土，酸性强。积温3 000~3 250℃，降水量500~1 400mm，日照1 100~2 200h（察隅仅750h）。栽培制度以一年一熟为主，部分地区为二年三熟或一年二熟。

（5）黄土高原花生区。以黄河流域花生区的西北界为其东南界，以长城沿线为其北界，以多粒型品种适宜气候区的指标划出其西界。以黄土高原为主体，及其邻近地区的河北北部，山西中部和北部，陕西北部，甘肃东南部，宁夏的海源、同心、盐池，以及北京市的昌平、延庆、怀柔三区。

该区为中华人民共和国成立后发展的花生区。花生多分布在地势较低地区，土质以粉沙为主，积温2 300~3 100℃，降水量250~550mm，日照1 100~1 300h。栽培制度为一年一熟。

（6）东北花生区。以黄河流域花生区的北界为其南界，以珍珠豆型和多粒型品种适宜气候区的指标，分别划出其西界和北界，两界于洮南市相接，东、东南界到海滨。包括辽宁、吉林、黑龙江的大部以及河北燕山东段以北地区。

本区为早熟花生区，花生主要分布在辽东、辽西丘陵以及辽西北等地区的丘陵沙地和风沙土上。积温2 300~3 300℃，降水量330~600mm，日照900~1 450h，栽培制度一年一熟。本区分为两个亚区：辽吉丘陵平原花生亚区、吉黑平原花生亚区。

（7）西北花生区。依次以珍珠豆型、多粒型、各型品种适宜气候区的指标划出其东、南界，西、北为国界。包括新疆的全部，甘肃的景泰、民勤、山丹以北地区，宁夏的中北部以及内蒙古的西北部。

本区20世纪80年代是各区中花生种植面积最少的灌溉花生区，近年来花生种植面积呈增加趋势。花生主要分布在盆地边缘和河流沿岸较低地区，种花生的土壤多为沙土，积温在2 300～4 200℃，日照1 150～1 900h，降水量稀少，10～123mm，温、光条件对花生生育有利，唯雨量稀少，无灌溉不能种花生，丰富的高山冰雪融化的水量，可供花生需水。栽培制度为一年一熟。

3. 迫切需要新一轮的花生种植区划

第二次花生种植区划从制定至今已有近30年的历史，随着农作物种植结构调整，花生种植分布、面积都有了较大改变。以1979年与2010年主产省（区）花生种植面积数据来比较，主产省份及面积均发生了巨大变化（表2-6）。同时，花生栽培制度、品种类型、栽培技术、消费结构也发生了一系列的变化，第二次花生种植区划的结果对当今花生生产的指导意义已大大减弱，迫切需要进行新一轮的花生种植区划工作。

表2-6 1979年与2010年主产省（区）花生种植面积比较

1979年		2010年	
省份	种植面积（万hm²）	省份	种植面积（万hm²）
山东	56.43	河南	98.95
广东	36.10	山东	80.50
河北	18.67	河北	36.74
河南	13.86	辽宁	33.24
广西	13.18	广东	32.85
安徽	9.54	四川	25.93
四川	8.66	安徽	19.46
江苏	7.99	湖北	18.93
福建	7.96	广西	17.03
辽宁	7.70	江西	15.24

注：数据来源于中国统计年鉴。

二、中国花生品质区划

花生品质区划是立地生态条件与品质空间分布相结合而形成的区域划分。中国花生生产区域分布广，不同花生种植区域生态条件的地域组合差异较大，加上各地社会经济条件的不同，花生品质区域差异性十分明显。同时，随着人们消费水平的提高、人口刚性增长和资源的限制，形成了花生产区间不平衡的矛盾、用途与专用优质品种的矛盾、生产与加工的矛盾和产地环境与质量安全的矛盾，以及国内外两个市场的矛盾等。这些矛盾并不是完全通过育种突破或栽培创新就能够解决的，涉及不同区域环境与生物的关系，涉及气候条件、土壤质量、水环境、农田基本建设、耕作栽培措施，以及人文和社会经济等方方面面，需要在一个统一体内加以统筹解决。因此，在全国范围内优化资源配置，科学划分花生不同品质区域，规范花生发展空间秩序尤为重要。山东省农业科学院在"十一五"期间制定了中国花生品质区划，将中国花生产区划分为东北低油亚比花生区、黄淮海高油花生区、长江中下游高蛋白花生区、华南高蛋白高油花生区、四川盆地高油亚比花生区、云贵高原低脂肪花生区、黄土高原高油花生区、甘新高油花生区、内蒙古长城沿线低蛋白花生区九大品质区域，并详尽分析了各大区域花生生产现状及品质特征，提出了花生产业发展方向及对策。

（一）东北低油亚比花生区

本区西靠松辽平原，南与黄淮海平原毗邻，北接大兴安岭，东抵国境线。有小兴安岭、三江平原、长白山地、辽东丘陵和辽河平原组成。行政区划包括黑龙江省的88县（市、区），吉林省的45县（市、区），辽宁省的93县（市、区），共226个县（市、区）。土地面积56.16万km^2，占全国土地面积的5.84%。东北地区花生的种植始于1949年前，而真正作为油料作物在东北地区大面积种植并得以迅猛发展是在20世纪末。到2007年，该区花生播种面积达8.2万hm^2，总产20.1万t，分别占全国总量的2.08%、1.54%，已成为中国花生主产区之一。

1. 花生生产现状特征

（1）生产态势与全国一致，单产水平普遍偏低。该区花生主要分布在辽宁锦州、沈阳、葫芦岛、铁岭，吉林通化、吉林市、辽源，黑龙江牡丹江、佳木斯、双鸭山，以辽西地区种植最集中，约占该区花生播种面积的85%。东北花生区近十年来，花生种植面积与全国变化趋势一致。

该区花生中低产田面积大，单产水平低。2007年花生平均单产2 455.8kg/hm^2，低于全国平均单产3 302.2kg/hm^{2}的25.6%。东北花生主要种植在土壤肥力较瘠薄的区域，80%以上甚至更多是中、低产田，是造成该区花生单产低的主要原因之一。

（2）种植品种单一，品种"老、退、杂"三化现象严重。现阶段东北花生生产上应用的品种有3种类型，从南向北依次为中间型→珍珠豆型→多粒型。辽宁省1972年引进'白沙1016'，直至目前种植面积仍然占到70%左右。吉林省主要种植珍珠豆型'白沙1016'和多粒型'四粒红'，尽管近几年也陆续从山东、河南等地引进一些普通型花生新品种（系），但由于熟期晚、适应性差，尚未在生产上得到大面积推广。黑龙江省目前种植的花生品种有'小四粒红'（占80%）、'白沙1016''鹰嘴红''早花弯''扶花1号'。

东北地区花生的单产水平，多年来处于低而徘徊不前的局面，这与生产上应用的品种有着直接关系。一是"老化"。'四粒红'和'白沙1016'自1972年引入种植，至1980年基本上推广开来并延续至今，不但种植时间长，而且由于农民自留自种，混杂退化现象严重。二是"退化"。由于缺少完善的花生良种繁育体制，加上多数农民年复一年的重复留种，势必造成原品种的退化。三是"杂化"。目前生产上'小四粒红'和'白沙1016'就有多种叫法，同种异名和异种同名的现象非常普遍，加之区域间相互引种和农民间串种等原因，造成花生产品的外观一致性大大降低，严重影响其在国内外市场上的竞争力和农民的经济效益。

（3）栽培技术落后，花生产业链短。目前生产上仍沿用传统的大垄（垄距60～65cm）单行、大株距（20cm）的稀栽培方式，且清棵和覆膜技术应用不普遍，种植密度和播种深度不合理，后期收获管理不到位，导致花生产量低，品质差。

东北地区在花生产业化经营中较以前已有很大改观，但产加销仍存在着脱节现象，花生加工龙头企业仍然发展缓慢，没有形成油用、食用、加工和出口品种的专用化，出口的花生品质相对较差，存在油亚比偏低和口感差等缺陷，花生加工产业中初级产品所占比例过大，精加工和深加工产品少，花生新产品开发滞后，产业链短，附加值低。

2. 区域花生品质特征

（1）花生蛋白质与脂肪比较分析。东北花生生产上应用的品种有3种类型：普通型、珍珠豆型和多粒型。根据随机取样分析结果，该区花生粗脂肪平均含量43.5%，最高可达47.0%，最低仅为37.9%。蛋白质平均含量26.7%，最高可达30.3%，最低仅为23.4%，属食用高蛋白花生区，油用中等脂肪花生区。

（2）脂肪酸含量比较分析。对该区花生集中种植区域随机取样分析籽仁中脂肪酸，油酸和亚油酸约占总脂肪酸的80%。其中亚油酸含量达40%以上的油用型仅有6份，占31.6%；亚油酸含量35%以下食用型没有，亚油酸含量35%～40%有13份，占68.4%。该区平均油亚比为1.00，最高为1.25，最低为0.84，大部分在1.20以下，约占85%，花生油亚比普遍偏低是该区花生品质突出特点，出口品质优的花生品种相对较少。

3. 花生产业发展方向与对策

该区应紧紧围绕国家建设东北粮油基地战略，以确保油脂安全为目标，合理配置区内资源，强化空间发展秩序，以科技进步为动力，建设黑吉山地丘陵平原高蛋白食用花生区和辽宁平原丘陵高蛋白花生出口创汇区。第一，以市场为导向，实行区域规模化生产。根据区域生态条件，重点建设以花生出口专用为主的辽河平原与辽东丘陵高蛋白高油亚比花生区，建设以食用为主的三江平原与小兴安岭—长白山地高蛋白低脂肪花生区，实行规模化种植，力争把东北建成中国出口花生产业带，推动区域花生产业的快速发展。第二，应用推广新技术，提升产品质量，提高产出效益。采用大垄双行或3行裸地直播等高产种植技术，是近期内提高本区花生单产水平的行之有效的措施。第三，加强科技创新，重点解决关键技术问题。第四，大力扶持龙头企业，实施产业化经营。

（二）黄淮海高油花生区

该区位于长城以南，淮河以北，西倚太行山、豫西山地，东邻黄海及渤海，由燕山太行山山麓平原、冀鲁豫低洼平原、黄淮平原、鲁中南丘陵和胶东丘陵5个自然生态区组成，土地总面积40.8万km²，耕地2 153.7万hm²，分别占全国总量的4.3%、16.3%。属温带大陆性季风气候，四季分明，>10℃积温3 600～4 800℃，无霜期170～200d，年降水量500～950mm，旱、涝、碱、沙等为制约农业发展主要限制因素。行政区划包括河北、山东、河南、江苏、安徽、北京和天津5省2市，共369个县（市、区），环渤海经济圈横跨其中，处于东北亚经济圈的重要地带，是欧亚大陆桥的桥头堡，是中国重要的农产品生产基地。

1. 花生生产现状特征

（1）规模大，分布广，总产高。黄淮海区域花生生产在中国居主导地位。该区内369个县（市、区）均有花生种植，近5年，花生播种面积稳定在200万hm²左右，总产800万t以上，分别占全国总量的58%和62%。在全区大田作物中，除小麦、玉米外，花生是第三大农作物。该区花生种植主要分布在山东省的胶东丘陵、鲁中南丘陵、鲁西平原区，河南省的豫东平原、北沿黄区域、豫南淮河上游浅山丘陵盆地、豫西丘陵，河北省的冀东、冀中和冀南一带，安徽省的淮北地区和江苏的苏北沿江高沙土地区。据1995—2007年黄淮海区域各市级统计年鉴资料分析，黄淮海区域花生播种面积、总产量与全国花生播种面积、总产量的相关系数分别高达0.985 3、0.948 2（$P<0.05$），均显著相关，表明黄淮海区域花生种植规模与产量地位举足轻重，是中国植物油市场稳定的重要支柱，而该区域花生生产的波动对全国花生生产有重大影响。

（2）出口基础好，花生加工业已见雏形。除南美外，该区花生几乎销往全球，在东亚、东南亚、欧洲、北美、大洋洲的近100个国家和地区，拥有比较稳定的客户和销售渠道。山东、河南、河北3省2005—2007年年平均出口量31万t，约占全国出口总量的85%。该区花生加工业也已见雏形，山东省是中国最大的花生加工出口基地，据统计，山东省的专业花生加工食品厂20余个，生产线30多条，河南省日处理原料200t以上的企业21家，其中600t以上的企业9家，但相对第一大花生出口国的地位，花生食品加工业的发展严重滞后于国际水平。

2. 区域花生品质特征

（1）蛋白质与脂肪含量。黄淮海区域花生生产上应用的品种主要是普通型花生。黄淮海区域花生脂肪含量比较高，平均达到51.7%以上，远高于中国花生脂肪平均值为50.62%的水平；平均蛋白质含量24.8%，属食用中蛋白、油用高脂肪花生区。在空间分布上呈现花生蛋白质含量东高西低、南高北低、丘陵区高平原区低，脂肪含量北高南低、丘陵区高平原区低。

（2）脂肪酸含量。该区大部分花生为食用、油用过渡型花生。该区花生油亚比普遍偏低，出口品质优的花生品种相对较少。油亚比呈现由西向东、由北向南增加的趋势，也就是说山东丘陵区花生的油亚比高于西部平原花生的油亚比。

（3）黄曲霉与丁酰肼及重金属含量。自1999年以来，黄淮海区域山东、河南、河北3个花生生产大省每年均有一定比例出口欧盟的花生被检出黄曲霉毒素含量超标。尽管一直在不断地采取措施降低黄曲霉毒素的污染，从目前效果看，虽有成效，但没有从根本上解决。因此，黄曲霉毒素问题仍是目前黄淮海地区花生出口的主要障碍。1995年日本在对山东出口花生抽样进行丁酰肼检查时发现超标批次，从而将丁酰肼纳入命令检查。随后山东采取了一些措施，并取得了明显效果。1997年以后基本再未发生超标批次。但2002年以来，山东、河南等省出口花生中丁酰肼超标的批次突然增多，超标比例为3.3%，而且有超过5%的趋势（一旦超过5%，日本将停止从相关省份进口花生）。

3. 花生产业发展方向及对策

该区应紧紧围绕国家建设黄淮海粮油基地战略，以确保油脂安全为目标，合理配置区内资源，强化空间发展秩序，以科技创新为动力，建设山东丘陵高蛋白出口加工花生区和黄淮海冲积平原高油油用花生区，铸造国家"食用油脂源、植物蛋白源、加工原料源、出口创汇源、农田生物互补源"，夯实农业基础，强化产地环境质量，提高花生产品安全性，延伸产业链条，大力发展花生产品加工业，增强国际市场竞争力，促进区域花生产业的协调快速健康发展。

（1）提高认识，充分发挥花生产业优势。以黄淮海区域花生在全国油料作物中的重要地位，各级政府和有关部门完全有理由把花生作为新的支柱产业来抓，给花生科研、生产、加工和流通等各个方面以必要的政策，从人力、物力、财力上给予较多的投入，使花生产业发展成为全省广大农村新的经济增长点。

（2）明确育种方向，培育优质专用型品种，实现品种专用化。花生品种专用化是花生产业化的基础，而专用型新品种的选育则是产业化的源头，花生育种必须要从目前的"数量型"转向"质量型"。要集中人力、物力和财力，注重选育综合性尚可、其中某一两个性状有突破的品种。

（3）空间合理布局，推广普及先进适用的栽培技术。根据不同地区的生态类型、农业生产和经济发展区域性特点，有计划有侧重地发展花生生产，并将花生常规高产栽培技术与优质、无公害栽培技术相结合，加强花生优质高效栽培技术的集成和配套实施，促进花生产品由生产型向商品型、效益型发展。

（4）建立名副其实的生产基地，确保花生质量安全。

（5）提高深加工水平，进一步加大花生精深加工技术的研究和引进力度，使花生产品加工业向现代花生食品制造业形态转变。

（三）长江中下游高蛋白花生区

该区位于淮河—伏牛山以南，鄂西山地—雪峰山以东，南岭山地以北，鹫峰—戴云—洞宫—大盘—天台山脉以西，东抵黄海和东海沿海。由长江中下游平原和江南丘陵等自然生态区组成，平原内部地势低平，河网稠密、湖泊众多，素称"水乡泽国"。土地面积69.2万km²，耕地面积1 774.2万hm²，分别占全国的7.2%、14.6%。属北亚热带湿润气候。年降水量为800～1 600mm，>10℃积温4 500～5 500℃，无霜期200～280d，农作物一年两熟，主要土壤为红壤、黄壤、黄棕壤和水稻土。行政区划包括湖南、湖北、江西、福建、浙江、安徽、江苏、河南和上海8省1市，共537个县（市、区）。该区以长江为依托，以东部沿海为开放带，横跨中南与华东两大经济协作区，是中国最具实力的经济带，具有其他区域无法比拟的优势，是中国重要的农产品生产基地。

1. 花生生产现状特征

（1）花生种植规模与产量地位重要，是中国植物油市场稳定的重要支柱。长江中下游区域花生几乎区内71个市均有种植，近5年，花生播种面积稳定在68万hm²左右，总产223万t以上，均占全国总量的17.0%以上，在全区大田作物中，除水稻、油菜之外，花生是第三大农作物。该区花生种植主要分布在鄂东北山地丘陵、汉水流域、南阳盆地、湘南丘陵、赣南山地丘陵、江淮丘陵、沿江高沙土区一带。据1995—2007年统计资料分析，长江中下游区域花生播种面积、总产量与全国花生播种面积、总产量的相关系数分别达0.978 9、0.990 8（$P<0.05$），属密切相关，这表明长江中下游区域花生生产的波动不但对全国花生生产有重大影响，而且对区域油料作物生产态势也有重要影响。

（2）生产水平区域差异明显，单产水平低。该区花生种植多为一年二熟制和二年三熟制，以麦套花生、油菜茬花生为主，部分春花生，湘、赣两省还有少量的秋花生种植。全区花生单产接近全国平均水平（3 302.4kg/hm²），除河南省南部、湖北省花生单产水平高于全国平均水平外，其他省市比全国平均单产低13%～28%，比豫南、鄂等周边地区也低20%～40%。

2. 区域花生品质特征

（1）花生蛋白质与脂肪比较分析。该区花生品质较好，素以果小仁饱、浓香细松著称，花生收晒正值晴朗少雨的季节，收获质量有保障，收获期早于北方主产区1个多月，便于抢占市场。品种主要以珍珠豆型为主。花生脂肪含量接近中国花生含油量平均值为50.62%的水平，但类型间差异不大，蛋白质含量平均为28.0%，该区属食用高蛋白花生区，油用中脂肪花生区。

（2）脂肪酸含量比较分析。对该区花生主产区主栽品种取样分析花生脂肪酸，油酸和亚油酸约占总脂肪酸的78%，其中亚油酸含量达40%以上的油用型仅有1份，仅占7.1%；该区平均油亚比为1.24，普遍比较高，有利于花生出口，增强花生制品的稳定性。

（3）空间分布趋势。长江中下游区域花生蛋白质含量空间分布上，呈现由西北向东南、由东北向西南逐渐增加趋势，其中南阳盆地、鄂西北山地丘陵及东部平原区花生蛋白质含量普遍偏低。花生脂肪含量空间分布上呈现由北向南、由西向东逐渐降低的趋势。花生油亚比则呈现长江沿岸高沙土区及长江以南丘陵区明显高于长江以北地区。

3. 花生产业发展方向及对策

长江中下游区域应充分利用优越的气候条件和区位优势，制定优势区域规划，加强基础设施建设，加大对科学研究的支持，加大技术推广力度，构筑沿江及江南丘陵高蛋白食用与加工花生区和江北高蛋白食用与油用花生区。

（四）华南高蛋白高油花生区

该区位于南岭山地—鹫峰—戴云—洞宫—大盘—天台山脉以南，北回归线横贯中部，是热带向亚热带的过渡地带。该区土地类型多样，山水共济，海陆相连，背靠大山，面向海洋，沿海大小岛屿众多。土地面积55.8万km²（不含台湾省，下同），耕地面积737.3万hm²，分别占全国的5.8%、6.1%。属热带亚热带季风气候。年降水量为1 250～2 000mm，>10℃积温6 500～8 000℃，无霜期300d以上，农作物一年三熟，主要土壤为红壤、黄壤、黄棕壤和水稻土。行政区划包括广东、广西、海南、福建、浙江、江西、湖南、台湾、香港和澳门7省3区，共360个县（市、区），其中不含台湾地区和香港、澳门特别行政区的市（县）。该区以华南地区诸省、香港、澳门和台湾为依托，横跨东北亚和东南亚两大经济板块，是中国最具实力的经济带（圈），具有其他区域无法比拟的优势，是中国重要的农产品生产基地。

1. 花生生产现状特征

（1）花生产区相对集中，地位重要，种植规模有所萎缩。华南地区花生种植规模与产量以广东、广西和福建3省（区）为主，约占全区的85%。主要分布在雷州半岛台地、鉴江与韩江平原、珠江三角洲沿海冲积河坝地、东江下游丘陵和半山区、南钦盆地、贺江平原、莆田平原、泉州平原、漳州平原。2005年之前该区花生播种面积基本稳定，总产量稳中有升，近三年来，由于工业的迅速发展导致农业用地进一步减少，受国际花生市场波动的影响，加之农业产业结构的调整，花生播种面积和总产量萎缩。譬如，桂粤、桂台、桂闽、桂浙等区域农业合作进一步拓展，承接"东糖西移"产业转移，甘蔗种植规模扩大，2007年仅广西花生播种面积就锐减10万hm²。

（2）花生中低产田面积大，单产水平低，增产潜力大。该区花生种植一年可种春、秋两季，种植制度主要是水田轮作和旱坡地轮作两种。该区70%的花生分布在土质黏重、肥力瘠薄、缺水缺肥、抗灾能力弱的旱坡红壤土上，年度间的产量高低受年份雨水的分布和雨量大小的影响较大。2007年该区花生平均单产2 455.5kg/hm²，低于全国平均单产3 302.4kg/hm²的25.6%。究其低产的原因，一是气候条件，亚热带季风气候，因各年季风循环运行有迟早、强弱、快慢等不同，出现旱年与涝年是难免的，无论是旱与涝，皆对花生生育不利。二是土壤瘠、薄、板、酸、旱，不利于花生种子萌芽出苗、根系生长、果针入土和地下荚果的发育。三是栽培耕作粗放、平作、施肥少、疏植和缺苗严重等问题，造成华南地区花生单产低、总产增长慢的主要因素。通过选用良种、合理密植、改良土壤、科学施肥等技术的应用，华南地区花生的增产潜力巨大，发展空间也十分广阔。实际上，在该地区已涌现出不少单产6 000~6 750kg/hm²的高产田，也出现过单产4 500kg/hm²高产片和平均单产3 000kg/hm²的高产镇。

（3）花生用途区域性明显，深加工已见雏形。该区花生消费约55%用于榨油，40%左右用于食用，与全国花生消费趋势基本一致。但是区内不同省份间差异明显，广东约48%用于榨油，食用花生的消费量约占45%；广西花生消费主要以食用花生油为主，约占总量的80%；福建用于榨油的花生约占花生总量的30%，其他除留种外，基本食用消费。该区花生加工业相对而言，福建省基础比较好，形成了一些以花生油加工为主的较有影响力的龙头企业，其中有9家年产量达3 000t以上，休闲产品已成为花生加工产业的主流，以历史悠久、风味独特的龙岩咸酥花生和晋江衙口花生为代表的带壳花生休闲产品已销往全国，并远销澳大利亚、马来西亚、泰国、新加坡等。但是，该区花生加工企业面临着原料供应短缺、原料品质低、加工专用型品种缺乏等问题。

2. 区域花生品质特征

（1）花生蛋白质与脂肪含量比较分析。华南地区花生生产上应用的品种主要以珍珠豆型为主。该区花生脂肪含量较高，平均达到51.5%，平均蛋白质含量

26.2%，属食用高蛋白花生区，油用高脂肪花生区。华南地区花生脂肪含量空间分布上，呈现由西向东逐渐降低的趋势，其中红水河流域及广西南钦盆地东部花生脂肪含量偏高，福建沿海平原区花生脂肪含量偏低。蛋白质含量空间分布趋势不明显。

（2）脂肪酸含量比较分析。该区花生集中种植区域取样分析花生脂肪酸，油酸和亚油酸约占总脂肪酸的78%，其中亚油酸含量35%以下食用型有19份，占73.1%，该区大部分花生属于食用型花生。该区平均油亚比为1.30，1.2以上约占80%，说明该区花生油亚比普遍比较高，有利于花生出口和增强花生制品的稳定性。该区花生的油亚比呈现由北向南增加的趋势，其中广西红水河流域及南钦盆地、粤西山地丘陵及珠江三角洲地区油亚比偏高，而海南岛花生油亚比普遍偏低。

3. 花生产业发展方向及对策

华南地区应充分利用优越的气候条件和区位优势，以花生优质、高效、专用为核心，合理配置区内资源，强化空间发展秩序，以科技创新为动力，铸造"植物蛋白源、加工原料源、出口创汇源、食用油脂源、农田生物互补源"，促进中国专用优质花生生产与加工空间格局的形成，推动国家油脂安全战略的实施。

（五）云贵高原低脂肪花生区

该区位于中国西南边陲，属典型的老、少、边、穷地区。西靠青藏高原，南抵国境线，北接四川盆地，东依长江中游平原和华南山地丘陵区。土地面积69.2万km²，占中国土地面积的7.2%。2007年，耕地面积1 332.6万hm²，占中国耕地资源的8.6%。该区地处低纬高原季风气候区。由于地形复杂和垂直高差大等原因，"一山分四季，十里不同天"的立体气候特点突出。行政区划包括云南、贵州、四川、重庆、湖南、西藏4省1市1区，共264个县（市、区）。2007年总人口9 446.1万人，占中国总人口的7.8%。云贵高原拥有丰富的农业资源和较为适宜农业生产的自然环境，但同时该地区也是中国农业与农村经济发展相对落后的地区之一。

1. 花生生产现状特征

（1）花生种植分布广，规模种植区域集中。该区花生种植以云南、贵州

2省为主，占全区的80%，产区主要分布在南盘江、金沙江、怒江、乌江及清水江流域的海拔1 600m以下的丘陵、坝区与河谷盆地，土壤贫瘠，质地黏重，类型多变，主要集中在滇东南的文山、红河，滇西南普洱、临沧，滇东北的昭通、曲靖，黔东的铜仁、遵义和黔东南州，湘西的怀化、张家界和湘西州等地，花生种植面积约占全区花生种植面积95%，其他地区花生种植基本是零星分布。

（2）生产水平低，品种单一，品种退化严重。2007年该区花生单产1 595kg/hm²，仅为全国花生单产水平的48.3%。究其原因，除土地瘠薄、干旱外，主要是耕作方式原始，栽培技术落后，配方施肥、合理密植、病虫防治等几乎是空白。同时，还存在品种单一、种性退化、商品性差等问题。目前生产上花生种植面积较大的仍为20世纪70年代引种的'兴义扯''辐21''粤油187''粤油33'等品种，由于上述品种农户一种就是多年，甚至十几年，其提纯复壮工作没有很好地跟上，致使种性严重退化，抗病性减弱，叶锈病、青枯病发生严重，产量逐年下降。

（3）花生综合加工能力低，加工精度和深度不够。该区花生主要用途为直接食用和加工小食品，绝大部分以炒果和油炸花生仁进入消费领域，其加工成品也多以糖果为主，且规模小，精度和深度不够，产品附加值低。

2. 区域花生品质特征

（1）花生蛋白质与脂肪酸含量比较分析。云贵高原区花生生产上应用的品种主要是珍珠豆型花生，所生产的花生具有壳薄果净、粒小饱满、颜色鲜亮、香脆可口、口感细腻、风味独特等特点，品质比北方大花生好。据《中国花生品种志》（1987）和《中国花生品种资源目录》（1978）编录的该地区37份花生种质资源，花生籽仁脂肪含量平均达到49.5%，蛋白质含量平均达到26.1%，属食用中蛋白花生区，油用低脂肪花生区。在空间分布上呈现花生蛋白质和脂肪含量东部、西南部偏高，同时花生品质与海拔有一定关系，呈现随着海拔高程的增加，花生品质越差。

（2）脂肪酸含量比较分析。对该区花生集中种植区域随机取样分析籽仁中脂肪酸、油酸和亚油酸约占总脂肪酸的75.0%。其中亚油酸含量达40.0%以上的油用型几乎没有；大部分样本的亚油酸含量在35%以下，说明该区花生适宜食用。该区平均油亚比为1.27，油亚比大部分在1.1以下，约占60%，该区油亚比呈现由东向西、由北向南增加的趋势，同花生蛋白质和脂肪含量分布趋势一样，花生油亚比大小随着海拔高程的增加，花生油亚比逐渐减小。

3. 花生产业发展方向及对策

尽管云贵高原花生种植规模与总产量占全国总量的份额不大，但是规模化种植区域比较集中，类似云南省的文山、红河自治州，贵州省的铜仁市，花生种植已成为农民增收致富、奔小康的重要经济来源，也是促进区域农村经济增长、改善城乡人民生活和发展高效农业、出口创汇农业的抓手。云贵高原雨热同期的气候条件有利于花生生长发育，实现其高产稳产，但由于土地贫瘠、品种单一、种性退化严重，加之栽培管理技术落后，单产水平一直较低。花生综合加工能力低，加工精度和深度不够。花生产品主要是以初级产品面市，产业链不长，仅有的加工为炒花生和花生片糖等初级加工，开发程度低，基本没有技术附加值，极大地限制和阻碍了花生生产的可持续发展。因此，该区域应充分利用优越的气候条件和基本保持着原始纯洁的水质与土壤环境，以及丰富的旅游资源，以花生优质、高效、专用为核心，构筑滇南高油花生区、滇西北高蛋白花生产区、滇东黔西高蛋白生产区、黔东湘西高油生产区。

（六）四川盆地高油亚比花生区

该区位于中国腹心地带，扼长江上游，西靠青藏高原，南依云贵高原，北接秦巴山地，与黄河中游地区相连，东出三峡与长江中游平原相同，区域位置十分重要，一向为中国的战略后方基地。区内地形复杂多样，紫色丘陵广布，由盆地中部丘陵、冲积扇形与冲积平原和东部平行岭谷式山地丘陵组成。土地面积40.0万km²，占全国土地面积的4.2%。2007年，耕地面积650万hm²，占全国耕地资源的4.9%。该区地处中国中亚热带范围内，加之地形封闭，特别是北有秦岭，大巴山两道屏障阻挡寒流，因而热量资源冠于中国同纬度其他地区。行政区划包括四川、重庆、湖北、陕西、甘肃四省一市，共218个县（市、区）。四川盆地是中国重要的农产品生产基地，素有"天府之国"美称。

1. 花生生产现状特征

（1）花生种植分布广，规模种植区域集中。该区花生通称"天府花生"，2007年花生播种面积约34.8万hm²，占全国总播种面积的8.8%，总产65.9万t，占全国总产量的5.1%。该区花生主要分布在盆地和秦巴山地，其中盆地区多分布于丘陵地和沿河冲积沙土地，主要集中在四川省的南充、绵阳、广元、资阳、宜宾和达州等地，土壤多为紫红色页岩风化而成的紫色土，富含磷钾、土质疏松，排水良好，保水保肥较强。山地区主要在四川东北远山区、陕西省的陕南地区，以及鄂西山区的十堰、宜昌和恩施自治州，花生种植零星分布，单产低。

（2）品种混杂，种性退化，种植分散，商品性差。目前，区域大面积种植的品种以'天府9号''天府10号''天府7号'为主。由于上述品种农户一种就是多年，甚至十几年，加之农户顾及经济负担，很少及时更换科研单位的提纯复壮种子，致使品种混杂现象较严重，种性退化。四川盆地区域花生种植几乎分布在218个县（市、区），布局过于分散，自给性生产的限制，花生一乡一品种的种植区域很少，往往一个乡、一个村种植的花生就有几个品种，花生纯度不高，加之不少地方农户收获花生时没有淘洗泥土、去除杂质的习惯，从而导致该区批量花生果商品性差，除农民自产自销外，花生上市流通的商品量仅占总产量的45%左右。

（3）科技成果开发应用滞后，栽培技术不规范。该区规范化麦套花生种植面积比例已由20世纪80年代初的占总面积的50.0%左右下降到26.0%～30.0%，而'满天星'套作和麦后花生则由22.0%上升到42.0%～46.0%。"八五"期间育成品种'天府9号''天府10号'年推广面积约9.3万hm^2，仅占总面积的60.6%。当前花生生产仍普遍采用平地'满天星'种植，种植密度低，肥料施用不足，对蛴螬、叶斑病等病虫防治不及时，很少有农民实施地膜覆盖栽培，地膜花生覆盖率仅为18%。

（4）花生加工企业引导基地建设的辐射带动作用不够。该区花生加工起步较早，但发展很慢，目前，四川盆地花生区所属省份仅有数十家花生加工厂，加工规模不大，辐射带动作用有限。譬如，四川省南充市作为区域内最大的花生果原料生产大市，却只有一家从事花生加工的企业。原料产品流通分散，除少数外贸厂家定区采购原料外，大多数产地都以商贩"游击"式运销和农民赶集零售方式销售，厂家买难、农户卖难的情况普遍存在，既制约着产品加工转化的发展，也阻碍了农民生产积极性的发挥。

2. 区域花生品质特征

（1）花生蛋白质与脂肪含量比较分析。四川盆地花生生产上应用的品种主要是中间型中粒种花生，部分地区为珍珠豆型和龙生型花生。粗脂肪含量高，平均达到53.6%，譬如生产上大面积种植的'天府10号'，粗脂肪含量高达

54.0%，该地区花生的脂肪远高于中国花生含油量平均值为50.62%的水平；蛋白质平均含量27.0%，最高可达28.8%，最低为24.5%。但品种类型间差异不大，花生脂肪空间分布上，呈现从东北向西南方向逐渐降低的趋势，蛋白质含量空间分布上呈现南高北低的趋势，属食用中蛋白花生区，油用高脂肪花生区。

（2）脂肪酸含量比较分析。对该区花生集中种植区域随机取样分析籽仁中脂肪酸，油酸和亚油酸约占总脂肪酸的78%。其中亚油酸含量达40%以上的油用型没有；几乎所有样本的亚油酸含量在35%以下，说明该区花生适宜食用。该区花生平均油亚比为1.46，最高为1.94，最低的也达1.18，说明该区花生油亚比普遍比较高，类似正在生产上种植的'天府18号'油亚比高达2.5。四川盆地花生的油亚比在空间上呈现由西北向东南增加的趋势，也就是说盆地东部丘陵区花生油亚比高于西部成都平原的花生油亚比，同时花生主产区的油亚比低于非主产区，零星种植的花生反而品质要好，其原因有待研究。

3.花生产业发展方向及对策

该区应紧紧围绕花生作为区域性的重要经济作物和优势农产品，以大幅度提升花生种植效益为核心，充分调动广大农民科学种植花生的积极性，合理配置区内资源，强化空间合理布局，依托科技支撑，实施标准化无公害生产和基地化生产，积极将产品优势变为商品优势，推进农民进入市场的组织化程度和科学种植水平，努力提高单位面积投入产出率，铸造国家"植物蛋白源、加工原料源、农田生物互补源"，提高产地环境质量，增强花生产品安全性，延伸产业链条，大力发展花生产品加工业，促进和实现农民增产增收和区域花生产业发展。

（七）黄土高原高油花生区

该区在中国中部偏北，位于太行山以西、秦岭以北、乌鞘岭以东、长城以南，是世界上最大的黄土沉淀区。该区属大陆性季风气候，降水量为400～600mm，总的趋势是从东南向西北递减，全年≥10℃积温3 000～4 300℃，生长季120～250d。该区宏观地貌类型有丘陵、高原、阶地、平原、沙漠、干旱草原、高地草原、土石山地等，其中山区、丘陵区、高原区占2/3以上，该区平坦耕地一般不到1/10，绝大部分耕地分布在10°～35°的斜坡上，且水土流失严重。行政区划包括陕西、山西、甘肃、宁夏、北京、河北和河南6省（区）1市，共325个县（市、区）。盆地和河谷农垦历史悠久，是中国古代文化的摇篮。

1.花生生产现状特征

（1）花生种植区域集中，以河北、陕西、山西为主。黄土高原区一般是中华人民共和国成立后发展的花生区，该区域的花生主要在河北省的石家庄、保定、邯郸、邢台等河系故道，陕西秦岭以北的关中渭河流域及山西的南部及中部地区，该区平坦耕地少，大部分耕地分布在10°～35°的斜坡上，地块狭小分散，不利于水利化和机械化。

（2）品种杂乱，栽培技术落后。生产中应用的花生品种有海花系列、鲁花系列、豫花系列及一些地方品种，很多是农民自留种子或串换种子，在生产中品种混杂，退化严重，造成商品性差、病害发生严重等现象。该区花生种植地普遍地力差，抗御自然灾害能力弱，加之农民对土地投入少，田间管理粗放，栽培技术落后，造成产量不稳，单产水平较低。

（3）购销体系混乱，加工滞后。该区花生生产、加工、出口还没有形成品种的专用化。花生产后大部分是出售原始产品，加工滞后，特别深加工和精加工技术研究不够，限制了花生的增值，影响了市场的进一步拓展。

2.区域花生品质特征

黄土高原区花生生产上应用的品种主要是珍珠豆型和多粒型，一般而言，横山、志丹、黄陵一线以南为珍珠豆型品种，以北为多粒型品种。据《中国花生品种志》（1987）和《中国花生品种资源目录》（1978）编录的该地区37份花生种质资源，花生籽仁脂肪含量平均达到49.1%，蛋白质含量平均达到23.6%，属高油花生区。在空间分布上，蛋白质含量北低南高、趋势明显；脂肪含量由东至西依次降低；油亚比平均值0.95，东高西低，且呈现由北到南上升趋势。

3.花生产业发展方向及对策

（1）应推广先进适用的栽培技术，提高花生种植生产水平。大力研究推行地膜覆盖、轮作倒茬、平衡施肥、病虫害综合防治等增产技术，同时还应大力发展花生生产机械化作业，减少劳动投入，提高工作效率，逐步实现花生种植从劳动密集型向科技密集型转化。另外，该区应根据不同区域的生态类型有计划的发展花生产业。在晋东、豫西丘陵区应大力发展麦套和麦后夏直播花生，提高复种指数，实现粮油双丰收，在黄土区及汾渭谷地应着重推广先进的花生栽培技术，提高单产水平。

（2）建立健全推广体系，加强花生产业化进程。加强花生科研、生产、加工出口的联合，实现产、供、销一体化，形成区域化种植、规模化加工、集约化经营的产业化发展模式，走企业带基地、基地带农户的模式，从而使花生生产向商品化转换，增加农民收入，调动农民种花生的积极性。

（八）甘新高油花生区

该区地处中国大陆西北部，北、西为国界，包头—盐池—天祝一线以西，祁连山—阿尔金山以北，本区光能资源丰富，热量条件大部分较好，晴天多，辐射强，作物生长期气温日较差大（大部分为12～16℃），但光、热、水、土资源配合上有较大缺陷。年降水普遍小于250mm，其中一半以上小于100mm，不能满足农作物最低限度水分需要。但该区高山和盆地相间分布，阿尔泰山、天山、昆仑山、祁连山等高山地区降水量比较丰富（有的年降水400～600mm），在海拔3 500m以上的高山区，广泛分布着永久积雪和现代冰川，成为高山区的固体水库，夏季则部分消融补给河流，成为山麓地带农田灌溉的主要水源。行政区划包括新疆、甘肃、宁夏、内蒙古1省3区的127个县（旗、市），是一个国境线长、气候干旱、地广人稀、少数民族聚居，也是一个以依靠灌溉的沃州农业和荒漠放牧业为主的地区。

1.花生生产现状特征

该区花生主要分布在盆地边缘和河流沿岸较低地区，花生种植面积和总产分别占全国花生种植面积和总产的1%以下，但是从该区温光条件对花生生育有利、降水量不足但依靠天山雪水灌溉条件好等综合看来，花生生产具备高产的潜力。

（1）花生生产未形成规模，耕作栽培技术落后。目前，新疆的喀什、和田、昌吉、伊犁、阿勒泰、塔城和吐鲁番等地区均种植花生，但仅是零星地块种植，一直没有形成生产规模。该区在栽培技术上严重落后于其他花生主产区，种植密度、花生起垄、灌溉等各项配套技术均不成熟。

（2）花生品种老化，单产极低。花生品种多是'托克逊'大花生及小花生、'四粒红''一窝猴'等早年引进的老地方品种，单产低。昌吉市仍种植产量较低的'四粒红''托克逊'花生，吐鲁番种植生育期较长的晚熟品种'海花1号'，还有从四川、河南和河北等地进疆农民带入的'一窝猴'和'天府'花生等各种杂乱退化老品种，急需品种引进及改良。如采用早熟高产的花生新品种和配套合理的高产栽培技术措施，在该区可培创单产7 500kg/hm²以上的高产地块。

（3）气候资源和耕地条件适宜花生种植。该区南疆、东疆南部和甘肃西北部花生生育期积温3 400～4 200℃、日照时数1 300～1 900h、降水量10～73mm；甘肃东北部、宁夏中北部、新疆的北疆南部等地区，积温2 800～3 100℃、日照时数1 400～1 500h、降水量90～108mm；甘肃河西走廊北部、新疆的北疆北部部分地区积温2 300～2 650℃、日照时数1 150～1 350h、降水量61～123mm；光温条件非常适宜花生生产，只有降水量稀少，但是，该区新疆耕地90%以上具有灌溉条件，天山雪水资源丰富，遇旱浇水，能满足作物生长发育的需要，保证花生丰产丰收。现有耕地播种面积约330多万hm²，适宜种植花生的面积230多万hm²，大部分为灰漠土，成土母质大部分为沙性土壤，有利于花生生长。

2. 区域花生品质特征

据《中国花生品种志》（1987）和《中国花生品种资源目录》（1978）编录的该地区2份花生种质资源，均为'托克逊'大花生，籽仁脂肪含量平均达到58.8%，蛋白质含量平均达到29.9%。该地区花生的脂肪远高于中国花生脂肪平均值为50.62%的水平，属食用高蛋白花生区，油用高脂肪花生区，花生蛋白质含量在空间分布上无明显趋势，脂肪含量西高东低、油亚比西高东低。

3. 花生产业发展方向及对策

（1）抓住农业结构调整机遇，做好规划发展花生生产。受作物的比较价格影响，棉花降价幅度大，种植者收益减少，改种其他经济作物势在必行。新疆光照、温度和土壤条件适于种植花生，有计划地规划发展花生生产是可行和必要的。

（2）国家应对该区的花生生产加大资金投入。该区地广人稀，由多个少数民族组成，科学技术普及率低。国家应对该区加大科技投入、启动配套资金扶持花生科研和生产发展。并进一步加强该区有关农业管理部门、农技推广部门与其他花生主产省的花生科技交流与合作，多渠道引进、筛选出适宜品种，加强对栽培技术（规范）、虫害防治等研究。

（3）形成花生产业链，发展花生边贸。花生在独联体等东欧国家有大的消费市场，但与该区毗邻的独联体国家多数地区气候寒冷，不适于种植花生，所需的花生主要依靠进口。20世纪50年代主要从中国进口，60年代以后多数从印度进口，进入80年代又开始从中国进口。近年来，仅山东省每年出口到独联体国家的花生量就达10万t左右。因为该区花生食品加工发展潜力巨大，发展花生生产使之形成产业化，直接进行边贸，扩大出口创汇，增加经济效益。

（九）内蒙古长城沿线低蛋白花生区

该区位于长城以北，东抵小兴安岭—张广才岭—吉林哈达岭、西倚大青山—贺兰山、北达国境线，由松嫩平原、大兴安岭和内蒙古高原等自然生态区组成，土地总面积138.7万km²，耕地1 594.9万hm²，分别占全国总量的14.4%和13.1%。本区为东南季风尾闾，雨量少而变率大，年降水量从东部的500～700mm，降低到西北部的200～300mm，由湿润气候过渡到半干旱气候。同时，地处高纬度，冬季严寒且寒冷期长，无霜期100～150d，甚至北部不足100d，≥10℃积温2 000～3 000℃，北部只有1 300～2 000℃，大部分地区为一年一熟。行政区划包括黑龙江、吉林、辽宁、河北、内蒙古4省1区，共162个县（旗、市、区）。该区是中国北方最重要的生态防线、重要资源富集区、向北开放的前沿阵地和重要的肉奶粮油等农产品生产基地。

1. 花生生产现状特征

该区花生主要分布在辽北、吉林东北部及黑龙江西南部，昌图县、扶余市、泰来县是该区的花生主产区。花生种植面积和总产均仅占全国花生种植面积和总产的1%以下。该区气候干旱，且多为沙壤土质，种植其他作物无优势，而花生适应性强、抗性好、耐瘠薄，花生在该区的产量和面积一直比较稳定。

（1）品种老化，产量较低。该区种植的花生品种比较单一，85%以上的区域种植白沙系列品种，产量较低的'四粒红'在黑龙江地区应用比较广。'白沙1016'和'四粒红'是30年前引进的，品种退化、老化严重，影响了花生产量的提高。

（2）栽培技术传统，生产水平低。从花生种植方式上看，绝大多数是粗放的夏直播和麦垄平套，宽幅麦套及地膜覆盖栽培技术很少在花生生产中应用。另外，农民对花生的标准化生产重视不够，质量意识不强。施肥种类也比较单一，只注重氮、磷、钾化学肥料，很少施用有机肥，不施用硼肥、钼肥和钙肥。

（3）花生生产有巨大潜力。该区有上千万亩沙土地，地球化学特征是硅和钾元素含量很高，适合发展花生生产；除北部边远高寒地区外，年降水量

480～640mm，无霜期120～150d，基本满足一些早熟花生品种生长发育的要求，若能开发利用5%～10%种花生是完全可行的。

2. 区域花生的品质特征

该区花生生产上主要应用的品种为多粒型花生。随机取样分析结果，脂肪平均含量42.5%，蛋白质平均含量25.9%，属食用中蛋白、油用低脂肪花生区。在空间分布上蛋白质无明显趋势，脂肪呈现北高南低、东高西低的趋势，油亚比由西向东依次升高。

3. 花生产业发展方向及对策

（1）依靠科技进步，培育和引进优质花生品种，大力推广高产栽培技术。在筛选出熟期适宜、优质、高产、抗病花生品种的基础上建立良种繁育体系，做到引、繁、推一体化，确保花生品种的优良性，实现规模化生产，以规模求效益，以效益促发展。

（2）加强花生的产业化经营，打造绿色花生生产基地。政府应进一步重视和加强培植花生产业化龙头企业，确立优势区域和产业带，并给予相应的政策扶持，加强花生的产业化经营，深化区域性规模经营，建立花生生产基地，克服一家一户小规模生产的不足，走"企业+基地+农户"的产业化发展之路。还要加强对花生精深加工技术的研究和开发，延伸花生产业链条，实现花生增值。

第三章　花生种植制度理论基础

第一节　气候条件与种植制度

气候变化导致农业生产的水、热、光等气候资源条件变化，直接影响作物生产布局、品种选择和生产结构的调整；同时，干旱、洪涝、高温和低温等农业气象灾害的发生频率增大，增加了作物生产的风险，产量波动较大。中国气候资源丰富，种植制度类型多样，多熟种植、间套作是提高各地气候资源利用效率和稳定产量的重要保障。随着人口的刚性增长、耕地减少、水资源短缺、气候变化等对粮、油、棉生产的制约日益突出，积极调整作物种植制度，发展现代大农业，增强作物对气候变化的适应能力，是确保国家粮食和油脂安全的重要保障。

一、气候对中国花生种植制度的影响

花生生产对自然地理条件有极大的依赖性，所以气候条件是制约花生栽培制度的主要因素。气候变化改变了区域水、热、光条件，带来优势气候资源的同时，也提出了挑战。

气候变化积温增加的地区，应调整种植制度，发展多熟制种植并提高复种指数。合理发展花生和其他作物间作、套种的栽培技术体系（花生与玉米、花生与棉花、花生与谷子、花生与甘蔗、花生与油葵等间套作模式），有利于提高光温资源利用效率和土地利用指数。

积温减少引起花生生育期缩短，通过改变播种日期、更换中早熟高产品种等措施可以减缓气候变化带来的损失。选择适宜播期可改变病害的发生强度，晚播会增加黄曲霉感染的概率，建议适时造墒早播。在极为干旱的地区，调整播种期可以大大减弱温度和降水变化带来的影响。

在无霜期短，积温少的地区，安排花生种植制度时，首要考虑花生从播种到

收获，能否顺利完成各个生育阶段的生长发育。据此，在中国的东北地区、华北北部、云贵高原、黄土高原、西北地区，气温较低，年积温低于3 500℃，种植制度多为一年一熟制。在山东丘陵、黄淮平原、陕豫晋盆地、四川盆地等地区，气候温和，年积温在3 500℃以上，种植制度多为二年三熟制，比如冬小麦→夏花生、小麦→玉米‖花生等种植模式。在长江流域、东南沿海地区，气温较高，年积温在5 000℃以上，种植制度多为一年二熟制，部分一年三熟。

二、气候生态因子对花生生长发育的影响

（一）光照因子

花生属于喜日照作物，整个生育期间需要的光照强度较大。光照较弱，容易引起地上部植株徒长，生殖体和营养体发育失衡，从而影响花生干物质积累，导致产量降低。从全生育期看，受光照的影响程度，早熟品种大于中熟品种（表3-1）。

表3-1　早、中熟品种各生育阶段与日照的关系（杨国枝，1985）

生育阶段	品种熟性	生育天数（d）	日照		生育天数与日照的相关系数（r）
			平均（h）	标准差	
播种—出苗	早熟	16.166 7	145.906 2	4.853 1	—
	中熟	16.181 8	146.159 9	4.994 1	—
出苗—盛花	早熟	25.240 7	234.512 8	8.366 3	0.902 6**
	中熟	27.504 5	249.330 0	16.488 3	0.906 7**
盛花—成熟	早熟	88.703 7	695.750 9	31.133 8	0.983 4**
	中熟	92.707 3	745.850 2	17.658 1	0.502 8
播种—成熟	早熟	130.110 0	1 076.172 2	25.817 5	0.928 3**
	中熟	136.400 0	1 140.987 5	20.050 0	0.729 1*

注：*为显著；**为极显著。

（二）温度因子

温度是作物种子萌发、生长发育的重要影响因子。全国花生种植区域中不同类型品种种子萌发时要求的最低温度表现不同；其中，珍珠豆型和多粒型为12℃，普通型和龙生型为15℃。在一定范围内，随着温度上升，种子发芽速度加

快、发芽率高，但温度超过一定限度时，反而会延迟发芽时间。播种发芽期低温会导致花生出苗期延长、甚至烂种。花生种子发芽最适温度为15～37℃。当温度高于40℃时，胚根发育受阻，发芽率下降；当温度升至46℃，有些品种不能发芽。春花生中晚熟品种，全生育期在150d左右，全生期需要活动积温在3 100℃以上；早熟品种'四粒红'生育期约90d。不同粒型花生品种全生育期对有效积温的需求差异较大，小籽、中籽、中大籽和大籽品种分别需要9.6℃以上的有效积温2 336.8℃、9.3℃以上的有效积温2 399.7℃、9.7℃以上的有效积2 511.1℃、9.8℃以上的有效积温2 564.7℃，极差达227.9℃。

据在人工气候室试验，日平均气温由20℃提高到25℃，花生播种至开花所需时间缩短8.6～9.1d，出苗至开花天数减少6.2～6.8d。结荚期和饱果成熟期所需天数和积温较高，分别为42d和43d、1 083.93℃和943.72℃（表3-2）。

表3-2 丰花1号各生育时期所需天数与日平均温度、积温（张玉娇，2006）

生育时期	天数（d）	均温（℃）	积温（℃）
种子萌发出苗期	12	26.90	309.39
苗期	25	20.87	514.72
花针期	20	24.63	480.28
结荚期	42	25.81	1 083.93
饱果成熟期	43	22.03	943.72

夏华生与春花生生育时期积温存在差异。从表3-3中可看出，济宁市自1971—2010年的40年间，每10年≥15℃积温均在2 700℃以上，超过夏直播地膜覆盖栽培中熟大花生品种正常成熟所需的≥15℃积温2 600℃的要求。1991—2010年的近20年或者1971—2010年的40年，夏花生生长期间（6月15日至10月5日）≥15℃积温分别为2 799.8℃和2 770.8℃，亦均高于正常成熟要求的积温低限2 600℃。由此可见，麦茬夏直播花生覆膜栽培是满足中早熟品种正常成熟积温要求的重要栽培措施。

表3-3 1971—2010年济宁市夏花生全生育期≥15℃积温变化（马登超等，2013）

年份	≥15℃积温（℃）	较2 600℃增减（℃）	≥15℃积温（℃）
1971—1980	2 726.1	126.1	210.0
1981—1990	2 757.5	157.5	201.2

（续表）

年份	≥15℃积温（℃）	较2 600℃增减（℃）	≥15℃积温（℃）
1991—2000	2 830.8	230.8	221.7
2001—2010	2 768.8	168.8	213.6
1991—2010	2 799.8	199.8	—
1971—2010	2 770.8	170.8	211.6

（三）水分因子

花生产区旱灾与涝害作为花生生产中两大非生物逆境，是制约世界花生生产的主要瓶颈，通常交替频繁。其中花生主产区（东亚、东南亚、南美洲）花生生长季节降雨较多、雨量充沛、雨季分明，渍涝灾害十分严重。中国花生多分布在年降雨330～1 800mm的季风气候区，降水在时间、空间上分配极为不均，导致干旱渍涝灾害多交替发生严重。而土壤水分作为影响作物生长发育的主要因素之一，影响着作物的生理生化过程，不同程度的水分供应很大程度上影响作物地理分布、产量和品质。

（四）花生生产潜力估算

作物生产潜力是指一个地区的作物在理想的环境下所能达到的最高理论产量，可划分为光温生产潜力、气候生产潜力等。气候生产潜力是指充分和合理利用当地的光、热、水气候资源，而其他条件（如土壤、养分、二氧化碳等）处于最适状况条件下单位面积土地上可能获得的最高生物学产量或农业产量。对作物进行气候生态产量潜力的估算有助于了解一定时间段内所处生态区域的最高理论产量，进而通过改善和优化栽培措施缩小实际产量和理论产量之间的差距，为作物高产栽培作出贡献。杨晓光和陈阜（2014）总结得出计算作物生产潜力采用的方法主要有FAO农业生态区域法、作物模型方法和层次递减法。本章中主要概述层次递减法。

作物产量与温度、光照、降水、灾害等环境因子有着密切关系，很多国内外学者先假定某种影响因子在最适宜条件，再利用层次递减法计算作物气候生产潜力。该方法假定温度、水分和花生的群体结构均处于最适状态的生产条件，当地的光能资源决定的经济产量作为理想产量（即光合生产潜力）；再根据农作物与水分、温度、气候年际变化和灾害性气候因素的关系，依次估计出光温生产潜力、光温水生产潜力；最后计算出气候生产潜力。例如，景元书等（2003）利用上述方法，估算出江西鹰潭地区当地的花生气候生产潜力为6 450kg/hm²。下文主要计算方法参照景元书等（2003）、卢山（2011）、刘帅（2014）等文献。

1. 花生光合生产潜力

花生生育期内，假定所需光照、水分、温度都在最适宜的状态下，花生产量直接由当地的光能资源决定，此时产量值即为花生的理论产量上限。

$$P（f）=0.219 \times L \times Q \qquad （3-1）$$

式中，L为花生的经济系数（不同花生品种存在差异），Q为花生生育时期内的太阳总辐射通量（kJ/cm²）。

2. 花生光温生产潜力

在光合生产潜力的基础上，加入实际温度对花生产量形成的影响，用下式计算得到：

$$P（t）=P（f） \times F（t） \qquad （3-2）$$

不同区域温度对花生的影响阶段不同，需分别设置温度生长起点、最适温度、受影响温度。以湖南为例，温度对花生的影响主要分为4个阶段，这里以湖南各地主要的播种期4月25日为起点，经历播种至出苗期、苗期至开花期、花期至结荚期、结荚期至成熟期。花生生长发芽的起点温度为12℃，最适生长温度为25～30℃，高于30℃则花生生长发育受到影响。则F（t）计算公式为：

$$F（t）=\begin{cases} 0 & t \leq 12℃ 或 t \geq 35℃ \\ （t-12）/（35-12） & 12℃ < t < 25℃ \\ 1 & 25℃ \leq t < 30℃ \\ 1-（t-30）/30 & 30℃ \leq t < 35℃ \end{cases} \qquad （3-3）$$

3. 花生光温水生产潜力

花生生长期内综合考虑光照、温度、水分影响因子，估算花生光温水生产潜力[P（w）]；F（w）为订正系数：

$$P（w）=P（t） \times F（w） \qquad （3-4）$$

$$F(w)=R\times(1-c)/eE \qquad (3-5)$$

式中，R为花生生育期内降水量；e为蒸散系数，取当地参考值，如江西鹰潭地区取值为1.15；E为水面蒸发量，采用伊万诺夫公式获得；c为地表径流和渗入地中的流出量占降雨量的比例系数；其中，若R×（1-c）≥1，则F（w）为1。

4.花生气候生产潜力

当地年际气候变化和灾害（干旱、涝害等）是花生增、减产的重要因素。因此，气候生产潜力P（c）需要设定具体参数，而这个参数为气候年际与灾害可能发生的概率，如湖南地区、江西鹰潭地区为0.8。

$$P(c)=0.8P(w) \qquad (3-6)$$

据柳帅（2014）对湖南省不同花生生产区域气候生产潜力来看（图3-1），湖南花生主产区实际产量与理论产量之间存在较大差距，每个区域气候生产潜力利用率较低，道县和麻阳的气候生产潜力利用率均低于30%。花生生育期内降水量、光照、温度等时空分布不均且作物利用效率较低，并受到如土壤质地、施肥措施、病虫害、管理等方面的影响，极大限制了花生产量潜力的提高。但同时也表明湖南花生产量上升潜力很大，这为高产品种繁育和高产高效栽培技术的改进提供了理论依据。

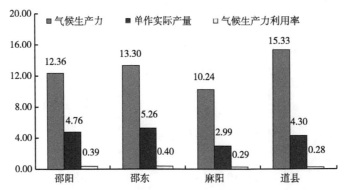

图3-1　湖南花生主产区花生气候生产潜力与实际产量比较（10^3kg/hm^2）

（柳帅，2014）

（五）气候变化情景下中国花生产量变化模拟

陶福禄等（2000）利用中国随机天气模型将国际气候变化委员会（IPCC）

最新推荐的气候模式HadCM2和ECHAM4与作物模式CROPGRO940-Peanut相连接,对未来4种气候情景下中国灌溉和雨养花生产量的变化趋势进行了模拟。

由图3-2可以看出,HadCM2模型CO_2排放年递增1%的情景下,在中国花生主要种植区,雨养花生大都表现为不同程度的减产,产量变化幅度在0.2%~37.9%,其中在济南、郑州和北京等华北地区减产幅度最大。减产的主要原因,一是由于增温将明显缩短生育期天数使光合时间缩短,荚果不饱满,二是因为气候变化后生长季降雨减少。其中,济南、郑州、福州和韶关减产幅度最大,但总体减产幅度和减产范围较雨养花生明显降低,说明对降水不足的地区,改善灌溉条件可能是适应气候变化的重要对策之一。若不采取减排CO_2措施,2056年中国花生种植区花生产量较2030年减产程度更为明显。

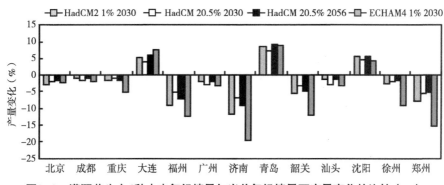

图3-2 灌溉花生在4种未来气候情景与当前气候情景下产量变化的比较(%)

(陶福禄等,2000)

第二节 土壤条件与种植制度

土壤质地、肥力、pH值、紧实度、容重、水分等,均直接影响花生及其轮作作物的生长发育,从而影响花生的栽培制度。花生属于抗旱、耐瘠、耐酸作物。旱薄地、pH值低于6.0的酸性土种植小麦、玉米等禾本科作物生育不良,产量很低,而种植花生则收成较好。通常这些类型土壤,种植制度采用一年一熟制。土层深厚,土壤肥沃,土质疏松的壤土和沙壤土,种植小麦、玉米等禾本科作物及棉花、蔬菜等作物生育良好,种植花生也可获得高产。这种类型土壤,只要气候条件允许,多数情况采用二年三熟、一年二熟或三熟制。

一、土壤质地

（一）不同土壤类型

土壤质地是土壤的基本性状之一，直接影响土壤透水、保水、保肥、供肥、通气、导热等土壤物理特性，与农作物栽培关系密切。花生对土壤要求不严格，一般质地的土壤都可以种植。

（1）黏质土含黏粒多、沙粒少，保水保肥能力强，养分含量较高。壤质土沙粒适中，通透性好，保水保肥能力强，养分含量较高，土温较易升高，耕性亦好。沙壤土含沙粒多、黏粒少，保水保肥能力差，养分含量低，作物生长到中后期易脱水脱肥。花生种植于肥力高、通透性好、松紧适宜的土壤上，其根系发达，根瘤较多，荚果发育快，果壳光洁，果形大，质量好，商品价值高。沙质土壤在花生饱果期可促进荚果发育，而重壤土和轻黏土利于干物质积累。

沙土、壤土、黏土的土壤颗粒组成和基础养分含量差异较大（表3-4）。沙土和壤土中花生根系干物质重均显著高于黏土，但生育后期黏土中花生根系干物质重比壤土和沙土下降相对较慢。从不同类型土壤质地根系分布及根系活力来看，黏土根系主要分布在上层土壤，但上层土壤根系活力后期下降慢；沙土有利于花生根系向深层土壤生长，但上层土壤根系活力后期下降快；而壤土对花生根系生长和活力时空分布的影响介于黏土和沙土之间。

表3-4　土壤颗粒组成和基础养分含量（贾立华等，2013）

土壤质地	土壤颗粒组成（mm）			pH值	全氮（%）	水解氮（mg/kg）	速效磷（mg/kg）	速效钾（mg/kg）
	<0.001	0.05~0.01	0.05~0.1					
沙土	9	26	65	6.01	7.59	55.1	8.67	50.05
壤土	19	58	23	6.11	13.26	66.76	10.11	77
黏土	45	46	9	5.93	19.73	91.45	9.65	89.2

沙土有利于花生荚果的膨大，且花生荚果干物质积累早而快，但后期荚果干物质重积累少；壤土的花生荚果干物质积累中后期多，黏土则在整个生育期均不利于花生荚果干物质积累。最终荚果产量、籽仁产量和有效果数均表现为壤土最大、沙土次之、黏土最小（表3-5）。通气性和保肥保水能力居中的壤土更适合花生的根系生长发育及产量的形成。

表3-5　土壤质地对花生产量及构成要素的影响（贾立华等，2013）

年份	土壤质地	有效果数（个）	荚果产量（g/株）	生物产量（g/株）	出仁率（%）	籽仁产量（g/株）
2011	黏土	10.30Bb	24.97Bb	50.79Bb	67.44Aa	16.84Cc
	壤土	13.25Aa	32.30Aa	55.85Aa	61.42Bb	19.84Aa
	沙土	12.67Aa	30.46Aa	53.72Aa	59.03Cc	17.98Bb
2012	黏土	18.50Bb	43.33Cc	79.28Cc	62.07Aa	26.89Bb
	壤土	23.50Aa	50.68Aa	95.87Aa	60.49Bb	30.66Aa
	沙土	22.50Aa	46.25Bb	87.54Bb	58.99Cc	27.28Bb

（2）不同土壤质地间（沙姜黑土和沙壤土）土壤基础肥力（表3-6）存在差异，沙姜黑土的土壤肥力优于沙壤土。

表3-6　土壤基础肥力（孙学武等，2013）

试验地点	土壤类型	有机质（%）	全氮（%）	水解氮（mg/kg）	速效磷（mg/kg）	速效钾（mg/kg）	pH值
姜山镇后垛埠村	沙壤土	0.81	0.067	58.3	26.1	88.6	5.71
姜山镇四村	沙姜黑土	1.20	0.101	78.6	40.2	106.8	6.68

沙壤土与沙姜黑土花生植株根、茎、叶在N、P、K吸收和积累规律方面存在差异（图3-3）。出苗后50d到成熟期，黑土花生根、茎、叶中N、P及根中K积累量显著高于沙土。黑土花生子仁中N、P、K积累量比沙土分别高70%、61%和60%。两种土壤类型花生整株N、P、K积累符合Logistic方程，成熟期黑土整

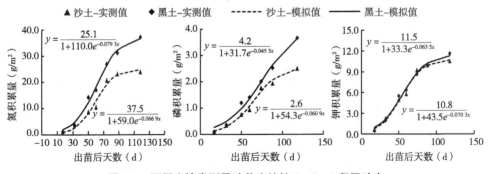

图3-3　不同土壤类型旱地花生植株N、P、K积累动态

（孙学武等，2013a；孙学武等，2013b；孙秀山等，2014）

株N、P、K积累量比沙土分别高48%、52%和6%。沙土花生全生育植株磷素积累速率明显低于黑土花生。黑土花生K积累量在快速增长期和缓增期略高于沙土，但最大积累速率略低于沙土。与黑土相比，沙土花生植株N、P积累的快速增长期持续的时间短、积累量较低，而缓增期持续的时间长，表明沙土花生生育后期N、P积累"后劲"不足。

（二）土壤容重与土壤紧实度

近年来，由于农业机械化的普及推广、化肥施用量增加、有机肥施用量减少、土壤干旱、农田管理粗放等，造成土壤紧实板结、容重增大现象日益突出。翟振等（2016）调查发现，黄淮海北部地区耕层平均厚度为14.74cm，其中76%的地块存在犁底层，犁底层分布在15～30cm，犁底层平均容重在1.54g/cm³左右。陕西省全省犁底层土壤容重平均为1.49g/cm³，耕层土壤容重平均为1.25g/cm³。土壤容重过高已成为制约中国农业持续发展的关键因素之一。

土壤容重是重要的土壤物理性状，它直接影响着土壤矿质元素的运移、通气状况及作物根系穿透阻力等因素。一般认为土壤容重增大，土壤水分和气体含量降低，机械阻力增加，影响根系生长，导致作物对氮、磷等矿质营养元素的吸收减少，作物产量下降。

土壤容重过大首先影响根系生长，主要表现为不利于根系伸长、表面积扩大、根系干物质的积累、根系体积增加和根系活力提高；而适宜的土壤容重（1.2g/cm³）则既能保证根系发展期根系的伸长和表面积扩大，有利于花生根系生长和活性提高（表3-7、表3-8）。

表3-7　土壤紧实度对花生根系长度变化的影响（崔晓明等，2016）

单位：cm/株

容重（g/cm³）	6月20日	7月16日	8月10日	8月25日	9月17日
1.1	3 527.69a	4 970.15a	5 716.52a	4 280.38ab	2 821.40ab
1.2	3 222.79b	4 724.66ab	5 615.14a	4 547.64a	2 926.99a
1.3	3 205.11bc	4 344.09b	5 576.25a	3 933.09b	2 790.72ab
1.4	3 160.68bc	3 857.36c	4 631.27b	2 881.40c	2 510.09bc
1.5	3 013.68c	3 111.252d	3 737.82c	2 848.08c	2 252.52c

表3-8 土壤紧实度对花生根系表面积变化的影响（崔晓明等，2016）

单位：cm²/株

容重（g/cm³）	6月20日	7月16日	8月10日	8月25日	9月17日
1.1	727.99a	795.86b	863.68ab	708.22ab	544.10ab
1.2	687.36a	939.19a	972.85a	713.75ab	582.79ab
1.3	647.24ab	765.35b	846.10b	779.44a	594.70a
1.4	600.03b	691.86c	726.83c	656.36b	530.30b
1.5	457.26c	588.20d	692.12c	635.45b	469.35b

土壤容重对花生各器官总生物产量、氮、磷、钾和钙吸收积累的影响程度存在差异；利于花生吸收积累矿质营养元素的土壤容重组合为0～20cm土层土壤容重1.2～1.3g/cm³与21～40cm土层土壤容重1.3g/cm³左右（表3-9）。

表3-9 土壤容重对花生养分积累的影响（张亚如等，2017）

单位：mg/株

处理	氮	磷	钾	钙
T23	3 040.23a	264.62a	1 031.69a	2 207.51a
T24	2 375.64b	200.38b	748.11c	1 798.68b
T25	1 964.53b	160.98cd	519.04d	1 438.86b
T33	3 143.39a	283.62a	1 182.20a	2 429.31a
T34	1 950.51c	175.24bc	715.36c	1 489.35b
T35	1 577.53d	142.24d	488.34d	1 211.52d

注：设置0～20cm和21～40cm土层土壤容重分别为T23：1.2、1.3；T24：1.2、1.4；T25：1.2、1.5；T33：1.3、1.3；T34：1.3、1.4；T35：1.3、1.5。

二、土壤肥力与施肥措施

不同种植制度下长期平衡施肥，尤其是无机、有机肥配施能极大地提高土壤氮素肥力，为作物的高产、稳产和农业可持续发展提供良好的基础和保障。通常，较高的土壤肥力是作物获得高产的有利条件，高肥力土壤一般都具有如下特性：土壤肥力基础好，作物产量高；土壤抗逆性强，产量稳定；土壤易耕作，保水保肥力强，省水省肥耗能低。施肥是增加土壤养分含量，提高土壤肥力的主要途径。

化肥的使用极大地推动了农业生产的发展，较大幅度地提高了作物的产量，保障了中国粮食安全，对国民经济的发展和促进农业增产增收具有十分重要的作用。然而，由于忽视了有机肥的补充，多注重N、P、K等大量营养元素的单一施用，忽视了营养元素之间的配比和微量元素的补充，造成土壤中养分不平衡，产量不稳、品质下降、土壤可持续生产能力下降。还有研究表明，长期施化肥导致耕层土壤有机质含量降低，其原因可能是：农田生态系统中大部分作物的收获物被移走，且各种耕作措施导致土壤结构发生变化，加速了土壤有机质的矿化分解，从而导致土壤有机质含量降低；而长期施用有机肥或有机肥与化肥配施均能显著提高土壤有机质的含量。另外，长期施用化肥不同程度地影响了土壤中团聚体的组成与分布，不利于土壤肥力持续健康发展。

近年来，有机肥运用越来越被人们所重视，有机肥料含作物生长发育的N、P、K、Ca、Mg、S等大中量元素和多种微量元素，除供给作物所需的营养元素、改善土壤理化性状外，还可提高土壤生物化学活性，如增加土壤微生物总量，提高土壤酶的活性等。施用有机肥不仅能为作物提供养分，而且能促进土壤养分转化，提高土壤有效养分含量，改善土壤理化性状和土壤结构。但是，有机肥肥效释放慢，养分含量低，施用数量大，且当年利用率低，在作物生长旺盛、需肥多的时期，往往不能及时满足作物的需求，所以需要与无机肥料配合施用、达到缓急相济、互相补充，提高化肥肥效的目的。

有机无机复合肥料兼有有机肥料和无机肥料的双重功效，通过"以有机促无机"提高养分利用率，不仅可以培肥地力和改善作物产量品质，而且也是消纳有机废弃物资源的重要途径，是中国未来肥料产业发展的重要方向之一。氮、磷、钾化肥配施不同有机肥料在较大提高作物产量的同时，也较大地提高了土壤有机质含量，具有明显的培肥地力作用，增强土壤转化酶、磷酸酶、脲酶活性，这种施肥方式可以为作物稳产高产创造良好的土壤生物化学环境。

花生为喜钙作物。补钙应采取有机、无机混补的施肥方式，酸性土壤可施用石灰等生理碱性肥料，碱性土壤可用石膏等生理酸性肥料，根据土壤酸碱程度和钙胁迫的程度确定用量。也可因地制宜施用石灰氮，可起到补氮、补钙和土壤消毒的三大功效。钙肥与覆膜有利于湖南低钙红壤花生0~20cm土层内侧根及根毛的发展，促进根系发达，增加不同土层根系表面积和体积，有利于获得高植株群体质量、产量和收获指数（表3-10）。

表3-10　不同钙肥梯度与覆膜对花生生物量的影响（王建国等，2017）

栽培方式	处理	产量 （g/株）	根系生物量 （g/株）	地上部生物量 （g/株）	根冠比	收获指数
露地栽培	Ca 0	3.87 ± 0.51c	1.26 ± 0.10b	11.78 ± 0.36c	0.10 ± 0.01a	0.33 ± 0.04c
	Ca 25	9.33 ± 1.03ab	1.25 ± 0.24b	18.23 ± 2.25b	0.07 ± 0.00b	0.51 ± 0.04a
	Ca 50	12.33 ± 2.30a	1.27 ± 0.12b	21.87 ± 3.05bc	0.06 ± 0.01b	0.56 ± 0.03a
覆膜栽培	Ca 0	7.38 ± 1.40b	2.11 ± 0.24a	22.17 ± 2.67bc	0.10 ± 0.01a	0.33 ± 0.03c
	Ca 25	11.14 ± 0.87a	2.00 ± 0.04a	26.76 ± 1.37a	0.07 ± 0.00b	0.42 ± 0.01b
	Ca 50	12.06 ± 0.57a	1.80 ± 0.26a	27.01 ± 2.28a	0.06 ± 0.01b	0.45 ± 0.03b

三、土壤水分条件及调控管理

（一）花生的需水规律

花生整个生长期间需水多少，因各地的气候、土壤、栽培措施、品种类型以及生育期长短等不同而异。根据1963年对5个省、区花生需水量的测定结果（中国农业科学院花生研究所，1964），北方春播普通型大花生全生育期内耗水量210~230m³，产量150~175kg/亩；南方珍珠豆型小花生生育期较短，耗水量需120~170m³。

花生在不同生育时期对水分的需要量不同（表3-11），全生育期需水的规律是"两头少，中间多"，即花生苗期需水少，开花结果期需水多，成熟期需水又少。黑河中游绿洲的早熟品种鲁花14在临泽生育期153d。花生花期较长，约延续60d，土壤水分对花生生长发育影响很大，从出苗到开花，需水分较少，需水日均2mm，开花结荚期需水分较多，日均为3.1mm，足够的水分才能促进子房柄入土和子房膨大；到成熟时需水较少，9月日均为1.7mm，水分过多，会引起徒长和荚果腐烂。

1.播种至出苗阶段

花生播种后，种子从土壤中吸水萌动至发芽出土，这一阶段的需水量占田间总耗水量的比重较小，但播种时要求有疏松湿润的土层。因此，整地保墒对花生发芽、出苗非常重要。一般以播种层土壤水分占土壤最大持水量的60%~70%为宜。土壤水分不足，会延长种子吸水萌动的过程，发芽、出土缓慢，致种子内部养分消耗过多,形成弱苗。土壤过湿,空气减少,不利于出苗和幼根伸展,容易引起烂种。

表3-11　花生各生育阶段需水情况(中国农业科学院花生研究所,1964)

花生类型	生育阶段	各生育阶段日数占全生育日数(%)	各生育阶段需水量占全生育期(%)	各生育阶段昼夜亩平均耗水量(m³)
北方春播普通型大粒花生	播种出苗	7.1 ~ 13.1	4.1 ~ 7.2	1.39 ~ 1.68
	出苗开花	21.6 ~ 26.0	11.9 ~ 24.0	1.28 ~ 2.28
	开花结荚	36.7 ~ 40.3	48.2 ~ 59.1	3.37 ~ 4.49
	结荚成熟	26.6 ~ 33.8	22.4 ~ 32.7	1.93 ~ 3.35
南方春播珍珠豆型中、小粒花生	播种出苗	5.9 ~ 15.3	3.2 ~ 6.5	0.55 ~ 0.57
	出苗开花	22.9 ~ 25.2	16.3 ~ 19.5	0.68 ~ 1.20
	开花结荚	38.9 ~ 43.7	52.1 ~ 61.4	1.33 ~ 2.11
	结荚成熟	22.9 ~ 25.2	14.4 ~ 25.1	0.82 ~ 1.37

2. 齐苗至开花阶段

这一阶段花生根系生长很快,地上部分生长比较缓慢,蒸腾量较小,需水量不大。根据花生苗期根系分布范围及需水情况,要求在20 ~ 30cm土层内土壤水分占土壤最大持水量的50% ~ 60%,有利根系吸收水分和养分,促使开花前营养器官健壮生长,增加有效花数,提高结荚率。

3. 开花至结荚阶段

花生进入开花、结荚期,生长发育最旺盛,茎叶生长最快,大量花针下扎形成荚果,气温也逐渐升高,叶面蒸腾强度大,地面水分蒸发量大,因而是花生一生中需水量最多的时期。开花期植株含水量最高,需水量最大,抗旱能力降低,对水分敏感,是花生需水临界期。土壤水分对开花迟早和开花数量影响很大,据报道,土壤水分低于最大持水量50%时,开花显著减少。

4. 结荚至成熟阶段

花生在该阶段以生殖生长为主,根、茎、叶储藏的营养成分大量向荚果运输,植株中下部叶片大量脱落,对水分的消耗减少。如南方珍珠豆型花生在成熟期的耗水量为全生育期总耗水量的14.4% ~ 25.1%,北方春播普通型中晚熟花生耗水量占全生育期总耗水量的22.4% ~ 32.7%。为了保证荚果及时成熟,提高饱果率和产量，一般要求在60cm土层内的土壤水分占最大持水量的56%~60%；若土壤水分低于40%，则荚果饱满度就会受到影响，秕果增多，影响产量和品质。

（二）水分胁迫

土壤水分作为影响作物生长发育的主要因素之一，影响着作物的生理生化过程，不同程度的水分供应可很大程度上影响作物地理分布、产量和品质。中国花生多分布在年降水330~1 800mm的季风气候区，降水在时间、空间上分配极为不均，导致干旱、渍涝灾害多交替发生。同时，干旱和渍涝是制约世界花生生产的主要瓶颈。

1. 干旱

中国是严重缺水的国家，全国干旱、半干旱地区约占47%，约为总耕地面积的51%，干旱所引起的产量损失超过其他胁迫的总和。花生虽是一种抗旱性相对较强的作物，但中国花生产区大多在干旱、半干旱地区，花生的生长发育仍然受到降水量偏少或季节性干旱的制约，这在很大程度上影响了花生的生长发育而造成减产、品质变劣、甚至死亡。生育期内若严重干旱导致花生根瘤的形成受阻，根瘤固氮能力严重下降，导致花生荚果发育缺少相应的养分而减产。花生开花下针期遇到干旱，严重影响花生果针的发育和入土，降低了有效果针数，延迟入土时间、降低花生产量。干旱已是中国花生生产上分布最广、危害最大的限制因素。

早在1976年，Bhagsari等就指出生长受抑制是花生对干旱最明显的生理效应。近年来，对于花生的抗旱性研究，山东、河南、河北、广东等地的国内学者专家，已从形态指标和生理生化指标等方面进行了研究，但研究结果不尽相同。姚君平研究指出，中熟花生品种苗期、花针期轻度干旱，主茎生长不但不受影响，反而受到明显促进；而戴良香等（2014）研究表明，干旱条件下花生植株生长发育受到抑制，植株矮化。对于花生水分敏感期的研究，结论亦有不同。李俊庆（2004）研究认为，苗期干旱对营养生长影响最大；而程曦等（2010）认为，苗期对干旱最不敏感；部分研究者认为，花生对水分最敏感的时期是花针期，其次为结荚期，而花生对水分最不敏感的时期为成熟期。

不同生长发育时期干旱胁迫均导致花生生长发育受抑制、产量降低。首先是花针期干旱，影响最大。其次是结荚期干旱和苗期干旱，成熟期干旱影响最小。通过对各指标的分析，苗期干旱、花针期干旱主要是影响了单株结果数，从而降低了产量；结荚期干旱、成熟期干旱则是降低了饱果率、百仁重、出仁率，进而影响了产量（表3-12）。

表3-12　不同时期干旱胁迫对花生营养及生殖生长的影响（张俊等，2015）

处理	品种	主茎高（cm）	侧枝长（cm）	总分枝数（条）	结果枝数（条）	单株结果数（个/株）	单株生产力（g/株）
A	豫花9326	37.60	40.00	8.67	7.33	20.07	29.62
	豫花9936	24.20	29.40	10.67	9.33	16.52	21.27
B	豫花9326	24.60	30.80	7.67	6.67	19.58	25.96
	豫花9936	17.60	21.60	9.33	8.67	16.25	19.83
C	豫花9326	28.00	32.20	8.33	7.67	19.70	28.83
	豫花9936	21.80	26.80	10.33	9.00	16.37	20.48
D	豫花9326	38.60	42.40	9.67	8.33	20.71	31.81
	豫花9936	27.60	33.20	11.33	9.33	16.73	22.91
E	豫花9326	39.00	44.40	12.67	9.67	21.35	34.15
	豫花9936	33.40	38.80	11.67	9.67	17.92	24.98

注：A—苗期干旱；B—花针期干旱；C—结荚期干旱；D—成熟期干旱；E—全生育期不干。

2. 湿涝

花生耐旱而对渍涝敏感，属中生型植物，土壤缺水或渍涝都会严重影响生长发育和产量、品质的形成（李林等，2004）。花生在花针、饱果成熟期分别渍涝7～14d，造成减产30%～70%。随着气候环境的不断恶化，自然资源不合理开发利用，中国也成为渍涝灾害非常严重的国家，约有半数以上国土面积存在不同程度的涝害。南方花生种植区，4—5月播种期、幼苗期渍涝灾害频发，花针期、结荚饱果期也屡有发生；北方产区夏秋之时渍涝较为严重。据调查发现，涝害或土壤过湿造成中国花生减产20%～30%，严重者减产50%以上。

通过大田对128个在正常水分时较高产的品种进行根部淹水处理7d，以产量及其耐渍系数为主要指标，鉴定评价不同种质的农学耐渍性差异。结果表明，渍涝对花生产量及其所有构成因素均有负面影响，而产量降低、籽仁变小是耐渍性弱品种的主要特征表现。不同类型花生产量受渍涝的影响顺序为多粒型>中间型>珍珠豆型>普通型。

（三）调控管理措施

植物在长期的适应和进化过程中，不仅逐渐形成了对干旱等各种逆境的抵抗能力，而且在逆境得以改善时其生理生化功能和生长发育还可得到一定的恢复，这种恢复有时甚至可以达到或超过未经胁迫或伤害下的情形，从而弥补逆境造成的伤害，表现出明显的补偿或超补偿效应，是生物对环境条件变化的一种适应性。植物一生中经常会遇到各种不同程度的逆境危害（如干旱和渍涝），其田间实际生境可用"干湿交替"或"低水多变"来描述。旱后复水下花生生理生态功能的恢复可以在一定程度上弥补干旱所造成的危害。

栽培过程中除花生自身的抗旱机制外，还可以采取选用抗旱品种、喷施抗旱剂、合理灌溉等措施降低干旱对花生的影响。其中，合理灌溉是花生正常生长发育并获得高产的重要保证，其原则是用最少量的水，取得最大的效果。合理灌溉要以花生需水量和水分临界期为依据，参照生理指标制订灌溉方案，是否需要灌溉可依据气候特点、土壤墒情、作物形态、生理性状等指标加以判断。

灌溉时，应本着节约用水、科学用水的原则，不断改善灌溉设施，改进灌溉方法，提高灌溉效益。花生灌溉要根据生育期及需水量大小确定。黑河中游绿洲的早熟品种鲁花14在临泽生育期153d，总耗水量360.6mm，耗水系数为1 066.1，花生采用"四水"灌溉法（表3-13），在满足其生长发育的同时，达到节水高效的目的。

表3-13 花生"四水"灌溉法（苏培玺等，2002）

灌溉物候	灌水时期	灌水定额（m³/hm²）
播前水	4月20—21日	900
壮苗水	6月9—10日	900
促花水	7月8—10日	915
结荚水	8月8—10日	900

花生的灌溉方式有3种，即沟灌、喷灌、滴灌、微喷。沟灌是在花生行间开沟，使水在沟中流动，慢慢渗入到植株根部，这样，水分从沟中渗入土壤中，省工省水，减少土壤和养分流失，减轻土壤板结程度。喷灌方式能节水30%～50%，一般每亩用水量13～16m³。滴灌是利用低压管道系统分布在田间的许多滴头，慢慢渗入到花生根际周围，在经济发达地区普遍应用。以滴灌为节水措施的花生栽培是高效利用水资源，保障干旱和半干旱地区花生产业有效的技术保障。微喷同滴灌原理差不多，但微喷的开口是背地面斜向空中方向，管道压力基本恒定。

起垄覆膜的耕种模式对耐渍品种和敏感品种的生长发育都有一定的促进作

用，但垄的高度不同效果也不同。垄高10cm，覆膜是耐渍品种的最优模式，而垄高10~20cm，覆膜则是敏感品种的最佳模式。即起垄覆膜的耕种模式是花生抗渍涝的有效栽培方式，适合中国南方花生产区气候特点，对提高花生产量和品质有一定参考意义和实用价值。植物生长调节剂（渍涝后喷施赤霉素、乙烯利和多效唑）对敏感品种的效果明显好于耐涝品种，即敏感品种在发生涝灾时最好进行化控，以弥补先天不足；耐涝品种能够依靠内在遗传特性来抵御涝灾，显示出耐涝生态育种的重要性，既增产又降低施用化控剂的物质及人工成本。

第三节　生产条件与种植制度

农事指耕地、施肥、播种、田间管理（除草、防倒伏、喷洒农药、病虫害防治、防寒、防冻、防旱、浇水、防涝、排灌）、收割、收获、贮藏等农业生产活动。而农业生产条件包括了区域气候资源、土壤条件、农事活动方式、科技发展水平、农业生产布局等方面，对作物耕作制度有决定性的作用。

耕作制度是影响花生良种布局的主要因素之一。山东鲁中南山区和鲁西黄河沙土区、河南省、长江流域、淮河流域等以一年两熟为主，花生品种一般选择早熟大果品种（'花育22号''花育25号'、豫花系列、远杂系列等）。东北地区，多为一年一熟，多选择珍珠豆型的品种'四粒红'等。华北平原、胶东丘陵等多以两年三熟为主，选择大果中熟品种。东南沿海及华南地区，可以实现一年两熟、三熟制，多为珍珠豆型品种。

中国花生有一半以上种植于丘陵旱地，生产潜力不足，产量的高低仍然受自然降水多少的制约。因此，加大科技和生产投入、实现生产机械化、水肥一体化、改善生产条件是推动花生产业稳定发展的基础。前文讲述施肥、水分等对花生栽培制度的影响，下面重点讨论起垄覆膜、单粒精播、机械化等栽培措施对花生种植制度的影响，对花生带状轮作放在后面的一节重点讨论。

一、覆膜栽培对花生种植制度的影响

栽培措施影响花生田间的小气候，例如覆膜及滴灌栽培对地温存在较大影响、而玉米与花生间作形成遮阴环境，单粒精播改善花生田间微环境等。采用地膜覆盖提高花生苗期的地温、增加花生生育期内的有效积温，实现了山东、河南等地夏花生—冬小麦一年两熟，改变了传统的种植方式（夏玉米—冬小麦），促进了种植制度的革新。还有通过调整播期、适时晚播，对种子进行药剂拌种，防止低温烂种。对于高温造成的出苗伤害，可以选择阴天播种、进行遮阴处理、覆膜打孔播种等栽培措施。河南、湖南等地利用早春覆膜或者覆膜+拱棚、夏播利用覆膜打孔播种措施实现了花生一年两熟，提高了繁种系数，加快育种进程等。

（一）覆膜栽培对花生田间温度的影响

覆盖方式对地温日变化的影响受气候环境制约，0～25cm土层地温日变化因覆盖方式、土层深度和观测时间的不同而异，但覆盖方式对花生全生育期0～25cm日地温变化趋势无影响，均随花生生育期递进呈渐升的变化趋势，至饱果期升至最高，之后下降。覆盖方式对花生全生育期0～25cm 8：00地温无影响，但对花生苗期至开花期14：00—18：00地温影响较大。地膜覆盖提高花生全生育期除8：00外的其余时间10～25cm土层日地温。

花生起垄覆膜栽培人为改变了地表微地形状，对改善农田生态环境，促进作物生长发育有明显作用，尤其对前期低温的作物生长改善明显。花生垄作覆膜方式对花生苗期10～25cm土层日温度的影响受时间、垄作位置的影响，地膜覆盖方式与不同垄作位置对土壤温度的影响不同。花生垄作不覆膜种植条件下，苗期8：00在10～25cm土层垄坡土壤温度均高于垄面行间位置，最大温差在10cm和15cm处，分别为2.2℃和2.1℃；14：00垄坡10cm和15cm温度高于垄面行间，最大温差分别为0.37℃和1.03℃，但至20cm和25cm土层则以垄面行间位置为高，分别高出垄坡1.97℃和2.27℃；18：00仅垄面行间10cm地温高于垄坡0.4℃（表3-14）。

表3-14　覆盖方式和不同起垄位置对土壤温度的影响（戴良香等，2017）

单位：℃

土壤深度（cm）	8：00				14：00				18：00			
	垄面行间		垄坡		垄面行间		垄坡		垄面行间		垄坡	
	L0	L1	L0	L1	L0	L1	L0	L1	L0	L1	L0	L1
10	23.38	23.95	25.58	24.68	34.50	35.03	34.87	34.93	24.30	24.73	23.90	24.37
15	20.70	23.10	22.78	23.03	29.47	31.27	30.50	32.23	24.20	26.27	24.87	25.73
20	20.50	21.10	21.63	21.25	30.50	27.43	28.53	28.63	24.17	25.27	24.80	25.33
25	21.13	21.28	21.18	21.58	28.90	25.53	26.63	26.80	23.90	24.63	24.53	25.23

注：L0—垄作不覆膜；L1—垄作覆膜1垄。

（二）覆膜栽培对湖南秋繁花生田间温度的影响

1. 覆膜栽培对湖南秋花生土壤温度日变化的影响

由表3-15可知，膜上表面、膜下土表、土下5cm、土下10cm温度日变化呈单峰曲线变化趋势，且覆膜栽培处理均高于露地播种（CK）。地膜覆盖处理（C和D）中地膜未进行打孔处理，地膜与厢面间是全封闭的，膜内易形成高温。研究发现，地膜覆盖处理的膜下温度10：00—16：00高达43.2~50.3℃，易造成花生烧苗、烂苗，因而出苗极低。露地播种处理土下5cm温度为27.1~35.7℃，低于地膜覆盖+打孔（A和B）处理3.2~8.6℃，有利于花生种子的快速萌发。因此，湖南秋花生覆膜栽培，需在膜上打孔播种或者采用机械化播种方式，边播种边打孔，改善膜内温度环境，利于通气，防止高温的形成。

表3-15 苗期不同栽培处理温度日变化

单位：℃

测定位置	处理	时刻											
		6:00	8:00	10:00	12:00	14:00	16:00	18:00	20:00	22:00	0:00	2:00	4:00
高于垄面1m处气温		26.8	32.5	35.5	37.0	37.8	39.6	37.0	32.5	31.0	29.2	28.5	27.0
膜上温度	A	25.9	35.3	41.4	49.5	45.4	42.2	35.7	28.0	28.2	26.9	27.1	26.0
	B	25.1	33.8	40.5	49.0	45.1	41.2	35.9	30.2	28.8	27.4	28.3	27.3
	C	26.3	35.6	43.5	49.0	44.7	44.9	36.3	27.7	29.1	27.1	27.6	26.1
	D	27.0	35.8	44.2	47.5	42.9	42.7	37.4	29.0	28.8	27.6	27.8	26.6
	E	25.8	36.3	42.9	47.0	43.1	42.5	33.8	27.8	27.8	26.3	27.2	26.3
	CK	24.9	31.8	41.1	42.2	40.5	38.8	32.2	27.4	27.1	26.5	26.6	24.6
膜下土壤表层	A	28.0	34.7	42.9	42.7	44.4	44.9	37.9	32.1	31.1	29.3	28.6	28.3
	B	27.2	34.8	44.1	46.1	47.1	45.2	39.3	33.5	31.7	30.0	28.9	28.4
	C	28.0	34.6	44.5	47.6	44.5	46.4	39.3	32.4	32.0	30.7	29.6	29.0
	D	28.5	36.0	47.7	50.3	48.5	49.3	41.0	33.8	31.7	30.1	30.1	29.0
	E	25.9	32.1	36.0	39.8	37.8	37.8	31.3	28.2	27.5	27.5	27.0	25.7
	CK	24.9	31.8	41.1	42.2	40.5	38.8	32.2	27.4	27.1	26.5	26.6	24.6

（续表）

测定位置	处理	时刻											
		6:00	8:00	10:00	12:00	14:00	16:00	18:00	20:00	22:00	0:00	2:00	4:00
土壤5cm	A	30.9	32.3	37.0	40.0	41.7	42.1	41.1	37.6	35.6	33.7	33.0	32.0
	B	31.0	32.5	37.3	40.4	43.0	43.1	41.5	37.8	35.5	33.9	32.9	32.1
	C	31.7	33.3	38.1	42.1	43.7	44.6	42.8	39.5	37.1	35.4	34.5	33.5
	D	32.0	34.0	39.8	44.7	46.6	47.0	45.0	40.9	38.3	35.9	34.9	33.4
	E	27.8	29.1	32.0	34.1	34.3	34.5	33.3	31.2	29.9	29.1	28.9	28.3
	CK	27.1	29.3	32.7	34.3	35.1	35.3	33.5	31.2	29.8	28.9	28.5	28.2
土壤10cm	A	32.6	32.9	34.9	37.3	39.2	40.0	39.6	38.4	36.5	35.3	34.6	33.7
	B	32.7	32.9	34.7	37.1	40.1	40.2	40.2	38.5	36.8	35.1	34.5	33.8
	C	33.8	32.9	35.7	38.1	40.5	41.8	41.5	39.8	38.3	36.7	35.7	34.9
	D	34.1	33.9	37.2	40.6	43.6	44.5	43.8	41.6	39.8	37.6	36.0	35.6
	E	28.5	29.2	30.9	32.4	33.0	33.3	32.8	31.4	30.7	29.8	29.5	29.3
	CK	28.5	29.1	30.6	31.8	32.8	33.3	33.1	31.8	30.7	29.8	29.5	29.4

注：处理A，地膜覆盖+打孔播种+遮阳；处理B，地膜覆盖+打孔播种+无遮阳；处理C，地膜覆盖+遮阳；处理D，地膜覆盖+无遮阳；处理E，露地播种+遮阳；CK，露地播种+无遮阳。

　　10月26日测定花生成熟期（播种后94d，天气晴朗）地膜覆盖+打孔播种+遮阳（A处理）和露地播种+无遮阳（CK）处理花生株间和行间的温度日变化（表3-16）。结果表明，白天12:00—16:00温度为21.5~23.1℃，高于20℃；晚上20:00—6:00温度为7.2~12.5℃，低于15℃。地膜覆盖+打孔播种+遮阳处理在白天具有很好的增温作用，膜下5cm和膜下10cm温度分别高于CK处理1.1~1.6℃、1.1~1.9℃；夜间具有较好的保温作用，膜下5cm和膜下10cm温度分别高于CK处理0.7~1.4℃、1.1~2.0℃，能缓解低温对花生正常生长的影响，尤其是对光合作用及根系的影响。膜下土壤5cm、10cm总体温度一直处于15℃以上（花生荚果发育最低温度15~17℃），有利于花生荚果成熟。说明在秋花生生育后期，环境温度较低时，地膜覆盖可减缓土壤温度散失，提高土壤积温，特别是提高花生荚果土层的地温，促进荚果进一步充实，防止花生早衰，为高产创造条件。

表3-16 成熟期不同栽培方式下温度日变化

单位：℃

测定位置	处理	时刻											
		6:00	8:00	10:00	12:00	14:00	16:00	18:00	20:00	22:00	0:00	2:00	4:00
高于垄面1m处气温		9.3	16.2	18.5	22.6	23.1	21.5	17	12.5	9.9	8.8	7.9	7.2
膜上温度	A	10.8	15.1	17.8	20.8	22.3	20.5	16.9	14.0	11.9	10.9	10.3	9.7
	CK	10.5	14.1	16.6	19.7	20.3	18.6	15.7	13.6	11.5	10.8	10.0	9.6
膜下土壤表层	A	12.9	15.6	17.5	20.0	21.3	20.3	17.6	16.4	14.0	13.1	12.2	11.5
	CK	10.5	14.1	16.6	19.7	20.3	18.6	15.7	13.6	11.5	10.8	10.0	9.6
土壤5cm	A	16.5	17.0	17.8	19.4	20.8	20.8	19.9	18.6	17.4	16.5	16.4	15.8
	CK	15.3	15.7	16.8	18.0	19.2	19.3	18.3	17.5	16.4	15.8	15.1	14.4
土壤10cm	A	18.1	18.4	18.7	19.4	20.3	20.9	20.4	20.0	19.4	18.7	18.3	17.8
	CK	17.0	17.0	17.1	17.9	18.8	19.0	18.7	18.0	17.5	17.1	16.9	16.7

2.覆膜栽培对湖南秋花生土壤温度季节变化的影响

从夏季到秋季，随着时间的推移，温度呈下降的趋势，不同季节的膜上温度与膜下土壤表层温度变化规律大致相似，地膜覆盖+打孔播种+遮阳（A处理）与露地播种+无遮阳（CK）处理温度变化差异不显著（图3-4）。对膜下土壤5cm温度和膜下土壤10cm温度进行观察发现，地膜覆盖+打孔播种+遮阳（A处理）与露地播种+无遮阳（CK）处理的温度季节变化趋势大致相同，从夏季到秋季温度逐渐降低，但地膜覆盖+打孔播种+遮阳处理平均温度要高于露地播种+无遮阳。其中，花针期（8月26—31日）A比CK高1.83～3.97℃、结荚期（9月17—20日）高1.00～2.37℃、饱果期（10月9—13日）高1.00～1.63℃、成熟期高0.03～1.53℃。地膜覆盖提高了土壤积温，利于花生后期积温的提高，保证花生正常生长及成熟，扩大了花生的种植范围及有利于改变局部地区的花生熟制。

二、单粒精播栽培技术

（一）单粒精播栽培技术理论与应用

目前，花生生产中存在两方面的问题。一是花生每穴双粒或多粒种植，一

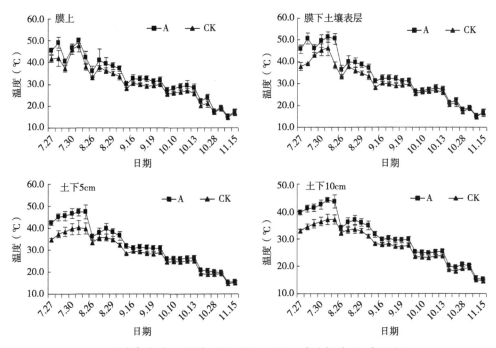

A—地膜覆盖+打孔播种+遮阳处理；CK—露地播种+无遮阳处理

图3-4　土壤温度季节变化

穴双株或多株之间过窄的植株间距及较大的种植密度容易造成植株间竞争加剧、大小苗现象突出，群体质量较差，加之高肥水条件下易徒长倒伏，影响花生产量提高。二是用种量大、成本高；每亩播9 000～10 000穴，大花生用种量一般需15～20kg/亩，小花生需10～15kg/亩。全国每年用于做种的花生约为150万t，占全国总产量的10%左右。

为保证花生在较大密度前提下，减轻株间竞争，最大限度发挥单株潜力，改善群体质量，应扩大株距，保证结实范围不重叠，根系尽量不交叉。山东省农业科学院花生栽培团队创新性引入竞争排斥原理，提出"单粒精播、健壮个体、优化群体"技术思路，创建出单粒精播高产栽培技术。

单粒精播能够提高幼苗质量，显著提高群体质量和经济系数，有效解决花生生产中存在的花多不齐、针多不实、过多不饱的主要问题，充分挖掘花生高产潜力。同时该技术较常规播种栽培亩节约种子（荚果）20%，平均亩增产10%，增产增效十分显著。

（二）单粒精播花生田间气候微环境特征

采用合理的种植方式和密度，使植株得到合理分布，不仅可以改善植株的冠层结构，而且通过影响水、热、气等微环境来调节作物与环境的相互作用，最终影响作物群体的生长发育与产量。冠层微环境对作物生长发育和产量影响很大，良好的冠层微环境能够提高群体对自然资源的利用效率，从而增加光合物质的合成，提高作物产量。采用合理的种植方式与密度，创建合理的群体结构，保持生育后期冠层合理的光分布和气流交换，延缓花生后期衰老，提高光能利用率，是提高花生产量的重要途径。单粒精播适当减少穴距扩大株距，在田间配置上使花生的植株分布更加均匀，有效提高了冠层透光率改善了不同层次的受光条件，减少了漏光损失，有效地提高了光能利用率。单粒精播明显提高了生育期内的冠层温度和CO_2浓度，降低了空气相对湿度（表3-17）。单粒精播有效改善了群体生长的冠层微环境，延缓了冠层下部叶片的衰老与脱落，提高了不同层次叶片的光合性能，充分利用了不同层次的光资源，保证了花生产量的提高。

表3-17 结荚期花生冠层温度、CO_2浓度、空气湿度在不同栽培模式下的差异（梁晓艳，2016）

冠层位置	处理	温度（℃）	CO_2浓度（mg/m³）	湿度（%）
冠层上部	S1	29.9 ± 0.6a	368.4 ± 1.2a	75.4 ± 4.3b
	S2	30.4 ± 0.6a	369.8 ± 2.1a	74.3 ± 3.9b
	S3	30.4 ± 0.4a	370.4 ± 4.2a	73.5 ± 2.3b
	CK	29.1 ± 0.6b	358.4 ± 1.4b	82.9 ± 3.5a
冠层下部	S1	29.9 ± 0.5a	366.9 ± 1.1a	78.1 ± 4.1b
	S2	30.1 ± 0.6a	368.6 ± 1.4a	76.4 ± 3.7b
	S3	30.4 ± 0.5a	367.2 ± 2.4a	74.2 ± 2.6b
	CK	29.0 ± 0.4b	359.1 ± 0.9b	84.3 ± 3.4a

注：S1—单粒播，27万粒/hm²；S2—单粒播，22.5万粒/hm²；S3—单粒播，18万粒/hm²；CK—双粒播，27万粒/hm²。

三、花生生产机械化

花生全程机械化生产技术以其减轻劳动强度、提高作业效率、降低成本、提高花生产量等优点而受到人们的广泛关注。目前，美国和加拿大等少数发达国家的花生生产，从整地、播种、施肥、中耕、病虫害防治、灌溉、收获，直到摘果、脱壳等所有农艺过程，均实现了机械化作业，而且美国花生机械化收获技术已经非常成熟，处于全球领先地位。近年来，很多学者对国内花生生产机械化研究现状和发展思路进行了报道与分析，对中国花生机械生产和田间技术进行了深入的研究。目前，山东、河南、东北、新疆等花生机械花正在快速发展。但花生收获机械还不完善，已成为花生产业发展的瓶颈。

花生生产全程机械化核心环节是播种和收获，这是占用劳动力多、劳动强度大的生产环节。花生收获用工量占生产全过程的1/3以上，作业成本占生产总成本的50%以上，目前全国花生收获机械化发展相对缓慢：花生机收率从2008年的13.1%增长到2015年的30.2%，7年间增长了17个百分点，而水稻和玉米机收率增长同样幅度仅用3~5年。此外，机械化收获水平发展受限的主要还有两个方面的原因：一是大型收获机械成本较高，由于一般农户花生种植面积不大，不愿负担其费用；二是花生较多种植在丘陵山地，地块较小且分散，不适合大型花生播种和收获机械进地作业。

从当前花生农业机械化生产水平来看，提高的空间很大。要全面实现中国花生收获摘果的机械化，需要分两步走：第一阶段是收获摘果分段进行。生产实践证明，收获、摘果分段进行更适合当前中国国情，更能保证作业的质量。第二阶段是收获机械化发展的终极目标—联合收获。无论是哪一步都需要解决农机、农艺有机融合问题。提高机械化播种、收获率，推动花生向更广区域大面积种植，为花生种植制度调整及推进支撑。

第四节 经济条件与种植制度

市场需求的变化，必然导致种植结构的调整，种植结构的调整，势必影响栽培制度。随着中国由计划经济向市场经济体制的转变，由传统农业向现代农业的转变，农业生产受市场供求变化的影响越来越大。如随着中国食用油脂的短缺和中国生产的花生籽仁及花生制品在国际市场的比较优势，中国花生的种植面积不断扩大，但是花生种植成本收益率呈现降低趋势影响生产积极性，此外粮油争地的矛盾更加突出，要解决这一矛盾，必须改革栽培制度。

一、花生种植成本收益与生产积极性

1985—2000年，花生的种植成本年递增率均超过10%，纯收益呈下降趋势，而这种成本的增加是由于生产资料和劳动力价格的上涨所致。2014—2016年山东省花生产值为1 639~1 860元/亩，而总成本为1 502~1 560元/亩，高于其他省（区）花生生产成本（比河南省高178~218元/亩），其中人工成本费上涨较多，但净利润仅为96~357元/亩（表3-18），结果表明，山东省花生生产成本和利润优势被河南反超，山东省花生生产地位优势在国内有所下降。主要原因是花生收获依靠人工完成，劳动强度大、作业成本高、工作效率低。尽管花生的净利润高于小麦、玉米、大豆及棉花（表3-19），但人工成本远高于这些作物，在当前农民兼业化、农村空心化新形势下，农民外出打工愿望强烈，需要大量用工的作物种植即使效益高也得不到广泛应用。因此，要提高花生的经济效益，扩大花生种植，关键是要降低生产成本尤其是人工生产成本，提高机收率。

表3-18 不同省份花生成本收益情况

单位：元/亩

年份	项目	山东	河南	广东	河北	辽宁	四川	广西	安徽
2014	总产值	1 860	1 374	1 507	1 516	1 310	1 183	1 506	1 308
	净利润	358	89	123	15	241	-31	73	169
	总成本	1 502	1 284	1 384	1 501	1 068	1 214	1 433	1 139
	物质与服务费用	519	397	412	490	362	341	483	344
	人工成本	777	557	772	776	393	794	795	625
2015	总产值	1 639	1 576	1 610	1 527	829	1 280	1 528	1 258
	净利润	97	244	225	20	-331	3	82	30
	总成本	1 542	1 332	1 386	1 507	1 160	1 277	1 446	1 228
	物质与服务费用	529	445	423	478	376	344	474	355
	人工成本	801	531	763	782	404	853	817	653
2016	总产值	1 783	1 804	1 641	1 645	1 366	1 631	1 577	1 465
	净利润	223	435	259	78	301	329	90	135
	总成本	1 560	1 382	1 560	1 566	1 065	1 302	1 487	1 331
	物质与服务费用	537	467	446	488	396	356	474	442
	人工成本	810	550	764	819	340	861	855	567

注：数据来源于中国统计年鉴。

表3-19　山东省份主要作物成本收益情况

单位：元/亩

年份	每亩	小麦	玉米	大豆	花生	棉花
	产值合计	1 160	1 222	966	1 860	1 615
	总成本	990	962	666	1 502	2 404
2014	物质与服务费用	474	408	136	519	453
	人工成本	362	407	388	777	1 719
	净利润	170	259	300	358	−789
	产值合计	1 096	918	846	1 639	1 205
	总成本	990	996	755	1 542	2 471
2015	物质与服务费用	465	430	157	529	452
	人工成本	367	418	453	801	1 780
	净利润	105	−77	91	97	−1 266
	产值合计	1 097	817	904	1 783	1 628
	总成本	1 005	952	743	1 560	2 529
2016	物质与服务费用	467	407	161	537	445
	人工成本	378	396	435	810	1 844
	净利润	92	−135	160	223	−901

注：数据来源于中国统计年鉴。

二、降低生产成本，提高产品竞争力

山东省是中国花生产品出口第一大省，2015年山东省出口带壳花生、去壳花生、花生油、花生饼分别为4.995万、18.809万、0.709万、0.014万t，创汇金额分别为5 146万、16 476万、1 627万、21万美元，合计超过2.3亿美元。山东大花生在主要农作物中具有一定的产品优势，总产值（1 638~1 859元/亩）和净利润（96~357元/亩）高于小麦、玉米、大豆及棉花，保持了产品的积极生产及对外贸易的竞争力。

但近年来，随着国内生产资料的价格上涨及人工成本费用的增加，中国花生的国际竞争力受到一定影响。为提高山东省花生国际竞争力，扩大出口，赶超河南，应着重降低花生的成本，发挥科技优势、地域优势，融合花生栽培新技术及机械化播种和收等（单粒精播技术，省种促高产，既降低了用种成本，有提高了经济效益），以实现节本增效，提高花生产品质量，增强产品竞争力。2016年，中国粮食行业协会公示了2016年度粮油加工企业"十强"名单，山东上榜的有7家：山东鲁花集团有限公司、莒南县金胜粮油实业有限公司、青岛长生集团股份有限公司、山东龙大植物油有限公司、青岛天祥食品集团有限公司、山东乐悠悠花生油科技有限公司、山东兴泉油脂有限公司。逐步培植竞争力较强的花生龙头加工企业，由此建立山东花生加工品牌企业（鲁花5S一级压榨花生油、胡姬花等），提高市场竞争力和影响力，促进对外贸易，加大出口量，为产业兴旺和农民增收提供有力支撑。

三、调动农民生产积极性

农民生产积极性直接决定油料面积的增减、田间管理的好坏，进而影响油料产量。除了依靠上文中良种良法和提高机械化来实现降低生产成本、提高产量外，推出了"12316"三农服务热线为信息平台，以农技推广机构为主体，科研单位、大专院校、企业和农业社会化服务组织广泛参与的推广机制，使其更好地为农民生产提供科技指导。同时，可效仿中国农业大学"科技小院"模式，把人才培养、科技创新和社会服务三方面有机结合起来，做到了实实在在服务于农业、农民，让中国农民实现增产增效。

第五节　科技水平与种植制度

科学技术的发展，特别是农业生产机械化、电气化、信息化、生物化、化学化、社会化等，促进了种植制度的发展与创新。现代农业融入了最新的科学技术和管理水平、提高了生产效率、兼顾生态环保效益、促进农民增收，实现产销一体化，形成现代农业体系，其主要类型有绿色农业、物理农业、休闲农业、工业化农业、特色农业、观光农业、立体农业、订单农业、低碳农业等。而农作制度（种植制度的拓展和延伸）的创新是建设现代农业的有效途径。

栽培技术的变革和进步及育种新手段为花生栽培制度的改革创造了条件。如旱薄地土壤改良技术，既大幅度提高了花生产量，又为小麦、玉米等禾本科作物的生育创造了条件；地膜覆盖栽培技术，提高了地温，使北方大花生产区的春花生播种期提早10~15d，提早收获15d。单粒精播技术即节省种子成本又获得高产，达到节本增效的目的。花生与其他作物的间作、套种、复种技术，充分利用了光、热、土地资源，逐步形成了花生高产、高效、优质、绿色环保的现代农业生产技术体系，支撑和引领国内花生产业发展。这些栽培技术的变革和创新，均促进了花生栽培制度的改革和发展。

一、测土配方农业

测土配方施肥是根据作物需肥规律、土壤供肥特性和肥料效应，在有机肥为基础的条件下，提出氮磷钾等养分的适宜用量和比例以及相应的施肥技术。测土配方施肥改善了作物施肥制度。美国已经形成了一套完善的测土配方施肥技术体系，即"土壤样品采集—化验室分析—测试结果诠释—养分推荐"。目前，生产中根据土壤测定结果提出施肥建议，其依据是作物施肥指标体系，因而施肥指标体系是花生测土配方施肥的核心技术。

颜明娟等人（2007）根据近年来在闽东南花生主产区完成的氮磷钾肥效试验结果，建立花生测土配方施肥指标体系，包括花生施肥效应和目标产量的确定及土壤肥力分级、土测值与最佳施肥量关系式。研究发现，花生施用N、P、K的平均增产效果是N>K>P（表3-20）；花生种植地土壤肥力分为"高""中""低"3个等级，但不同土壤肥力等级的推荐施肥量存在较大差异；建立了土测值与最佳施肥量之间的指数回归方程式，实现了根据土测值，预测具体地块推荐施肥量的目的（表3-21）。

表3-20　施用氮磷钾化肥对产量的影响（颜明娟等，2007）

肥料	试验数	处理	产量（kg/hm²）	增产量	增产率（%）	t值
氮肥	65	NPK-N	3 708 ± 1 115 3 024 ± 1 038	684[**]	18.4	249
磷肥	66	NPK-P	3 759 ± 1 173 3 289 ± 1 093	470[**]	12.5	163
钾肥	81	NPK-K	3 829 ± 1 160 3 301 ± 1 072	528[**]	13.8	239

注：**为极显著。

表3-21　花生土测值（X, mg/kg）与推荐施肥量（Y, kg/hm^2）的关系式（颜明娟等，2007）

养分	试验数	回归方程	F值	S^e
N	34	$Y=133.62^{exp}$（$-0.006\ 344X$）	33.8[**]	15.8
P_2O_5	34	$Y=82.466^{exp}$（$-0.018\ 63X$）	46.8[**]	11.2
K_2O	34	$Y=155.41^{exp}$（$-0.009\ 07X$）	38.4[**]	22.1

注：**为极显著。

二、遥感与信息化农业

农业遥感系指利用遥感技术进行农业资源调查，土地利用现状分析，农业病虫害监测，农作物估产等农业应用的综合技术，可通过获取农作物影像数据，包括其农作物生长情况、预报预测农作物病虫害。21世纪随着高低精度分辨率互补的全球对地观测网的形成，地理信息产业的进一步成熟和空间定位精度的提高等。遥感技术将在农业资源环境调查和动态监测、土地退化、节水农业、精准农业、农业可持续发展、全国主要农作物及牧草的遥感长势监测与估产、重大自然灾害监测和损失评估、遥感对象的识别和信息提取等方面应用更加广泛。

中国在花生信息化方面起步晚，尚不具备完善的基础设施和农业信息资源储备，今后要高度重视从事花生信息化与生产结合有关人才的培养，提高花生种植户的信息化认识和处理能力，能加快推进中国花生信息化发展的步伐。花生种植机械、田间管理机械、采收机械、土壤处理机械信息化可以通过建立花生全程机械信息化系统监控平台来实现全程信息化跟踪。随着花生信息化发展，建立与花生种植制度相匹配的信息化系统，开发相应的信息化系统监控平台，将有助于促进花生生产及生产效率提高。

第六节　复种、轮作、间作搭配原则

复种是中国传统精耕细作、集约栽培的重要方式之一。以豆科作物为主体的现代农业制度可实现用地与养地相结合、兼顾市场需求、充分利用生态位优势。豆科作物间作模式的主要优势在于作物对养分、水分和光的利用和促进上。

作物间相互作用通常在地上部和地下部同时进行，地上部主要表现在两种作物对光和热的竞争和互补上，而地下部的种间竞争和促进作用是作物间作取得生产优势的关键。间作增加土壤有效态氮的含量或固定氮的运出量，从而降低植物对肥料氮的需求；有助于提高土壤养分、增加土壤酶活性、增强作物抗病虫害能力、整体上改善Fe营养、土壤生态环境。

一、豆科作物间作的理论基础

复种：一年内于同一田地上连续种植两季或两季以上作物的种植方式。如麦—油一年二熟，麦—稻—稻一年三熟；此外，还有二年三熟、三年五熟等。上茬作物收获后，除了采用直接播种下茬作物于前作物茬地上以外，还可以利用再生、移栽、套作等方法达到复种的目的。

花生轮作是将花生与其他几种作物搭配，按照一定的顺序在同一地块循环种植。

间作是在同一地块上，同时或间隔不长时间，按一定的行比种植花生和其他作物，以充分利用地力、光能和立体空间，获得多种产品或增加单位面积总产量和收益的种植方法。

套作是在前作的生长后期，于前作物的行间套种花生，以充分利用生长季节，提高复种指数，实现其他作物与花生双丰收。

豆科与禾本科作物间作，对其产量影响主要有3个方面：相互促进作用是当两种作物在间作系统中的产量均高于各自在单作条件下的产量；相互抑制是当两种作物间作时的产量均低于每个间作作物单作的产量；补偿效应是当一种作物在间作条件下的产量低于其单作产量，而另一作物在间作系统中的产量高于在单作条件下的产量。有研究表明可把间作作物间的关系分为竞争和互补两种。所谓竞争是指在同一因子资源、资源组合或捕食者等控制下所产生的有机体同种或异种之间相互妨害的作用。而竞争是物种间表现出来的相互抑制的作用。我们从多个角度把竞争作用分成以下4种：①利用性竞争和干扰性竞争，是指物种间相互作用的利弊属性；②对称竞争和不对称竞争，是指竞争双方的程度；③种间竞争和种内竞争，根据竞争个体的所属类别划分；④竞赛性竞争和抢夺性竞争，是针对种内竞争而言。上述中的竞争方式均属于资源竞争，主要是指在种间对相同环境下的资源的消耗。

研究间作系统中种间关系，主要是通过种间竞争作用来了解作物在间套作中的优劣势，并利用物种间的优势充分发挥间作的增产效果以及对可持续的利用资源。间作中的两种作物在时间和空间上都会相互影响，当竞争作用大于促进作用时，表现为间作劣势，而当间作系统种间的竞争作用小于促进作用时，表现为间作优势。促进作用是利用间作优势的基础，生产上就是更好利用促进作用，以减轻种间由于资源竞争而带来的抑制作用。种间竞争和促进作用从空间上可以划分为地上部和地下部的相互作用，地上部相互作用包括光、热等资源的竞争和分配；地下部相互作用包括水分、养分的竞争与分配。间作复合群体是一个极其复杂的生态系统，竞争排斥作用主要表现在作物与作物、作物与病虫、作物与杂草、作物与人的行为等方面，应用高斯的竞争排斥原理，减少竞争就需要保证复合群体中不能共存两个生态位完全相同的物种，必须选择生态位有差异的作物及其品种，这样配合协调能够充分利用自然资源和社会资源，增强互补作用，促进作物生长发育，发挥间作全面增产效应。

二、花生复种、间套作发展历程

20世纪50年代和60年代，中国花生几乎全部为单作，间作、套种面积极少。自60年代末，由于受到重视粮食，而轻视油料作物的影响，中国主要花生产区出现了在花生田里盲目间作粮食作物的现象，提出了"无地不间作，消灭单干田"的口号。花生间作玉米等高秆作物的间作方式处处可见，花生所占比例有多有少，条田搞"金镶边"，即土地周围种2行玉米，田内种花生。成片地则按花生和玉米的行比按"2：2""4：2""6：2""8：2"等间作，结果出现了以粮挤油，花生产量大幅度降低的严重局面。党的十一届三中全会后，随着花生栽培技术的创新和发展提高，花生与其他作物及果林等的间作，也由盲目间作向科学合理的方向发展，出现了花生与油、菜，花生与果林，花生与甘薯等有利于产量和效益均提高的间作模式。

随着中国耕地面积的减少，人口不断增加，粮油需求量越来越多，粮油争地争春的矛盾也越来越突出。在这种情况下，套种花生得到了迅速发展，套作地区不断扩大，面积不断增加，模式不断创新，产量和效益不断提高。最早实行花生套作的地区是长江流域和南方春、秋两熟花生区，套作花生的前作物主要是小麦和大麦，也有油菜、豌豆和蚕豆。到20世纪70年代末，四川、湖北等省的麦套花生面积已占其花生种植面积的70%～80%，达18.5万～21.5万hm²。在北方大花生产区，特别是无霜期较短，采取一年一熟制有余，一年两熟不足，多采取二年三熟制的地区，套种花生发展也很快，最为突出的是山东和河南，1995年发展到35万hm²。河南省自1985年开始大面积推广麦套花生，全省花生种植面积1995年麦套花生面积达到54万hm²。随着麦套花生面积的迅速扩大，套种技术也得到了不断地发展、提高和完善。目前，由于农村劳动力的不足和夏花生直播技术的发展，麦套花生的面积正逐渐缩小。

三、政策调控

近年来，针对粮食安全和油脂安全，国家对农业结构进行了全面的、科学的宏观调控。首先，高度重视农业、粮食生产、粮经饲的结构调整。《国务院办公厅关于加快转变农业发展方式的意见》（国办发〔2015〕59号文）支持因地制宜开展生态型复合种植。原农业部关于扎实做好2016年农业农村经济工作意见（农发〔2016〕1号）：推动种植业转型升级，编制发布种植业结构调整规划，不断优化品种结构和区域布局；适当调减"镰刀弯"地区玉米种植，扩大粮改豆、粮改饲。地方政府相继出台促进粮食和油料生产鼓励政策。

2017年中央一号文件指出"新形势下，推进农业供给侧结构性改革，加快转变农业发展方式，是当前和今后一个时期农业农村经济的重要任务。生产上重点是保口粮、保谷物，因地制宜发展食用大豆和杂豆。油料，两油为主、多油并举，重点发展油菜和花生。从区域布局调整看：东北地区，调减非优势区玉米、扩种大豆和饲草作物；黄淮海地区，重点是扩种花生、大豆和饲草作物"。

四、花生间套轮作模式

随着生产条件的改善，栽培技术的提高和人们对效益的追求，近年来，花生宽幅轮间作的复种面积有所发展，出现了不少一年三作三收等高产高效种和稳粮增油植模式。主要模式有"冬小麦—夏花生、冬小麦—夏玉米‖[①]夏花生""春玉米‖春花生""花生‖谷子"等粮油均衡增产模式；"花生‖油葵""花生‖芝麻""花生—油菜""花生‖果树""花生‖甘蔗""花生‖棉

---

① "‖"表示间作，全书同。

花"等增油模式。

（一）小麦套种花生

随着国民经济的发展和农业科学技术水平的不断提高，花生栽培制度也在相应地改革。充分利用土地和气候资源，解决麦油争地的矛盾，增加粮油产量，是发展农业现代化的需要。实践证明，麦套花生作为解决这一矛盾的种植制度，已展现出广阔的发展前景。自20世纪80年代以来，麦田套作和夏直播花生面积迅速扩大，对其生育规律及栽培技术的研究不断深入，小麦、花生产量大幅度提高，并研究总结了一套比较完善的高产栽培技术。

1.大垄宽幅麦套种覆膜花生

冬小麦播种前，采用两犁（带犁铧）起垄，垄距90cm，垄高10～12cm，整平垄顶，在垄沟内播种两行小麦，沟内小麦小行距20cm，大行距70cm。翌年小麦起身时，山东大约在4月初，在大垄垄面上套种两行花生，垄上花生行距25～30cm，然后覆盖地膜。该方式可以充分发挥小麦的边际优势、加之地膜的反光、提温、保墒作用，改善了小麦的光、热、水条件，促进了小麦的分蘖成穗率，增加了穗粒数和粒重，有利于小麦高产。但小麦每公顷产量超过6 000kg后，对花生有一定的影响。小麦每公顷产量宜控制在5 250～6 000kg。由于加宽了花生的套种行距，有利于花生的通风透光，缓和了花生和小麦共生期间争光的矛盾。据测定，该模式的最低光透射率比普通大沟麦模式提高28.5%，比小垄宽幅麦套种模式提高44.7%，比畦田麦等行套种模式提高150%，有利于花生生长发育，花生可获得较高的产量，一般每公顷产4 875kg以上，高者可达6 000kg。该模式适于小麦收获期较晚，花生夏直播时生育后期热量不足产量不高的地区，在中等肥力地块，表现尤佳。

在大垄宽幅麦套种覆膜花生的基础上，对关键环节进行优化改造，调整重组所形成的栽培模式。具体做法：在深耕整地，一次施足肥料的基础上，从秋种开始，就按垄距90cm，垄高10～15cm，垄顶呈弧形的规格，起垄喷除草剂，覆盖地膜。沟内播2行冬小麦，行距15cm。翌春在垄上打孔播种花生。麦收时高留茬20cm以上，麦收后平茬盖沟保墒。下一轮再种时，实行沟垄换位轮作。

实行周年覆盖栽培法，由于延长了地膜覆盖栽培时间，可以有效地保蓄降水，抑制蒸发，提高降水的利用率；提高地温，使冬春垄上0～10cm地积温比对照增加约400℃，沟内增加约200℃，为小麦大幅度增产奠定了基础；同时可以起到防止土壤板结，增加土壤有效养分，抑制盐分上升的作用。在山东6处旱薄地试验：每公顷产小麦3 249kg，套种花生3 750kg，比春覆膜套种分别增产40.3%、26.1%，比不覆膜套种分别增产60.4%、66.9%。该模式适于旱地、水浇地和盐碱地，尤其适于旱地和盐碱地栽培。出于此法费工，当前应用较少。

2. 小垄宽幅麦套种花生

冬小麦播种时不扶垄，每40cm为一条带，用宽幅耧播种一行小麦，小麦幅宽6~7cm，行距33~34cm。麦收前20~25d结合浇小麦扬花水，在小麦行间套种一行中熟大果花生。该模式小麦基本苗与普通畦田麦小麦丰产田相当，利于小麦高产，产量可达6 000~7 500kg/hm²。同时，由于小麦行距比畦田麦加宽，通风透光性较好，套种期可适当提前，并能减轻花生"高脚苗"，提高了花生的饱果率。据试验，花生饱果率比畦田麦花生处理提高15.6%。花生每公顷产可达4 500~5 250kg，高者可达6 000kg。该模式适于各类花生产区的高肥水地块。

3. 普通畦田麦套种花生

冬小麦按23~27cm行距等行畦田播种，麦收前15~20d在每个小麦行间按26~27cm穴距套种中熟大果花生。该方式小麦易于创高产，一般每公顷产可达6 000~7 500kg。所套花生因比夏直播延长了15~20d生育期，有效花期和产量形成期加长，加之以密取胜，每公顷27万~30万株，产量可达6 000kg以上。该方式适于高肥力土壤。

4. 麦后夏直播花生

麦收后要抓紧时间浅耕灭茬，一般用旋耕机旋耕15~20cm，如时间太紧，来不及旋耕可直接起垄。采用四犁起垄，前两犁要深，耕透犁，后两犁适当浅而宽，然后耙细耙平。因播种时正处高温季节，覆盖地膜极易引起高温抑制种子发芽出苗和高温灼苗。为避免覆膜不当所引起的弊端，充分发挥地膜的有利作用，可采用先覆膜，后打孔播种，然后在播种孔上压4~5cm土堆，或先播种，后覆膜，接着在膜上花生行压4~5cm高的土埂，或先按覆膜规格起垄播种，垄面整平整细，等花生顶土出苗时覆膜，同时开孔引苗压土等方式。这3种方式均能减轻或避免高温对发芽出苗的危害，同时，发挥覆膜的有利作用，较露地栽培增产18.1%~24.2%。

麦套和夏直播花生生育时期较短，特别是夏直播花生，所用品种的生育期不宜太长，否则不能正常成熟，降低产量和品质。一般春播生育期130～145d的品种，适于用作夏直播品种。适于当前麦套和夏直播的花生品种当前主要有：'花育25号''豫花9号''豫花10号''鄂花5号''冀花2号''中花4号''天府3号''阜花7号'等。夏直播露地栽培则应选用春播生育期130d左右的品种，如'鲁花12号''鲁花13号''中花5号''豫花4号''豫花6号''豫花12号''徐花6号''冀油9号'等。

（二）花生轮作

不论一年一熟制、二年三熟制，还是一年二熟、一年三熟制均可实行轮作。花生与其他作物轮作，对改善农田生态条件、农业持续增产、花生的自身增产和调节农业劳动力等方面均有着非常现实的意义。花生产区的主要轮作方式是春花生→①冬小麦—夏玉米（或夏甘薯等其他夏播作物）。春花生种植于冬闲地，可以适时早播，覆膜栽培，产量高而稳定。冬小麦在春花生收获后播种，为获得小麦高产，花生应选用早、中熟高产品种，以保证适时收获，适时播种小麦，使小麦成为早茬或中茬。

夏直播花生主要是与小麦接茬轮作，实现小麦、花生一年二熟的栽培制度。除小麦外，还有油菜、大蒜、马铃薯等。夏直播花生把生育期限定在小麦等前茬作物收获后至小麦播种前，要求一切管理措施以促进花生的生长发育为目的。夏直播花生的种植区域主要集中在长江流域北部和黄淮花生产区，因其比麦套花生简单、更适合大规模机械化生产的要求、且不与粮食（主要是小麦）争地等优势，生产规模发展迅速，已超过麦套花生的播种面积。夏直播花生主要分布在河南、山东、河北、安徽、江苏、湖北、湖南和四川等省。花生种植的品种，淮河流域及其以北地区以普通型和中间型大果花生为主，而淮河流域以南地区则是以珍珠豆型中、小粒品种为主。

聊城市1981—2014年麦后夏直播花生生长期间（6月15日至10月5日，下同）≥15℃积温有升高的趋势，1981—2014年的34年或者2011—2014年的近4年，麦后夏直播花生生长期间≥15℃积温分别为2 678.7℃和2 681.4℃，亦均高

---

① "<"表示套种；"→"表示前后作；"<→"表示在前茬作物生育中后期套种、两种作物生育期不一致；"≤"表示跨两周年种植、第二年套种，全书同。

于正常成熟要求的积温低限2 600℃；1981—2014年花生饱果成熟后期（9月20日至9月30日）≥15℃积温有升高的趋势。特别是2001—2014年比1981—2014年≥15℃积温的平均值高3.3℃，11d的日平均气温高出0.3℃；利用>10℃有效积温计算麦后夏直播花生可形成饱果的有效花终止期为7月30日，为适时化控，减少无效花、果数量，降低株高，防止倒伏，提高饱果率提供了依据。利用冬小麦冬前壮苗标准，推算出小麦适宜播期为10月5日前后；聊城市1981—2014年10月5日至6月13日≥0℃平均积温为2 335.71℃，完全能满足冬小麦的正常生长发育所需要2 100～2 400℃积温要求。综上，聊城市的积温条件完全能够满足花生—小麦一年两作对温度的要求，发展麦后夏直播花生是可行的。

（三）花生与玉米间作

1. 花生与玉米间作相互作用机制

花生适应性较广，在干旱山区、平原地区均可种植，且经济效益较高，是中国重要的油料作物。花生与玉米等高秆类作物间作，形成的多层次农田生态系统，有利于群体抗病性的提高，群体叶面积系数、密度的增加，提高了群体光能利用率、冠层的净同化率，一定程度上延长了群体光合作用时间，因此获得比单一种植更高的产量。玉米‖花生作为一种典型的禾本科与豆科间作模式，主要分布于中国黄淮海地区、东北地区及集中种植花生的区域，是能够合理利用光照、热能、营养、水分、土地等资源，并同步增产油料作物与粮食作物的种植制度。花生具有较强的生物固氮能力，其固定的氮素，一方面用于自身生长需求，另一方面直接或间接转移给邻近的禾本科作物，从而为间作提供了氮素营养保证，充分发挥玉米边行效应和花生根瘤固氮作用。从光能利用角度出发，间作提高了玉米功能叶的光补偿点、光饱和点以及光饱和时的净光合速率，增强了玉米对强光的利用，同时增强了花生在弱光下对光能的利用能力。

石灰性土壤上进行玉米与花生间作种植可改善花生的铁营养环境，使花生的叶绿素含量明显提高，避免花生新叶缺铁黄化现象，而且花生根瘤数和固氮酶活性也明显的增加，促进对铁元素的吸收或克服花生铁营养缺乏症，提高花生的铁吸收效率和花生产量。玉米与花生间作在改善花生营养环境的过程中始终起主导作用，而灭菌土壤仅在花生前期改善其营养状况。左元梅等（2003）认为玉米与花生间作对改善花生铁营养环境表现出明显的优势主要来自作物对铁的吸收效率。5种禾本科作物（大麦、燕麦、小麦、玉米、高粱）与花生间作均可以改善花生的铁营养状况。

2. 花生与玉米间作主要模式

花生间作玉米基本分为以花生为主和以玉米为主两种类型。平原沙壤土，则多以玉米为主间作花生，间作方式一般为2~4行玉米间作2~4行花生，每公顷种植玉米株数接近单作玉米，间作30 000~60 000穴花生。多年的生产实践和试验结果表明，在以粮为主的产区，中上等肥力沙壤土，应以玉米为主间作花生，采用2∶2的方式，玉米产量较纯作减产18.6%，玉米、花生总产较纯作玉米增产5.1%，每公顷多收1 221.0kg花生，仅减产959.25kg玉米，总产值较纯作玉米高在花生主产区。

辽宁当前主要的花生与玉米间作种植模式有：10∶10、8∶16、2∶10模式。2∶10模式中单株玉米增加幅度较小，但因密度增加，群体干物质产量最高，8∶16模式最低。随着玉米植株的逐渐长高，花生所受遮阴影响越来越大，截获的光照减少，光合速率降低，干物质积累减少，延长了花生营养生长的时间，限制了营养器官中积累的光合产物向生殖器官的输出转化，最终减产。10∶10处理的土壤风蚀量减少幅度最大，而且距离留有根茬的玉米带越远，土壤粗化程度越大。玉米幅带对花生幅带形成保护增加了花生幅带的地表空气动力学粗糙度，降低了近地表风速和土壤水分增发速度，减少了土壤风蚀程度。玉米与花生间作经济效益较单作花生有所降低，但从生态角度来说，间作降低了土壤风蚀程度，减缓了花生连作障碍带来的危害，更加利于农业可持续发展。玉米与花生间作行比为2∶10时作物获得的经济效益最大；而玉米与花生间作行比为10∶10或8∶16对于减轻土壤风蚀程度效应更为明显。

山东玉米‖花生带状复合种植主要种植模式，即行比分别为2∶2、2∶4、3∶4、3∶6、6∶8。间作玉米净面积上产量随净面积上的穗数的增加而显著增加，穗粒数和百粒重则呈下降趋势；各间作模式土地当量比均大于1，表现出明显的产量优势；玉米‖花生3∶4模式系统产量最高，2013年和2014年分别达到8 367.0kg/hm^{2}和10 432.5kg/hm^2，均高于同年玉米单作和其他间作模式系统产量，获得了最大土地当量比和系统产量，土地利用效率提高15%和21%，是一种较为理想的稳粮增油的种植方式（表3-22）。

表3-22　不同种植模式设置（孟维伟等，2016）

处理	株行距	带宽（m）	种植密度
玉米单作	行距60cm，株距27.8cm	—	60 000株/hm²
花生单作	垄宽85cm，一垄两行，小行距35cm，穴距15.7cm，每穴两株	—	150 000穴/hm²
玉米花生行比2：3	玉米窄行距40cm，株距16.4cm，花生播种规格同单作	2.2	玉米60 000株/hm² 花生86 855穴/hm²
玉米花生行比2：4	玉米窄行距40cm，株距11.9cm，花生播种规格同单作	2.8	玉米60 000株/hm² 花生90 991穴/hm²
玉米花生行比3：3	玉米行距55cm，株距17.2cm，花生播种规格同单作	2.9	玉米60 000株/hm² 花生65 890穴/hm²
玉米花生行比3：4	玉米行距55cm，株距14.3cm，花生播种规格同单作	3.5	玉米60 000株/hm² 花生72 793穴/hm²

3. 花生与玉米宽幅间作种植模式的社会、生态、经济效益

（1）社会效益。花生与玉米宽幅间作种植模式大幅提高粮油综合生产能力，能有效缓解"粮油争地、人畜争粮"矛盾，增加农民收入、促进了农民对农业生产的积极性，是一条具有中国特色的油料油脂供给发展道路。

（2）生态效益。花生与玉米宽幅间作不仅提高单位面积复合生产力，也是增加农田生物多样性的有效措施之一，是实现多元农业和可持续发展农业的有效途径。玉米与花生宽幅间作具有高产高效、资源利用效率高、共生固氮、改善花生铁营养、优化土壤环境等优点。间作后系统内的通风透光好，田间小气候得到改善，可以发挥高秆与矮秆、直根系与须根系、需氮多和需磷钾多的互补效应，通过采取适宜的间作方式缓解二者竞争矛盾，是两种作物实现高产高效的重要途径。玉米与花生宽幅间作改善了土壤的物理结构、提高土壤中有效养分的含量和土壤酶活性，实现用地养地结合、代替休耕。此外，玉米与花生宽幅间作中作物间的互补关系，有利于减少玉米花生病虫害，且化肥、农药投入减少10%以上，极大地减轻了农田生态环境压力。降低了东北玉米产区土壤风蚀程度，有较好的"防风固沙"作用，利于水土保持与荒漠化防治，利于风沙和农牧交错带区域生态环境得到改善。

（3）经济效益。自2010年以来，山东省农业科学院万书波研究员所领衔的花生研究团队在总结中国玉米‖花生模式研究成果的基础上，根据现有土地肥力、作物品种、机械化作业等生产条件，按照发挥作物边行优势、减少劳动投入、提高机械化程度、增加综合效益的目标，连续多年定位研究了不同玉米‖花生模式的产量收益、土地当量比、氮肥利用率和经济效益。采用全程机械化生产，玉米为紧凑型、高产、耐密植品种，花生为高产、耐阴、中熟品种，玉米与花生宽幅间作可明显提高土地利用率10%以上。

（四）花生与谷子间作

花生‖谷子改善作物群体结构和作物光合生理，提高光能利用效率，增加土地当量比，促进作物高效共生、盐碱地改良利用和生态可持续发展。研究表明，间作能够抑制花生果针分化，提高花生成果率，但产量受光照等因素影响会降低，较单作花生降低9.51%～13.90%，主要表现在花生单株荚果数大幅度减少。间作下谷子产量大幅度提高，较单作谷子分别提高45.21%～48.01%，主要表现在穗重和穗粒重大幅度提高。花生‖谷子影响作物根系、土壤水分、养分分布，降低作物对水分需求程度，提高群体抗旱性。整个生育期花生‖谷子需水量较花生单作和谷子单作分别减少9.68mm和20.55mm。花生‖谷子提高水分利用效率当量，影响作物对土壤水分养分的吸收和利用，影响作物生理和产品品质。黄河三角洲滨海盐碱地区，推广谷子与花生2∶2间作种植模式利于提高作物群体覆盖、土地生产力。

（五）花生与棉花间作

棉花与花生间作是生育期长短、植株高矮作物搭配，一方面充分利用了时间和空间的互补，另一方面花生根瘤菌能固氮，补充了棉花对氮素的需要。棉花现蕾后，花生正处开花插针阶段，又为花生荚果生长发育提供了理想的遮光和湿润的条件。2001年，安徽省农业科学院棉花研究所在凤台县推广了棉花花生间作模式，一般籽棉产量4 125kg/hm^{2}以上，花生（干果）4 200kg/hm^{2}以上。花生间作棉花种植有双行间作和单行间作等规格，棉花花生行比有2∶2、2∶4和2∶6等规格，其中以2行棉花与4行花生带状间作效果最好（李海涛等，2017）。慈敦伟等（2017）研究表明，棉花与花生4∶6等幅间作种植，棉花与花生产量最高，经济效益好。盐碱地花生与棉花间作影响二者根层微生物群落的组成，花生单作根层土壤厚壁菌门丰度是花生与棉花间作花生根层的5～6倍，但间作条件下，花生根层土壤变形菌门和放线菌门丰度值均低于花生单作根层土壤丰度值（戴良香等，2019）。

间作花生应选择生育期较短，植株偏矮，耐荫高产早熟品种，花生适当早播，用地膜覆盖。棉花宜选用株型紧凑，结铃性强，丰产性好，抗病、抗逆性强的中早熟品种（孟庆华，2017）。花生、棉花均系根系发达、需肥量大的高产作物，因此，要求深翻和精细整地。同时根据两种作物的需肥特点，做到有机肥、复合肥、中微量元素肥配套，重施基肥，及时追肥，做到一肥两用是保证双高产的物质基础（李相松，2019）。

（六）花生与甘蔗间作

甘蔗地间套种花生可实现蔗地的生物多样性，提高土地利用率和复种指数，增加经济效益，在中国广西和云南等甘蔗主产区值得大力推广。在间套种播期上需因地制宜，通过试验选择适合当地的播种时间。在甘蔗品种上最好选用窄叶、前期生长慢后期生长快、分蘖多的品种。在花生品种上宜选用早熟、株型紧凑、高产稳产、抗性强和生育期短的品种。充分发挥花生的生物固氮特点，且能培肥土壤，同时改善蔗地通风透光，有利于甘蔗的生长发育。

（七）果林地间作花生

利用果树、桑树、油茶、茶叶及用材幼林间隙间作花生，不仅可以增产花生，增加收益，而且可以减少土壤冲刷，提高土壤保水保肥抗旱能力，促进果林生产。果林地间作花生，花生的种植规格和密度影根据林木空间的大小、树龄和树木生长势的强弱而定。幼林树冠小，根群分布的范围也小，间作花生可离树干近一些。成林树冠大，根群分布范围亦大，间作花生可离树干远一些。间作时，花生要施足基肥，果树林木也要根据其需肥规律施足肥料，以解决与花生争肥的矛盾。花生要选用早熟高产品种。

（八）花生与芝麻间作

基于芝麻和花生生长空间的差异，将两种作物间作种植，高矮搭配，提高通风透光性，且可减肥减药、减少病虫害。通常花生、芝麻间行比为6：3、2：6、2：2、4：4。芝麻与花生4：4等带宽间作模式干物质积累量显著高于芝麻、花生2：2模式。同时，等带宽间作模式，隔年可将芝麻带和花生带交替种植，解决芝麻、花生连作障碍的问题。

（九）花生与甘薯间作

花生‖甘薯是利用甘薯扦插时间晚，前期生长缓慢，而花生播种早，收获早的不同特点，争取季节，充分利用地力与光能，在影响甘薯很少的情况下，增收一定数量的花生。主要分布在山东的丘陵旱地和沿海沙地。

第四章　花生高产高效典型种植模式

目前中国花生高产高效典型种植制度主要为一年一熟制、两年三熟和一年两熟制，并通过轮作、间作和套作等方式实施。

第一节　一年一熟种植模式

一年一熟制分布在中国的东北地区、华北北部、云贵高原、黄土高原、西北地区，气温较低，年积温低于3 500℃。

一、分布区域

东北地区包括辽宁、吉林、黑龙江的大部以及河北燕山东段以北地区，花生主要分布在辽东、辽西丘陵以及辽西北等地。尤其是吉黑平原花生亚区位于东北花生区北部，北界大致为明水、通河、富锦一线，西界大致沿嫩江、松花江向南经永吉、通化一线，东界为国界，包括黑龙江大部和吉林东北部，花生主要分布在扶余和杜尔伯特等县的瘠薄地。

华北平原花生亚区地处燕山以南，太行山以东，东北至渤海湾沿岸，西南以黄河为界。包括北京、河北大部，山东西部，河南北部，天津全部。本亚区地势平坦，绝大部分地区在海拔50m以下，土壤多为古黄河、海河水系和滦河等洪积冲积而成的沙土，沙层较深，抗涝易旱，肥力较低，少部分沙壤土肥力较高。

云贵高原花生产区位于云贵高原和横断山脉范围，包括贵州的全部，云南的大部，湘西、川西南，西藏的察隅以及桂北乐业至全州一线，花生种植分散，以云南的红河州、文山州、西双版纳州、思茅地区和贵州的铜仁地区较多。花生种植面积和总产分别占全国种植面积和总产的2%左右。

黄土高原地区地势西北高东南低，海拔高度1 000～1 600m，散布在山麓地带和高原上的沟谷密集区的黄土丘陵，花生多分布于地势较低地区。土质多为粉沙，疏松多孔，水土流失严重。

西北花生产区地处中国大陆西北部，北、西为国界，南至昆仑、祁连山麓，东至贺兰山。包括新疆的全部，甘肃的景泰、民勤、山丹以北地区，宁夏的中北部以及内蒙古的西北部，花生主要分布在盆地边缘和河流沿岸较低地区。花生种植面积和总产分别占全国花生种植面积和总产的1%以下。

二、一年一熟区气候资源特点

东北地区：本亚区气候寒冷，花生生育期间积温2 300～2 700℃；日照时数900～1 100h；降水量230～500mm。栽培制度为一年一熟的春花生，宜种植多粒型品种。

华北平原花生亚区：气候温和，花生生育期间积温在3 500℃以上，东北低，西南高，有的地方高达4 200℃；日照时数一般在1 200～1 500h，有的地区高达1 700h；降水量500～600mm。

云贵高原花生产区：本区为高原山地，地势西北高，东南低，高差悬殊。山高谷深，江河纵横，气候垂直差异明显。花生多种植于海拔1 500m以下的丘陵、平坝与半坡地带。土壤以红、黄壤为主，土质多为沙质土壤，酸性强。气候条件差异较大，花生生育期积温3 000～8 250℃；日照时数1 100～2 200h；降水量500～1 400mm。有干季、湿季之分，以云南较为明显，降雨量多集中在5—10月。适宜种植珍珠豆型品种。

黄土高原：花生生育期间积温2 300～3 100℃；日照时数1 100～1 300h；降水量250～550mm，多集中在6—8月。适宜种植珍珠豆型、多粒型品种。

西北花生产区：本区地处内陆，绝大部分地区属于干旱荒漠气候，温、水、光、土资源配合有较大缺陷。种植花生的土壤多为沙土。区内气候差异较大，南疆、东疆南部和甘肃西北部花生生育期间积温为3 400～4 200℃；日照时数1 300～1 900h；降水量仅10～73mm。甘肃东北部，宁夏中北部，新疆的北疆南部等地区，积温为2 800～3 100℃；日照时数1 400～1 500h；降水量90～108mm。甘肃河西走廊北部，新疆的北疆北部部分地区积温2 300～2 650℃；日照时数1 150～1 350h；降水量61～123mm。

三、一年一熟的典型种植方式

一年一熟花生的种植方式不同地区因耕作习惯和气候特点不同而有所差异（图4-1至图4-4）。

东北地区：①垄宽：60cm，株距：15cm，120 000穴/hm²。②垄宽：85~90cm，株距：17~20cm，行距：37~40cm，110 000~129 000穴/hm²。③垄宽：45cm，株距：20cm，195 000穴/hm²。

黄土丘陵区：4月中旬抢墒或雨后起垄，垄高7~10cm，垄底宽70cm，垄面宽60cm，两垄间距30cm。即每垄播种2行，行距33cm，株距18~20cm，错开三点挖穴点播，每穴点播3粒种子，粒间距5~6cm，穴深10cm，覆盖潮湿细土3cm，留7cm深的穴窝，以利幼苗出土后防止灼烧。每公顷留7.5万穴，留22.5万株。

西北地区（新疆）：平播模式 花生采用1膜4行或6行平播栽培，以滴灌或沟灌形式浇水。4月15日左右播种，具体播种方式是穴距15cm，行距25cm+30cm+30cm+25cm，2m幅宽地膜种6行，地膜间距离为50cm，膜间铺设1~2条滴灌带，6行花生中间大行距50cm。起垄模式：花生采用1膜2行、3行或4行，花生行距30cm，株距19~23cm，覆膜播种栽培。

西南地区（贵州）：土地平整后开行点播。行距40cm，行深4~5cm；穴距17~20cm，每穴播种3粒，留2苗。每公顷密度为27万~30万株。细泥盖种，盖种厚度3cm左右。

图4-1 一垄一行种植，垄距60cm

（高华援，2016）

图4-2 一垄双行种植，垄距85~90cm

（高华援，2016）

图4-3　1膜4行起垄栽培

（李利民，2016）

图4-4　1膜2行起垄栽培

（李利民，2016）

四、存在问题

（一）东北地区

1.品种老化、退化、杂化现象严重

辽宁省'白沙1016'直至目前种植面积仍然占到70%（郭洪海等，2010），吉林省长期以来生产上应用'四粒红''白沙1016'的面积占90%，种子来源主要是农民自留种和互相换种，造成品种良莠不齐，种性下降严重，导致花生抗逆性降低，病虫害严重，产量下降（高华援等，2009）。

2.重茬严重，病虫害加重

东北三省花生主产区由于种植花生经济效益较高，所以在同一地块上连续多年种植花生，导致花生重茬现象普遍；而连续多年种植花生，花生根腐病、茎腐病、叶斑病严重发生，花生根系生长不良引起早衰。土壤养分失衡，花生产量和品质下降。据调查，每年病害造成的减产达10%～30%（高华援等，2009）。

3.密度偏低，群体不合理

目前生产上仍沿用传统的大垄（垄距60～65cm）单行、大株距（20cm）的稀植栽培方式，株距不匀，密度不足，一般密度只有19.5株/hm²左右，比正常高产田少5万～6万株/hm²，既浪费了土地资源又浪费了光能，限制了花生产量的提高，易造成群体结构不合理，使品种丰产潜力得不到充分发挥，光热资源利用不充分。

4. 雨量分布不均，积温相对不足

东北三省地形复杂，各省气候不尽相同，特别是辽宁和吉林花生产区历来有十年九旱之说，尤其是辽宁省的辽西、辽西北以及吉林的西南、西北地区，春季干旱多风，年降水量在350～500mm，多集中在6—8月，时空分布不均匀。辽宁省积温2 900～3 000℃、吉林省2 700～3 000℃、黑龙江省2 600～2 800℃；辽宁省无霜期150d、吉林省140d、黑龙江省130d左右。这虽然满足了珍珠豆型或多粒型花生对积温的需要，但是若种植普通大粒花生则相对不足，荚果变小变瘪、籽仁变小变皱缩。

（二）西北地区

1. 优良品种推广速度缓慢

花生良种繁育体系不健全，新品种引进、试验示范、繁育应用等技术严重落后。如山西省优良品种的覆盖率不到30%，新品种更新速度慢，一些老品种如'天府3号'，品种已严重退化，但至今在生产上应用。新疆地区种植的花生品种比较混杂，自育品种、农家种较少，大多由中国各省区引进品种，如'鲁花9号''花育17号''豫花11号''中花5号'，产量较低的'四粒红'也有分布。花生品种的混杂且老化严重，直接导致花生产量的降低，品质下降，严重影响了新疆花生产业的发展。

2. 气候干旱少雨

该区温光条件对花生生育有利，唯有雨量稀少，不能满足花生生长发育需要，必须有灌溉条件才能种植花生。

3. 栽培技术提升空间很大

西北地区在科技投入和科研力量配备上与内地山东、河南等花生大省相去甚远，既缺少专门从事花生科学研究的单位，又缺少从事花生研究的科研人员，无论是从事花生种子培育研究的人员，还是从事花生栽培技术研究的人员都难以满足花生生产的需要，科研力量的不足严重影响着科研工作的深度和广度。山西省农民沿用传统的人工操作方式播种。株行距不等，密度不足，一般密度仅11.25万～12万穴/hm²，达不到高产栽培的需求。近年来，随着科技的发展与内地的交流，该地区花生栽培技术逐渐提高。

（三）贵州地区

1. 品种单一且严重退化

目前，贵州80%花生面积仍沿用'兴义扯'品种。此品种是20世纪60年代推广利用的老品种，该品种植株高大，不抗倒、不抗病，单产水平很低。近年来，先后成功引进'中花4号'并育成了'90-38'等新品种，在常规栽培条件下，其单产潜力在4 500～6 000kg/hm²水平，比'兴义扯'花生增产30%～50%，表现出强大的增产潜力，但由于种种原因，其推广速度缓慢，覆盖面积仅有20%左右。

2. 耕作方式原始，栽培技术较为落后

贵州花生生产由于长期处于自发状态，因而耕作方式和栽培技术较长一段时间处于落后状态，还不够科学。稀大窝、不施肥是普遍现象，甚至只种不管的也不少，严重制约了花生单产水平的提高。近年来，配方施肥、合理密植、病虫防治等逐渐应用。

五、发展对策

（一）引进并培育新的优良花生品种

针对一年一熟地区品种老化严重的问题，注意加快从国内外搜集最新花生品种，创新花生种质资源，提高自身品种繁育能力，筛选适宜当地生态条件和土壤环境的花生品种。

（二）加强花生高产优质栽培技术研究

加大中低产田的改造和土壤改良，缓解花生连作障碍。筛选抗旱耐盐碱的品种，提高抗逆减灾能力。研制或改进花生播种、收获机械，加强花生农机农艺融合关键技术研究，实现花生生产的规模化、标准化和轻简化生产。

（三）建设优质花生基地，推动产业不断升级

强化科技示范园区建设，建立花生丰产优质高效绿色基地，以基地为依托，以种植户为主体，同龙头企业形成紧密的利益联结机制，积极发展"订单农业"，引导花生加工企业结合自身的条件，与农民签订花生种植合同，开展全程服务，促进产销的有效衔接。走公司（企业）+基地+农户，产供销一条龙的路

子，衔接好产前、产中、产后服务的各个环节，提高花生产品的综合效益和附加值。

第二节 两年三熟种植模式

两年三熟制是一年一熟制和一年两熟制的过渡类型，指的是在同一地块上两年内收获三种作物。该种植制度作为传统的种植制度典型。随着高产花生品种的选育与高产栽培技术体系的建立、推广，花生成为适于两年三熟制北方及部分南方农作区的主要轮作作物。

一、两年三熟区农业资源要素概述

中国北方地区（73°50′~135°05′E，33°20′~53°20′N），包括辽宁、吉林、北京、天津、河北、山西、陕西、山东、河南、安徽、江苏等地区，土地总面积占全国总面积的56%，约占全国耕地面积的51%，该区域除安徽、江苏外的其他十几个省的农作区主体主要是半湿润偏旱、半干旱、半干旱偏旱和干旱的水分短缺、干旱频繁的区域，耕地约3 628.0万km²，约占全国耕地面积的38.3%。但是，此地区多为高原、山区，平原比重小，自然条件复杂多样，农业生产所需资源中，光热资源较为充足，土地资源丰富而土壤养分不足，水资源短缺。

（一）光热资源

北方地区太阳辐射强，日照充足，热量资源较为丰富。全年太阳总辐射总量基本维持5 020~8 260MJ/m²，光合有效辐射为2 300~2 930MJ/m²。日照时间长，年平均日照数变化为2 500~3 000h，日照百分率为55%~70%。热量资源随着纬度、海拔的变化，由南向北和由东向西递减，气温的日较差由东向西北逐渐加大。暖温带地区的天津、北京、河北、山东、河南、山西东中南部、陕西关中地区、渭北旱平原及辽宁南部地区，≥10℃的天数为171~218d，≥10℃的积温为3 400~4 800℃，与同纬度的各地相比，北方半干旱和半湿润偏旱地区的光热资源有两大优势：①实际日照时间长，日照百分率高；②太阳辐射强度大，特别是对作物十分必要的生理辐射和光合有效辐射强度大，而且四季分明，夏季阳光充足，秋高气爽，雨热同季，温度日较差大，非常利于作物的光合产物的快速积累，为产量和品质的提高奠定了基础。

（二）土地资源

北方90%的耕地集中分布在降水量相对较高的半干旱区、半湿润偏旱区和半湿润区，只有10%的耕地分布在半干旱和干旱区。其中30%的耕地分布在丘陵和山区，旱地的坡耕地以黄土丘陵为多，70%左右的旱地分布在黄土高原、东北平原和黄淮海平原，旱地中水浇地及平川地主要分布在华北、东北平原、河套平原、河西走廊等地区。北方旱区45%的耕地土壤缺有机质（有机质含量小于10g/kg），有机质含量20g/kg以上的耕地不足14%。土壤全氮含量小于0.76g/kg的贫氮耕地占一半以上，比全国高出16个百分点。土壤普遍缺磷，55%以上的耕地缺磷，30%的耕地中度缺磷。土壤速效钾含量中等偏下的耕地占1/3左右。

（三）水资源

北方降水偏少，大部分地区年降水量为300~500mm。河北、天津、北京、山东西部、安徽北部、河南西部及辽宁、吉林，山西、陕西大部地区，年降水量平均在400~600mm。综合地下水资源量与地表水资源量，年平均水资源量为5 358.1亿m³，形成地多水少的格局。

二、花生两年三熟制的适宜地区及适宜品种

两年三熟制主要分布在辽宁南部、山东丘陵、黄淮平原、河南、河北、江苏、安徽部分地区、湖北部分地区、四川盆地、广东福建沿海部分地区等地区，气候温和，年积温在3 500℃以上。任何一种种植制度都必须有一套与其相适应的作物品种。花生品种的生态及形态特性均直接影响着种植制度的制定及实施。

花生不同生态类型品种的生育期及所需积温有显著的差异。多粒型品种生育期122~136d，总积温（3 005.68±217.8）℃，珍珠豆型品种生育期126~127d，总积温（3 147.12±263.16）℃，中间型品种生育期130~146d，总积温（3 261.5±271.27）℃，龙生型品种生育期152~156d，总积温（3 562.96±204）℃，普通型品种生育期155~160d，总积温（3 596.15±143.05）℃，所以，在温带和暖温带地区，若种植生育期长，株型松散，分枝较多的晚熟花生品

种只能采用一年一熟制，若种植生育期较短，株型紧凑，分枝较少的早、中熟花生品种，则可采用二年三熟或一年二熟制。

实行两年三熟制的区域，施肥应依据土壤肥力和花生需肥规律，做到经济用肥，掌握底肥足、苗肥早、中后期追肥巧的原则。春播露地花生，在地表5～10cm土层温度稳定达到12℃以上时，为适宜播种期。夏播花生，要在前茬作物收获后，抢墒整地，6月中上旬播种。种植密度做到春播宜稀，夏播宜密；迟熟品种宜稀，早熟品种宜密。

三、花生主产区二年三熟制典型模式比较

（一）北方大花生产区的主要模式

春花生→冬小麦—夏玉米（或夏甘薯等其他夏播作物）；春高粱或谷子→冬小麦→夏播大豆、夏花生或玉米；春播小杂粮→冬小麦→夏大豆或夏花生；春播杂粮→大麦或豌豆→夏甘薯或杂粮、夏花生：目前已是黄河流域、山东丘陵、华北平原等暖温带花生、产区的主要模式。春花生种植于冬闲地，可以适时早播，覆膜栽培，产量高而稳定。冬小麦在春花生收获后播种，为获得小麦高产，花生应选择早、中熟高产品种，以保证适时收获，适时播种小麦，使小麦成为早茬或中茬。

冬小麦（套种花生）或→花生—春玉米（或甘薯、春高粱等）：在黄淮平原等气温较高无霜期较长的地区多采用这种模式，此模式能充分利用光、热等资源，使粮食和花生均能获得较高产量。

冬小麦（套种夏花生）或→夏花生→冬小麦—夏玉米（或套种夏玉米）（或夏甘薯等其他夏播作物）：该方式是气温较高，无霜期较长地区的主要种植模式，栽培技术只要得当，能够获得粮食花生双丰收。

（二）长江流域春夏花生交作区的两年三熟制

（1）冬小麦（套种夏花生）或→花生→冬小麦—夏玉米（或夏甘薯）。

（2）油菜（豌豆或大麦）套种花生或→花生→冬小麦—夏甘薯（或夏玉米）。

（3）冬小麦→夏甘薯→冬闲（或冬绿肥）—春花生。

（4）冬小麦（或套种花生）→花生→冬小麦—杂豆—甘薯。

湖北、四川、江苏、安徽等地区的旱作田多采用上述模式，花生前茬以小

麦、甘薯为主，大麦、玉米、油菜次之。

（5）冬小麦→花生→冬闲—早、中稻—秋耕炕田（休闲）；春花生→小麦→水稻，两旱一水的二年三熟制：在江西红壤丘陵区多采用此水旱轮作模式。

四、两年三熟制模式优势及发展前景

（一）提高土地种植指数，确保粮油增产稳产

多熟种植包括复种和间混套作，是作物种植在时间和空间上的制约化。目前中国北方大部分地区以花生、小麦、玉米、棉花、甘薯等作物为中心的两年三熟模式，随着水、肥、土、配套机械等生产条件的改善与人口的增加，面积有所扩大，种植指数也逐步上行，而且种植指数与所在地区的粮、油总产量之间呈正相关。通过多熟种植，不仅提高了土地利用率，增加了单位耕地的产出，而且一定程度上缓和了粮棉、粮油争地矛盾，提高了农民的收入。

（二）减少病虫害发生，充分利用肥、水，发挥机械化优势

随着机械化程度的提高，北方花生主产区逐步推行了保护性耕作，即采取作物收获秸秆还田（或部分还田），改善了土壤的水、肥、气、热等生态条件，为作物生长提供了有利的生长环境，以春花生→冬小麦→夏玉米—春花生的模式为例，小麦、玉米、花生产量分别提高15%～20%，10%～15%，8%～12%；土壤结构得以改良，据测算，每覆盖$1km^2$玉米鲜秸秆相当于$1km^2$增施碳酸铵135kg，磷肥112.5kg，硫酸钾307.5kg，土壤有机质提高0.05%～0.10%，地力提高一个等级；土壤水分明显提高，秸秆还田后，防止地表水径流，使土壤团粒结构稳定，疏松，提高蓄水力。另外，花生根系根瘤菌固氮，为下茬作物提供部分氮肥，通过轮作，还克服了花生因连作引起的土壤病害发生和产量损失。

（三）发挥间混作互补机制，由二年三熟向二年四熟、五熟制发展

间混作互补机制：①高矮作物相间种植，增加了单位面积的总密度，从而增加了叶面积系数；②复合群体几何结构的立体变化，通过高矮相间的伞状结构，增加了高位作物下部植株受光率、增加了群体的受光叶面积系数；③不同作物的生物学植物学的异质互补，如喜阴与喜阳、喜湿与耐旱、高秆与矮秆等从而提高了复合群体的光合生产力。春玉米间作春花生→冬小麦→春花生，冬小麦套

种春玉米→春玉米间作夏花生→春甘薯，这两种模式均可实现两年四熟和两年五熟的要求。但对配套机械提出了新的课题，同时在没有相应配套机械的情况下，对农村劳动力也提出了要求。

（四）尽快适应技术的现代化，实现可持续化

通过科研试验证明能够实现粮油多丰收的小麦、玉米、花生、甘薯、春土豆等两年三熟模式，应当研制与之配套的相应机械；而有些不适应机械作业的间作类型或方法应逐步淘汰。另外，要引进、研发适于多熟种植的新品种、新机具，以达到充分利用土地、高效利用资源、降低劳动力成本的目的。同时，以农田和水利基本建设、生产条件与抗灾能力的改善为基础，改造中低产田，建设高产田。

第三节　一年两作种植模式

中国黄河流域、长江流域等大部分花生产区，既是花生主产区，又是小麦主产区。花生、小麦争地的矛盾非常突出。实行小麦套种花生或小麦及其他夏作物收获后直播花生，使原来一年一熟的纯作花生改为一年两作两熟，有效地提高了复种指数，巧妙地扩大了粮油种植面积，可以可靠地获得粮油双高产。

中国一年两作花生主要分布在山东、河南、河北、安徽、江苏、湖南、湖北、四川等省。河南省麦套和夏直播花生面积最大，近年来超过100万hm^2；其次是山东、安徽、湖北和四川等省区。长期以来，中国花生科研及技术推广单位致力于一年两作花生的研究，探明了麦套和夏直播花生的生育特性，优化套作方式，制定了夏直播花生覆膜栽培技术，选育出适用于麦套和夏直播早、中熟花生高产优质品种，研究提出了分别用于麦套和夏直播花生的科学管理措施，有力推动了中国一年两作花生的发展。

一、一年两作区农业资源要素概述

（一）光热资源

麦套种花生是在小麦收获前在小麦行间套种，花生生育期包括小麦收获后

至小麦秋播这段时间，所以，凡热量资源能满足夏直播花生要求的地区，均可套种花生，也可以说，凡是能满足春花生要求的地区，只要适当考虑小麦遮阳及麦收后人畜践踏对花生生育的影响，适当延长麦套种花生生育期外，采用适当的套种方式，基本都可以套种花生。采取小麦套种花生则可充分利用有限的光热资源，夺取花生高产。据测定，一年一熟小麦或花生，其光能利用率一般为0.4%~0.5%，而小麦套种花生，其光能利用率可达0.8%~0.9%。

夏直播花生主要是与小麦接茬轮作，实行小麦花生一年两作制栽培。夏直播花生的生育限定在小麦等夏收作物收获后至小麦等秋播前。这就要求选用既适合晚播又早熟的小麦品种，为夏直播花生留有足够的生长期，所留时间除夏直播花生所需的生育期外，还应有麦收后整地播种花生及花生收获后整地播种小麦所需要的时间。除小麦外，大麦、油菜、大蒜、马铃薯等夏收作物，收获时间均早于小麦，种植夏直播花生具有更高的产量潜力。

夏直播花生生育期与品种熟性及其要求的积温、种植方式等因素有关。据山东农业大学研究，'海花1号''花37''双纪2号'等中熟大花生品种，夏直播地膜覆盖栽培要求2 600~2 800℃的积温条件，在鲁西南的生育期108d以上。若露地栽培，需增加170~200℃积温，总积温需2 800~3 000℃，在鲁南的生育期115d以上。若考虑麦收后整地播种花生和花生收获后整地播种小麦所需时间，则麦收至秋播时间应有115~120d的生育期。凡麦收后至小麦秋播前总积温少于2 800℃的地区，夏直播不适于种植大花生品种，只能种植早熟小花生品种，或发展麦套花生。根据大垄宽幅麦套种花生生育期的积温较夏直播增加700~800℃，普通畦田麦套作花生生育期的积温较夏直播增加300℃以上，麦套作花生要获得较高的产量，要求小麦收获后至小麦秋播前的总积温不能低于2 500℃。

若鲁东、鲁西将夏直播花生改为套种，并将套种时期分别提前至4月下旬至5月初和5月上旬至中旬，积温将分别增加900~1 100℃和710~750℃，使花生全生育期的积温达到3 200~3 500℃，满足高产花生对积温的要求。同时日照时数分别增加440~460h和230~250h。另外，通过地膜覆盖，可部分弥补夏直播花生热量不足的问题。大田测定表明，夏直播花生地膜覆盖后，全生育期地积温比露栽可增加98~119℃，日均高0.80~1.12℃。

（二）土地资源

麦套种和夏直播花生要获得高产，必须选择中等肥力以上的土壤。麦套种花生与小麦共生期间，两者互相争肥，加之花生播种时难以大量施肥，如土壤肥力低，则影响套种花生的生育。夏直播花生生育期短，对环境的适应能力差，根瘤发育不良，耐瘠能力较差，在春花生可以生长良好的瘠薄地夏直播花生则难以高产。在一年两作制栽培中，为实现小麦、花生双高产，重施前作小麦肥，不仅可确保当茬小麦对营养元素的需求，而且可培肥地力，为下茬花生高产奠定肥力基础。

首先，一年两作制栽培有利于提高土壤肥力。花生根瘤菌固定的氮素除供给当茬花生外，有1/3～2/5通过残根落叶等方式遗留在土壤中，使土壤中氮素水平得以提高，是良好的前茬作物。据试验，花生茬种小麦比玉米茬增产26.4%，比甘薯茬增产34.9%。其次，一年两作制栽培可显著减轻小麦和花生的病虫为害，实行小麦花生轮作相对于小麦玉米轮作来说，小麦增产5.4%～16.4%。再次，一年两作制可有效缓解连作对花生带来的生育障碍。最后，一年两作制栽培可以更充分吸收利用土壤不同层次的土壤养分。小麦属于须根系作物，对耕作层养分吸收利用率高；花生为直根系，入土较深，能较好地吸收利用土壤深层的养分。花生的主根和早期出生的次生根较小麦等禾本科须根系作物粗壮，当花生根系腐朽后，在土壤中留下许多"管道"成为土壤水、气的通道，增加了土壤的通透性。

（三）水资源

麦套花生从播种至小麦收获期间，花生与小麦共生，两者争夺土壤水分，如无灌溉条件，势必影响花生出苗和花芽分化，造成减产。

夏直播花生生育期短，生育进程回旋余地小，任何时期遇到干旱或涝害，均会影响正常的生育进程和器官发育速度，造成减产。特别在播种期和盛花期前后尤为重要。中国黄河流域和长江流域等主要麦套和夏直播花生产区，经常出现夏旱和伏旱，如无灌溉条件，出现夏旱很难保证按时套种和夏直播，勉强套种和夏直播，则难以保证全苗，严重夏旱年份，无灌溉条件地块曾出现套种花生大片旱死的现象。如出现伏旱，此时正值麦套和夏直播花生大量开花、下针和幼果形成期，对干旱特别敏感，特别是夏直播花生，有效花期只有15～20d，干旱会造成严重减产。可见，发展麦套种和夏直播花生，必须具备灌溉条件。

二、一年两作花生生育特点

（一）麦套花生

1. 植株生长发育规律

（1）营养生长。麦套花生自出苗至麦收前生长缓慢，始花后30d茎枝生长加速，约40d时达生长高峰，始花后约50d茎枝生长速率开始下降，约60d后生长开始趋于平缓，大约至100d茎枝生长基本停滞。麦套花生生育前期叶面积指数（LAI）增长缓慢，峰值大约出现在播种后100d，峰值为4.1～4.2，LAI高峰期大约持续15d左右，生育后期LAI下降缓慢，而且收获时仍能维持较高水平。随着生育进程的推进，麦套花生光合势（LAD）呈先增强后减弱的态势，结荚期达峰值，约为120万m^2/（$d \cdot hm^2$），产量形成期（结荚期+饱果期）约200m^2/（$d \cdot hm^2$），约占全生育期的84%，对麦套花生产量的形成非常重要。

（2）生殖生长。麦套花生开花因地域不同而稍有差异，在播种后30d左右始花，播种后约50d进入盛花期，盛花期可持续20d左右，整个花期基本为70d左右。张俊等（2015）等对花生开花物候习性的研究表明，麦套花生盛花期开花量占开花总量的59%，麦套花生单株开花量达最大值时间为始花后30d。麦套花生一般始花后15d左右形成果针，果针形成高峰期为始花后50d左右，至始花后90d基本不再出现新生果针。麦套花生大约于始花后50d进入结荚期，始花后90d左右达荚果形成高峰期，至始花后100d基本不再出现新增荚果。始花后80d进入饱果期，105d左右荚果充实饱满达峰值，至120d不再有饱果形成。收获前40d荚果产量的增加量占荚果全部产量的70%左右。

2. 生理特性

氮是花生主要营养元素之一，对花生植株生理代谢存在显著影响。郭峰等（2007）研究表明麦套花生根、叶游离氨基酸、氮素平均含量及根系可溶性蛋白平均含量高于单作；而叶片可溶性蛋白平均含量则低于单作。与小麦共生期间，麦套花生根叶硝酸还原酶活性、谷氨酸脱氢酶活性、叶片谷氨酰胺合成酶活性及谷丙转氨酶活性明显低于单作；整个生育期麦套花生根系GS平均活性及GPT活性高于单作花生（郭峰等，2009）。花生根系中SOD、POD、CAT活性基本上均是先增后降趋势，但麦套花生后期下降速率明显缓于清种花生（郭峰等，2007）。

3. 群体生育指标

与产量水平相同的春花生相比，麦套花生产量构成三因素中的实收株数和千克果数明显较高，单株果数则接近或略低于春花生。麦套花生千克果数较高是由于饱果期季节稍晚，气温低而不稳，造成荚果充实慢所造成的。千克果数增加给产量带来的负效应可由增加群体密度来补偿。

（二）夏直播花生

1. 植株生长发育规律

（1）茎枝生长。梁晓艳（2011）等的研究表明，夏直播花生生育前期温度较高，植株生长速度快，至出苗后30d，单株分枝数可达10个，主茎及侧枝的高度均超过24cm；出苗后40d，主茎和侧枝的生长达到高峰，日生长量分别为1.67cm和1.69cm，累积高度分别达41.3cm和42.1cm；进入结荚期以后，单株分枝数增长缓慢，进入结荚中期后，单株分枝数生长接近停止。

（2）叶面积指数和光合势。夏直播花生整个生育期叶面积指数的变化呈单峰曲线，峰值出现在出苗后约60d时，峰值为5.6，随后叶面积指数逐渐减小，至出苗后80d（饱果期）叶面积指数已低于4.0，收获期叶面积指数约降至1.1。全生育期内，叶面积指数超过3.0的天数约为55d。随生育进程夏直播花生光合势呈先增加后降低的态势，直结荚期光合势达峰值，约为135万m^2/（d·hm^2），饱果期光合势约降至70万m^2/（d·hm^2），产量形成期（结荚期+饱果期）光合势已达200万m^2/（d·hm^2），约占全生育期的75%。

（3）开花规律。夏直播花生单株开花量受环境、栽培条件等影响显著，高产夏直播花生单株开花量一般为90～120朵。夏直播花生开花集中，在山东鲁西南地区，通常7月中旬始花，整个花期延续约40d，大约始花后5d开始进入盛花期，盛花期开花数占总花数量的60%～80%，然后逐渐减少。在河南豫北地区，夏直播花生始花在播种后22d左右，夏直播起垄覆膜比夏直播起垄不覆膜花生花期可提前2d左右。夏直播起垄覆膜花生盛花期可持续20d左右，夏直播起垄不覆膜花生盛花期在15d左右。夏直播起垄覆膜和夏播起垄不覆膜整个花期差异不大，约为60d。夏直播起垄覆膜花生开花较起垄不覆膜花生更为旺盛，张俊等（2015）研究表明，盛花期夏播起垄覆膜花生盛花期内开花量占开花总量的60%左右，夏播起垄不覆膜花生为50%左右，说明夏播起垄覆膜处理开花较为集中，更有利于花生荚果的形成和生长。

（4）果针及荚果形成规律。夏直播花生果针的形成较分散，早期花成针率高，且形成果针的时间短。7月中旬开的花，花后4d有90%以上可以成针；7月底开的花，至开花后10d，成针率仅达34%；而8月上旬开的花，至开花后10d，成针率仅为6%。夏直播花生幼果出现始于果针形成后的11～15d，3周后大约有80%的幼果形成。在幼果形成后11～13d即可形成可食用仁的秕果，9月上旬饱果开始出现，饱果数大致按线性增长，直至收获。

2. 生理特点

（1）可溶性蛋白质。可溶性蛋白质是植物体内氮素存在的主要形式，其含量的多少与植物体的代谢和衰老有密切的关系。夏直播花生生育过程中叶片中可溶性蛋白质含量呈现先升高后降低的趋势，花生出苗后60d达峰值，然后可溶性蛋白质含量持续下降，至成熟期降至50mg/（g·FW）。

（2）活性氧代谢特点。超氧化物歧化酶（SOD）是活性氧清除系统的主要酶类，较高的SOD活性对防止膜脂过氧化，减轻膜伤害及延缓植株衰老发挥着重要作用。夏直播花生苗期叶片SOD活性较低，但随着生育进程的进行，至花生出苗后60d SOD活性达峰值，约为250U/（g·FW），随后叶片中SOD活性开始降低，至饱果成熟期降至100U/（g·FW）。

过氧化物酶（POD）和过氧化氢酶（CAT）是植物膜脂过氧化过程中重要的保护酶，也是一种诱导酶，其活性高低会随花生植株体内过氧化物含量的增加而增强。整个生育期，夏直播花生POD活性和CAT活性均呈先增加后降低的趋势，POD活性前期增长缓慢，生育中期增长加快，约在出苗后70d达峰值，CAT活性增强速度很快，约出苗后70d达活性峰值，出苗后70d的CAT活性是出苗后30d的4倍左右。POD和CAT活性均以结荚中期较强，与植株生长高峰时间较一致。

丙二醛（MDA）是膜脂过氧化的最终分解产物，其含量的高低反映植物细胞膜受伤害程度，是常用的膜脂过氧化指标。夏直播花生叶片中MDA含量随生育进程的进行呈逐渐增加的趋势。生育前中期，MDA含量增加缓慢，至出苗后70d，MDA含量快速增加，说明夏直播花生生育后期膜受伤害程度快速加重，植株衰老较快。

3. 产量构成

在花生产量构成三因素中，每公顷实收株数是基本要素，因此，在保证基本因素的前提下，充分发挥单株果数和千克果数的增产潜力来实现高产栽培。经试验结果表明，种植密度相同时，夏直播花生单株结果数与麦套花生几乎无差异，夏直播花生产量低可能是由于其生长期短，荚果成熟度低和果重轻的原因造成的。进一步的研究结果还表明，在一定范围内，果重与密度呈正相关关系，在一定范围内增加群体密度，不仅可以提高密度的增产效应，还可通过增加果重对产量的增加产生正效应。

第四节　轮作与连作

一、轮作

花生轮作是中国花生种植的一种主要方式，是将花生与其他作物搭配按照一定的顺序在同一地块循环种植。轮作对花生增产和花生产业持续发展均有重要意义。合理的轮作是运用作物—土壤—作物之间的相互关系，根据不同作物的茬口特性，组成适宜的前作，轮作顺序和轮作年限，做到作物间彼此取长补短，以利每作增产，持续稳产高产。花生是豆科作物，与禾本科（小麦）、十字花科等作物换茬轮作效果好，与生态型相近的豆科作物轮作效果较差。轮作顺序，一般先安排花生，花生收获后，安排需氮较多的禾本科作物。故花生有"先锋作物""甜茬"之称。一般情况下，花生轮作年限最好在3年以上，但目前中国花生产区的轮作年限以2～4年者居多。

（一）轮作增产原因

1. 保持提高地力，改善土壤物理性状

不同作物，对土壤养分和栽培管理的需求不同，对土壤理化特性、微生态条件等均会产生不同的影响，从而可以相互促进，相互弥补，提高地力，改善土壤物理性状。连续栽培对土壤养分要求倾向相同的作物，容易造成某种养分被片面消耗后供应不足而导致减产。通过对吸收、利用营养能力不同而又具有互补作用的不同作物的合理轮作，可以协调前后茬作物养分的供应，使作物均衡地利用土壤养分，充分发挥土壤肥力的生产潜力。

2. 减轻或防止病虫为害

任何病、虫都有其最适宜的寄主范围和生活条件，若寄主条件和生育条件

不适，则其生长和繁殖就会受到限制甚至死亡。合理轮作使为害单一作物的虫害改变了生活条件，对单一作物致病的病原菌失去寄主，从而减轻病虫为害，到目前为止，轮作仍是防治若干病、虫为害的有效措施。

（二）花生主产区的主要轮作方式

1. 北方大花生产区的主要轮作方式

（1）春花生→冬小麦—夏玉米（夏甘薯等其他夏播作物）。这是黄河流域、山东丘陵、华北平原等温暖带花生产区的主要轮作方式。春花生种植于冬闲地，可以适时早播，覆膜栽培，产量高而稳定。冬小麦在春花生收获后播种，使小麦成为早茬或中茬。

（2）冬小麦<→花生—春玉米（春甘薯、春高粱等）。在黄淮平原等气温较高、无霜期较长的地区多采用这种方式，能充分利用光、热等自然条件，使粮食和花生均能获得高产。

（3）冬小麦<→夏花生→冬小麦≤夏玉米（夏甘薯等其他夏播作物）。该方式已成为气温较高、无霜期较长地区的主要轮作方式，只要栽培技术得当，可以获得粮食和花生双丰收。

（4）冬小麦<→夏花生一年两作。河南和山东部分花生主产区的主要轮作方式。

（5）冬油菜→春花生一年两作。河南和河北中南部传统花生连作区应用这种轮作方式。

2. 东北花生产区的主要轮作方式

花生—玉米一年一熟轮作。东北地区、河北东北部传统的花生连作区和玉米连作区适合这种轮作方式。

3. 长江流域春夏花生交作区的主要轮作方式

（1）冬小麦<→花生→冬小麦—夏玉米（夏甘薯等）。

（2）油菜（豌豆或大麦）→花生→冬小麦—夏甘薯（夏玉米等）。

（3）冬小麦→夏甘薯→冬季绿肥—春花生。

（4）冬小麦<→花生→冬小麦—杂豆—甘薯。

湖北、四川、江苏、安徽等省的旱作田多采用上述4种轮作方式。特点：花生前茬以小麦、甘薯为主，大麦、玉米、油菜次之。

（5）冬小麦→花生→冬闲—早、中稻—秋耕暖田（休闲）。

（6）春花生→杂交晚稻→冬菜（矮抗青、九头菜、芹菜等）。在江西红壤丘陵地区多采用（5）、（6）这两种水旱轮作方式。

（7）春花生→晚稻。在湖南的沙性、壤性稻田可采用这种水旱轮作方式，生产中应注意防止上茬作物的除草剂对下茬作物产生危害。

4.南方春秋两熟花生产区的主要轮作方式

（1）春花生→晚稻→冬甘薯（小麦）。

（2）春花生→中稻→晚秋甘薯。

（3）早稻→秋花生≤小麦（或大麦或蔬菜）

（4）甘薯（早稻）→晚造秧田→秋花生<→冬甘薯（或小麦）。在广东、广西、福建、台湾等省土质好，水源足，生产水平较高的产区多采用这四种轮作方式，优点是复种指数高，粮油产量高，缺点是花生轮作周期短，如多年在同一地块连续采用，花生易出现连作障碍。

（5）春花生→晚稻→冬甘薯（或小麦、油菜、绿肥）—早稻（或黄麻）→晚稻→豌豆（蚕豆或冬闲）。

（6）早稻→秋花生→冬黄豆（蔬菜、麦类、冬甘薯或冬闲）—早稻→晚稻→冬甘薯（麦类或休闲）。

（7）春花生→中稻→晚甘薯（或冬烟、冬大豆）春黄麻（早稻）→晚稻→冬甘薯（或蔬菜）。

（8）春花生→中稻→冬小麦（或油菜、绿肥）—早稻→晚稻→冬闲。

（9）早稻→中稻→秋花生—早稻→晚稻→冬甘薯。

（10）花生→秋甘薯→大麦（小麦、蔬菜或冬闲）—大豆（或粟）→秋甘薯→蔬菜（或冬闲）。

（11）春花生→秋大豆（秋甘薯）→冬油菜（或小麦、冬甘薯）—高粱（或玉米、红麻）→秋甘薯→蔬菜（或冬闲）。

（12）春花生→秋甘薯（或小麦、油菜、豆类）—春大豆（或芝麻、高粱、玉米）→秋甘薯→豆类（蔬菜或冬闲）。

（13）春花生→秋甘薯—甘蔗—甘蔗（宿根）→春甘薯（或陆稻）→秋甘薯。

（14）春花生→小麦—甘薯→豌豆（冬闲）—大豆→甘薯。

（15）春花生→秋甘薯—春大豆→秋甘薯—红麻→秋甘薯。

（16）春花生→秋甘薯—红麻（或玉米、高粱）→大豆（或甘薯）→甘蔗（宿根）。

（17）春甘薯→秋花生→秋甘薯<甘蔗—甘蔗。

在广东、广西、福建等地没有灌溉条件的丘陵旱坡地，沿海沙地，多采用（10）~（17）这8种轮作方式，其中在土层深厚、肥力较高，地势较平坦的坡地和沿江冲积平原，花生较集中的产区，多采用（10）~（11）这2种轮作方式，在花生种植较分散的地区，多采用（13）~（17）这5种轮作方式。

（三）轮作应注意的问题

1. 茬口特性

茬口是轮作换茬的基本依据。茬口特性是指栽培某一作物后的土壤生产性能，是作物生物学特性及其栽培措施对土壤共同作用的结果。合理轮作是运用作物—土壤—作物之间的相互关系，根据不同作物的茬口特性，组成适宜的轮作，做到作物间取长补短，以利于各茬作物增产，持续稳产高产。豆科的花生，与禾本科和十字花科作物换茬效果较好，与豆科作物轮作效果较差。

2. 作物组成及轮作顺序

在安排轮作时，首先考虑参加轮作的各种作物的生态适应性，要适应当地的自然条件和轮作地段的地形、土壤、水利和肥力条件，并能充分利用当地的光、热、水等资源，选好作物组成后，就要考虑各种作物的主次地位及所占的比例。一般应把当地主栽作物放在最好的茬口上，花生主产区应将花生安排在最好的茬口上。并要做到感病作物和抗病作物、养地作物和耗地作物搭配合理，前作要为后作创造良好的生态环境。在土壤pH值较低的酸性土壤和新开垦土壤一般先安排花生。故花生有"先锋作物"之称。

3. 轮作周期

花生是连作障碍比较严重的作物，轮作周期过短，如小麦→花生一年两熟轮作周期和甘薯—花生两年两熟的轮作周期，花生均表现一定的连作障碍，很难培创高产，所以，在花生主产区应尽量创造条件，延长花生的轮作周期，最好实行3年以上的轮作。如轮作周期较短，应通过增加周期内其他作物的作数，以发挥作物的茬口特性，改良土壤的生态环境，解除花生的连作障碍，提高花生的产量和品质。如北方大花生产区，花生与小麦等禾本科作物轮作，应尽量减少小麦→花生—小麦→花生的轮作方式，增加小麦→花生—小麦→夏玉米的轮作方式。

二、连作

花生连作是指在同一块地里连续种植花生，生产上通常把连作也称"重茬"。花生连作，植株发育不良，产量降低，存在比较严重的连作障碍。但中国花生面积大，相对集中于肥水条件差的旱薄地，不少花生产区无法轮作，花生连作仍然是中国花生种植的一种重要方式。

（一）连作对花生植株发育的影响

连作试验表明，连作花生生长发育受到抑制，植株变矮，叶绿素相对含量、净光合速率、气孔导度和胞间浓度均呈现逐年下降趋势，单株结果数减少，荚果变小，总生物产量和荚果产量显著降低（李艳红等，2012）。不同的连作年限连作效应不同，农艺性状、植株营养指标、叶绿素含量、净光合速率、干物质重以及产量随着连作年限的增加而减少，表现为正茬>连作2年>连作3年>连作4年>连作6年和连作10年（表4-1），连作6年和连作10年相近（张艳君等，2015）。

表4-1　花生不同连作年限对植株性状的影响（李艳红等，2012）

处理	出苗率（%）	分枝数（条/株）	主茎高（cm）	侧枝长（cm）	主茎绿叶数（片）	荚果产量（kg/hm^2）
CK	98.2a	9.3a	49.6a	54.4a	11.0a	4 342.8a
连作2年	97.1a	7.3a	43.5b	50.0b	10.08a	3 919.7b
连作5年以上	92.2b	6.7a	40.5c	44.7c	6.75b	3 723.5c

由表4-2可知，连作降低了花生植株的光合作用强度。在一定的连作年限内，连作严重降低叶绿素含量，光合速率和干物质重。随着连作年限增加而表现为正茬>连作2年>连作3年>连作4年>连作6年和连作10年。

花生连作对其总生物产量和荚果产量的影响最为明显（表4-3）。总生物产量和荚果产量显著降低是连作花生的综合表现，是判断花生连作障碍的最可靠指标。试验表明，连作1~4年，花生总生物产量降低10.9%~24.2%。连作1年，花生荚果产量平均减产19.8%；连作2年，平均减产33.4%；连作3~9年，平均减产20%以上。

表4-2　连作对花生净光合速率、叶绿素及干物质的影响（张艳君等，2015）

处理	净光合速率 [mmolCO$_2$/（m^2·s）]				叶绿素含量 （mg/g）				干物质重 （g/穴）			
	苗期	花针期	结荚期	饱果期	苗期	花针期	结荚期	饱果期	苗期	花针期	结荚期	饱果期
正茬	32.4a	25.2a	22.6a	21.5a	2.45a	2.18a	1.53a	1.50a	6.0a	8.0a	66a	80a
连作2年	29.5b	22.0b	20.2b	18.5b	2.42a	1.96b	1.38b	1.17b	5.7ab	6.8b	57b	71c
连作3年	28.6b	21.4b	19.1bc	17.2bc	2.37a	1.92b	1.24c	1.02c	5.4b	6.5c	52c	65cd
连作4年	28.7b	20.7bc	18.1c	16.8c	2.44a	1.88bc	1.14c	0.91cd	5.2bc	6.2d	50cd	61cd
连作6年	26.8c	20.1c	17.3c	16.3c	2.40a	1.85c	1.01c	0.78d	5.2bc	6.1d	48d	58d
连作10年	26.5c	20.0c	17.4c	16.5c	2.46a	1.87c	1.02d	0.78d	5.1c	6.0d	48d	57d

作物因连作而引起的生长发育障碍被称为连作障碍，目前国内外尚无统一的判断指标，有研究者认为，连作引起生长量减少2%~3%，即为连作障碍，减少20%为忌地现象。日本将连作障碍强度分为A、B、C、D、E五类，花生属于连作障碍强度大的A类，这与中国的研究结果基本一致。

（二）引起花生连作障碍的原因

引起作物连作障碍的原因有土壤恶化、病虫害增加、有毒物质危害等多种学说，但每一种作物均有独特的原因。引起花生连作障碍的原因，20世纪80年代以前未做深入研究，只从感官认识提出了若干看法，有连作使花生叶斑病/线虫病为害加重；连作造成某一种或几种大量元素或微量元素缺乏；前作花生根系分泌物和植株残体抑制后作花生的生育等说法。山东省花生研究所研究认为，花生连作引起土壤微生物类群变化是导致花生连作障碍的主要因子，土壤养分失衡、土壤中主要水解酶活性降低，是引起花生连作障碍的辅助因子。

表4-3　花生不同连作年限对荚果产量的影响（万书波等，2003）

连作年限	1987年产 量及减产 g/盆	%	1988年产 量及减产 g/盆	%	1989年产 量及减产 g/盆	%	1990年产 量及减产 g/盆	%	1991年产 量及减产 g/盆	%	1992年产 量及减产 g/盆	%	1993年产 量及减产 g/盆	%	1994年产 量及减产 g/盆	%	1995年产 量及减产 g/盆	%	平均 g/盆	%
9年																	50.4	41.5	60.4	16.9
8年															44.7	26.2	42.4	50.8	43.5	28.2
7年													42.3	33.9	35.9	40.6	35.2	59.2	37.8	37.7
6年											42.0	21.9	37.4	41.6	38.1	37.1	40.6	52.9	39.5	34.9
5年									33.7	31.68	37.0	31.3	41.3	34.6	35.3	41.6	59.4	31.0	41.4	31.7
4年							60.5	14.2	40.6	17.57	36.9	31.5	46.3	27.6	36.7	38.4	52.5	39.1	45.6	24.9
3年					30.5	28.1	60.3	14.5	45.9	6.86	39.1	27.4	42.9	32.9	45.6	24.7	58.2	32.5	46.1	24.1
2年			45.2	26.9	32.9	2.5	54.1	23.3	47.6	3.49	43.4	19.3	51.7	19.2	43.9	27.4	53.1	38.4	46.5	33.4
1年	38.7	32.8	47.7	22.8	38.7	8.8	63.5	10.0	50.5	2.52	44.9	16.5	55.5	13.2	45.1	25.5	53.4	38.1	48.7	19.8
轮作	57.5		61.8		42.4		70.6		49.3		53.8		64.0		60.5		86.2		60.7	

1.连作对土壤微生物类群的影响

花生连作，由于根系分泌物，及残存在土壤中的残根、落叶等植株残体和相对一致的耕作条件及管理办法，形成了特定的连作花生土壤及根际微生物类群，其突出的特点是，随着连作年限的增加，真菌大量增加，细菌和放线菌大量减少。

由表4-4可知，土壤中的真菌数量，连作1年，较多年轮作增加140%，连作4年，增加220%。根际的真菌数量，以花针期变化较为突出，连作2年，增加37.5%，连作4年，增加212.5%。土壤中的细菌数量，连作2年，较多年轮作减少41.5%，连作3年，较多年轮作减少54.9%。根际的细菌数量，各生育期的变化基本一致，随着连作年限的增加而减少，连作1年，减少5.1% ~ 15.1%，连作3年，减少14.5% ~ 82.0%。土壤中的放线菌数量，连作1年，较多年轮作减少37.3%，连作3年，减少50%以上。根际的放线菌数量，总的趋势也是随着连作年限的增加而减少，以花针期较为突出，连作2年，较多年轮作减少37.1%，连作3年，减少50%以上。多数学者认为，真菌型土壤是地力衰竭的标志，细菌型土壤是土壤肥力较高的一个生物指标。花生连作，地力逐步衰竭，造成花生生育不良。土壤放线菌中有很多菌种能分泌抗生素，抑制有害微生物的繁衍生长，连作造成放线菌的减少，有可能导致花生病害的加重。

表4-4　花生不同连作年限土壤及根际微生物类群的变化（封海胜等，1993）

单位：个/g干土

耕作方式	土壤			根际								
	真菌	细菌	放线菌	花针期			结荚期			成熟期		
				真菌	细菌	放线菌	真菌	细菌	放线菌	真菌	细菌	放线菌
轮作	0.5×10^4	8.2×10^6	7.5×10^5	1.6×10^4	58.6×10^6	17.5×10^5	8.2×10^4	36.4×10^6	9.1×10^5	3.2×10^4	29.2×10^6	5.4×10^6
连作1年	1.2×10^4	8.2×10^6	4.7×10^5	1.6×10^4	55.6×10^6	5.1×10^5	7.4×10^4	36.4×10^6	7.1×10^5	4.1×10^4	24.6×10^6	5.4×10^6
连作2年	1.3×10^4	4.8×10^6	3.8×10^5	2.2×10^4	42.6×10^6	11.0×10^5	9.8×10^4	35.2×10^6	6.9×10^5	7.0×10^4	24.7×10^6	5.6×10^6
连作3年	1.3×10^4	3.7×10^6	3.3×10^5	4.5×10^4	50.1×10^6	8.1×10^5	6.2×10^4	36.1×10^6	7.1×10^5	4.6×10^4	19.7×10^6	3.1×10^6
连作4年	1.6×10^4	4.4×10^6	2.5×10^5	5.0×10^4	45.8×10^6	5.2×10^5	10.0×10^4	29.1×10^6	9.3×10^5	4.2×10^4	21.2×10^6	4.2×10^6

（续表）

耕作方式	土壤			根际								
	真菌	细菌	放线菌	花针期			结荚期			成熟期		
				真菌	细菌	放线菌	真菌	细菌	放线菌	真菌	细菌	放线菌
连作5年	1.5×10^4	4.4×10^6	2.6×10^5	6.1×10^4	44.5×10^6	4.9×10^5	17.3×10^4	17.4×10^6	8.3×10^5	5.0×10^4	16.9×10^6	4.7×10^6

随着花生连作年限的增加，土壤中的细菌数量显著减少，其中硝化细菌更为突出，连作1年，亚硝酸细菌较轮作减少38.1%，硝酸细菌减少33.1%；连作2年，亚硝酸细菌和硝酸细菌均减少80%以上。亚硝酸细菌和硝酸细菌在土壤中担负着硝化作用，硝化作用是土壤中氮素循环中的一个重要环节，对土壤肥力和植株营养起着重要作用（表4-5）。

表4-5 花生不同连作年限土壤中硝化细菌的变化（封海胜等，1993）

耕作方式	亚硝酸细菌		硝酸细菌	
	个/g（干土）	较轮作±%	个/g（干土）	较轮作±%
轮作	4.2×10^4		1.6×10^4	
连作1年	2.6×10^4	−38.1	1.07×10^4	−33.1
连作2年	0.83×10^4	−80.2	0.28×10^4	−82.5
连作3年	0.27×10^4	93.6	0.11×10^4	−93.0
连作4年	0.41×10^4	90.2	0.16×10^4	−89.9
连作5年	0.31×10^4	92.6	0.15×10^4	−90.4

土壤微生物对花生的荚果产量和总生物产量均有极显著的影响。据山东省花生研究所试验，在灭菌后的连作土栽培花生，其荚果产量和总生物产量较不灭菌土壤分别减产37.3%和35.4%，在灭菌后的轮作土壤上栽培花生，其荚果产量和总生物产量较不灭菌土壤分别减产41.0%和42.0%。连作较轮作的减产幅度，土壤灭菌后则显著降低，在灭菌土壤上，连作的荚果产量和总生物产量较轮作分别减产5.100%和0.004%；在不灭菌土壤上，连作较轮作分别减产10.7%和10.5%。这表明土壤微生物是引起花生连作减产的重要因子。

2.连作对土壤中速效养分的影响

花生连作，土壤中的速效养分含量发生了明显变化，连作确实造成花生根系土壤营养元素失衡，长期连作和短期连作对花生根系土壤pH值及元素含量的影响效力不同，并且不同理化指标对连作年限以及品种的响应也有所差异（石程仁等，2018）。磷、钾等大量元素及铜、锰、锌等微量元素，随着连作年限的增加而呈递减的趋势（表4-6）。

表4-6　花生不同连作年限土壤速效养分的变化（封海胜等，1993）

单位：mg/kg

连作年限	N	P$_2$O$_5$	K$_2$O	Ca	S	B	Mo	Fe	Mg	Cu	Mn	Zn
连作5年	63	10.8	47.5	270	20.7	0.12	0.23	12.9	143	1.24	10.4	1.49
连作4年	62	8.2	53.9	314	23.7	0.13	0.27	13.5	161	1.38	13.5	1.77
连作3年	62	7.4	55.5	277	23.4	0.06	0.24	18.9	160	1.64	14.6	1.74
连作2年	69	9.5	66.6	326	25.2	0.08	0.24	19.6	165	1.68	15.3	1.20
连作1年	62	12.7	83.5	312	26.8	0.15	0.24	18.5	140	1.62	15.1	2.24
轮作	73	15.7	92.6	298	22.9	0.13	0.24	18.5	134	1.60	16.4	2.23

连作1年，速效钾含量减少9.8%，速效磷含量减少19.1%；连作3年，速效钾含量减少40.6%，速效磷含量减少53.0%，硼、锰、锌含量分别减少53.8%、6.7%和12.6%；连作5年，速效钾含量减少48.7%，铁减少30.3%，铜、锰、锌含量分别减少22.5%、36.6%和33.2%，氮、钙、硫、钼、镁等养分变化较少。

3. 连作对土壤酶活性的影响

由表4-7可知，花生连作对土壤中主要水解酶的活性有较明显的影响，随着连作年限的增加，碱性磷酸酶、蔗糖酶、脲酶的活性均随着降低。以碱性磷酸酶降低最为显著，连作1年降低15.4%，连作2年，降低20%以上，连作3年，降低29.3%以上，连作4年，降低30%以上。蔗糖酶次之，连作3年，降低10%以上。脲酶亦有降低，连作3年，降低9.8%。连作对过氧化氢酶影响不大，不同连作年限间提高和降低均不超过5%。碱性磷酸酶是重要的磷酸水解酶，在该酶的作用下，磷酸根才能转化为植物可以吸收利用的形态，相关分析发现，碱性磷酸酶活性与土壤中的速效磷、锌呈显著正相关，与速效钾呈极显著正相关。蔗糖酶参与土壤中碳水化合物的生物化学转化（土壤中的有机物质、微生物和植物体中含有大量的碳水化合物及其相近物质），蔗糖酶的活性降低，必然导致土壤中有效养分的降低。脲酶能促进尿素水解，脲酶活性降低，势必影响尿素水解，所以，连作花生即使施用较多的尿素，花生植株生长仍较轮作花生差。

表4-7　花生不同连作年限土壤酶活性的变化（封海胜等，1994）

连作年限	碱性磷酸酶		蔗糖酶		脲酶		过氧化氢酶	
	酚 [mg/ (1g± ·24h)]	较轮作 （±%）	葡萄糖 [mg/ (1g± ·24h)]	较轮作 （±%）	NH₄-N [mg/ (1g± ·24h)]	较轮作 （±%）	0.1NKMnO₄ [mg/ (1g± ·24h)]	较轮作 （±%）
5年	0.78	36.6	26.2	-10.3	0.445	-7.1	3.89	+2.6
4年	0.77	-37.4	24.5	-16.1	0.425	-11.3	3.84	+1.3
3年	0.87	-29.3	25.5	-12.7	0.432	-9.8	3.70	-2.4
2年	0.95	-22.8	27.0	-7.5	0.464	-3.1	3.97	+4.7
1年	1.04	-15.4	30.0	+0.3	0.487	+0.02	3.85	+1.6
轮作	1.23		29.2		0.479		3.79	

4. 连作花生的自毒作用

植物通过向周围环境释放化学物质而影响自身和周围其他生物的生长发育，以获得适应自身生存和发展的环境，这种现象被称为化感作用。植物的化感作用不仅表现在种间，而且种内的自毒效应也非常强烈，自毒作用是化感作用的一种特殊形式，自毒作用是指植物通过地上部淋溶、根系分泌、植株残茬及气体挥发等途径释放的次生代谢产物对下茬或下茬同种或同科植物生长发育产生抑制的现象，又称自身化感作用。

刘苹等（2015）采用气相色谱—质谱联用的方法测定了花生根系分泌物的成分，研究表明，连作5年后，'鲁花11'根系分泌的对羟基苯辛酸的量明显增加，'鲁花12'根系分泌的长链脂肪酸类物质棕榈酸和硬脂酸以及醇类物质己六醇的量明显增加。两个花生品种连作5年后土壤中酚酸（醛）类化感物质对羟基苯甲酸、邻苯二甲酸、肉桂酸、2,5-二甲基苯甲醛和2,6-二叔丁基苯酚呈现出累积的趋势，'鲁花11'的积累总量高于'鲁花12'。连作障碍不同抗性花生品种根系分泌物对连作的响应存在差异（表4-8）。

沈阳农业大学研究认为，不同浓度的花生根际土壤、茎、叶水浸液对其种子萌发都存在一定的抑制作用，其作用强度随浸提液浓度的增大而增强。具体表现为种子发芽率、发芽势、发芽指数和根长均随着浸提液浓度的增大而降低，抑制作用明显增强，抑制的强度顺序为茎>叶>土壤。不同浓度的花生根际土壤、茎、叶水浸液对其幼苗生长都存在一定的抑制作用，其作用强度随浸提液浓度的增大而增强。具体表现为株高、主根长、单株鲜重、单株干重和叶面积均会随着浸提液浓度的增大而降低，抑制作用明显增强，抑制的强度顺序为茎>土壤>叶。不同浓度的花生根际土壤、茎、叶水浸液对花生种子萌发的抑制作用大于对其幼苗生长的抑制作用。

表4-8　鲁花11号和鲁花12号不同连作年限土壤中酚酸（醛）类化感物质的含量（刘苹等，2015）

单位：mg/kg 干土

化合物名称	'鲁花11号'			'鲁花12号'		
	轮作	连作3年	连作5年	轮作	连作3年	连作5年
苯甲酸	4.53a	3.24b	3.67b	4.53a	3.04c	3.45b
对羟基苯甲酸	1.20c	2.38b	3.25a	1.20c	2.14b	3.07a
邻苯二甲酸	2.80c	3.52b	4.73a	2.80b	3.38b	4.41a
肉桂酸	0.75c	1.27b	1.92a	0.75c	1.12b	1.62a
2,5-二甲基苯甲醛	0.92c	1.32b	2.04a	0.92b	1.24b	1.97a
2,6-二丁基苯酚	1.23c	2.05b	2.86a	1.23c	1.94b	2.43a

注：同一品种同一行不同小写字母表示0.05水平上的差异。

（三）解除花生连作障碍的对策

多年来，花生科研工作者为解除花生连作障碍做了大量探索、试验和研究，提出了综合改治、土层翻转改良耕地法、模拟轮作和土壤微生物改良等减轻和解除花生连作障碍的措施和方法。

1. 综合改治

综合改治是将冬季深耕、增施肥料、覆膜播种、选用耐重茬品种、防治线虫病和叶斑病等技术措施组装配套，对连作花生进行综合改治，解除花生连作障碍。

（1）增施肥料。连作花生田在冬前深耕30cm以上，可有效地改善土壤的理化性状，促进土壤微生物的活动。结合冬耕，增施有机肥，既提高了地力，又有利于土壤微生物的繁衍。据河北廊坊农业局试验，在连作田每公顷施9t、18t、27t有机肥，花生荚果产量较不施肥对照分别增产27.0%、63.5%和95.5%。花生播种前，结合起垄、播种，增施氮、磷、钾大量元素，适当补充硼、钼、锰、铁、锌等微量元素，对连作花生亦有良好的增产效果。据河北廊坊农业局试验，每公顷分别施150kg、375kg、675kg碳酸氢铵，花生荚果产量较不施肥对照分别增产16.6%、31.2%、45.4%。每公顷分别施375kg、750kg、1 125kg普通过磷酸钙，花生荚果产量较不施肥对照分别增产29.4%、47.1%和111.8%。山东省花生研究所根据花生的需肥规律，连作花生土壤养分的变化及多点试验结果，将氮、磷、钾合理配比，适当补充了连作花生土壤中容易缺少的硼、钼、铁、锌等元素，制成了连作花生专用肥，对提高连作花生产量有更显著的增产效果，经过3年4次试验，较连作对照平均增产荚果24%，较轮作对照增产11.5%。

河南省农业科学院研究表明，在合理施用氮磷钾肥基础上，增施有机肥和钼肥可以明显促进花生的生长发育和根瘤的形成，提高产量，改善品质性状。增施钼肥花生单株根瘤数增加4.8～9.5个，产量提高6.3%～22.3%。增施有机肥花生产量提高8.2%～15.0%，蛋白质和粗脂肪分别增加13.2%～27.9%和10.3%～20.4%，但不同有机肥间效果差异不显著。最佳组合：每公顷施饼肥1 200kg+每千克种子2g钼酸铵拌种。

南京土壤研究所研究发现，商品抗重茬制剂、发酵菜籽饼、自制生防细菌生物肥及内生真菌生物肥4种施肥措施均明显降低了连作地花生根腐病的发病程度，其中发酵菜籽饼和自制生防细菌生物肥处理对连作地花生根腐病的防治效果最好。与常规氮磷钾施肥相比，4种施肥措施均能明显增加连作地花生产量，其中发酵菜籽饼和生防细菌生物肥处理增产效果最好，分别增产23%和35%，应用前景广阔。

（2）覆膜栽培。覆膜栽培可以促进土壤微生物的繁殖，对连作花生有着最为显著的增产效果。据山东省栖霞市农技站试验，连作花生果覆膜较露地仁播，荚果产量增加。

（3）选用耐重茬品种。选用耐重茬品种，是提高连作花生产量的经济有效手段。焦坤等（2015）研究表明，‘花育19号’‘花育20号’‘花育34号’对长期连作最为敏感，‘花育30号’和‘花育33号’敏感度居中；‘花育26号’和‘花育50号’属于对长期连作的耐受品种。据山东省花生研究所试验鉴定，‘8130’‘8122’等品种较耐重茬，在连作7年花生的地块种植，‘8130’较‘鲁花10号’籽仁增产20.1%，‘8122’较‘白沙1016’籽仁增产64.7%。‘赣花5号’‘鲁花13’‘粤油79’等品种可有效地减轻或缓解连作花生病害的发生，比对照‘赣花1号’青枯病减轻5%～30%，叶斑病减轻12%～48%，尤以

'赣花5号'表现最佳。

（4）使用杀菌剂。江西省南昌市农业科学院研究表明：用戊唑醇、醚菌酯、百菌清进行拌种处理可以明显地提高花生的出苗率和成苗率，且对花生叶斑病的发生有较好的控制效果；多抗霉素、戊唑醇、醚菌酯处理对花生锈病的发生有较好的控制效果；百菌清、苯醚甲环唑、醚菌酯处理对花生的增产效果较好。用百菌清、苯醚甲环唑、醚菌酯在连作3年花生的苗期、始花期和盛花期进行3次喷药处理，结果表明，喷施药剂处理区对叶斑病都具有一定的防治效果和增产效果，醚菌酯施3次发病率最低，苯醚甲环唑施3次的防治效果最佳，百菌清施3次药的增产效果最高。

（5）使用土壤消毒剂。江西省南昌市农业科学院研究表明：施用土壤消毒剂生石灰1 125kg/hm²、20%五氯硝基苯粉剂24kg/hm²、70%敌磺钠可湿性粉剂24kg/hm²、50%多菌灵可湿性粉剂3kg/hm²均可以提高连作花生的成苗率，降低花生生长期内叶斑病和锈病的发病率，增产达到极显著水平，其中以五氯硝基苯的增产幅度最大，生石灰次之。

据栖霞市农业技术推广站试验，将冬深耕、增施肥料、覆膜栽培、选用耐重茬品种、防治线虫和叶斑病五项措施组装配套改治连作花生，花生荚果产量较习惯种植法增产179.5%，改变或减去一项或两项措施，增产幅度则显著降低。

2. 采用土层翻转改良耕地法

土层翻转改良耕地法是将原地表向下0~30cm的耕层土壤平移于下，将其下7~15cm的心土翻转于地表。并增施有机肥，翻转后耕层土壤施速效肥料。

土层翻转改良耕地法既加厚了土层，又改变了连作花生土壤的理化性状，为连作花生生长创造了新的微生态环境，同时减轻了杂草为害和叶斑病的发生，使连作花生产量大幅度提高。山东省花生研究所在连作7年花生的田块上试验，翻转深耕50cm，花生荚果产量较常规耕深20cm增产29.6%，花生生育期田间杂草数量减少336.5%，花生网斑病发病时间推迟，病情指数降低，较常规深耕30cm增产12.75%，花生生育期田间杂草数量较常规耕深20cm减少131.2%，较常规深耕30cm减少92.3%。

土层翻转改良耕地法是将一定厚度的耕层下土壤翻转于地表，实施时应在冬前进行，并严格注意土层过浅和心土过于黏重的地块不宜采用该法。部分生土翻转于地表，耕层土壤肥力有所降低，根瘤菌数量有所减少，花生播种时应增施适量速效肥料，并接种花生根瘤菌，以促进花生前期生长。

3. 实行模拟轮作

模拟轮作是利用花生收获后至下茬花生播种前的空隙时间，播种秋冬作物，通过生长着的秋冬作物所分泌的可溶性有机化合物和无机化合物，影响和改变连作花生土壤微生物的活动，并于封冻前或翌年早春对秋冬作物进行翻压作为绿肥，进一步改善连作花生土壤微生物类群的组成，使之既起到轮作作物的作用，又不影响下茬花生播种，同时改善土壤肥力。由于所播秋冬作物没有成熟收获，故称为模拟轮作。

山东省花生研究所在连作4年花生的田块上进行了试验，发现以小麦、水萝卜作为模拟轮作作物解除花生连作障碍的效果较好（表4-9）。可有效促进连作花生的植株生育，提高连作花生的总生物产量和荚果产量。连作花生收货后于9月下旬播种小麦，11月下旬翻压，翌春5月初再播种花生，花生的主茎高、侧枝长、总分枝数、单株结果数、饱果数均显著超过连作对照，接近或超过轮作对照，花生的总生物产量和荚果产量较连作对照分别增产23.98%和25.1%，较轮作对照分别增产7.9%和15.0%。播种水萝卜的效果仅次于小麦，花生的总生物产量和荚果产量较连作对照分别增产23.22%和21.20%，较轮作对照分别增产7.23%和11.40%。

表4-9　不同模拟轮作作物解除花生连作障碍的效果（封海胜等，1996）

轮作作物	植株性状				总生物产量			荚果产量		
	主茎高（cm）	总分枝数（条/株）	单株结果数（个/株）	单株饱果数（个/株）	（g/盆）	较连作（±%）	较轮作（±%）	（g/盆）	较连作（±%）	较轮作（±%）
小麦	21.8	12.3	26.8	10.1	117.1	24.0	7.9	66.8	25.1	15.0
菠菜	23.5	11.3	23.3	10.0	112.3	18.9	3.5	61.0	14.2	5.0
油菜	23.3	11.3	26.0	7.8	110.3	16.8	1.6	62.5	17.0	7.6
水萝卜	22.3	11.3	24.3	9.1	116.4	23.2	7.2	64.7	21.2	11.4
连作CK$_1$	20.6	10.4	24.6	7.0	94.5	—	-12.0	53.4	—	-8.1
轮作CK$_2$	22.6	11.0	25.9	9.4	108.5	14.9	—	58.1	8.8	—

河北省农林科学院研究认为，华北花生冬闲田以开沟条播种植二月兰、黑麦草为宜。翻压后，可显著增加后茬土壤有机质含量和速效养分含量，能有效增加土壤养分供应。

为确保模拟轮作的效果，必须选择好模拟轮作作物，一般以小籽粒的禾本科作物和十字花科作物为好，掌握好模拟轮作作物的播种、翻压时间，播种应在花生收获后抓紧时间抢播，翻压应在封冻前或早春进行。播种方式以撒播和窄行密植为好。翻压时应增施适量速效氮肥（72kg/hm²尿素），以促进模拟轮作作物植株残体的分解。

4. 土壤微生物改良剂

在连作花生土壤中直接施入有益微生物制剂或施入能抑制甚至消灭土壤中有害微生物而促进有益微生物繁衍的制剂，使连作土壤恢复并保持良性生态环境，是解除花生连作障碍最有效的途径。

山东省花生研究所研制了一种具有生物活性的微生物制剂，在连作4年花生的土壤连续进行了3年盆栽试验，取得了较为理想的效果，施用该制剂的处理，花生植株性状、总生物产量和荚果产量均较连作对照显著提高和增加，接近或超过轮作对照（表4-10）。

表4-10 微生物制剂解除花生连作障碍的效果（封海胜等，1996）

处理	植株性状					
	主茎高 （cm）	侧枝长 （cm）	分枝数 （条/株）	结果数 （个/株）	饱果数 （个/株）	百果重 （g）
微生物制剂	24.5	27.5	10.4	20.5	6.5	227.7
连作CK$_1$	21.2	24.5	9.8	16.9	5.6	214.7
轮作CK$_2$	22.6	26.4	10.6	19.5	6.8	228.7

处理	总生物产量			荚果产量		
	（g/盆）	较连作 （±%）	较轮作 （±%）	（g/盆）	较连作 （±%）	较轮作 （±%）
微生物制剂	107.2	33.0	10.6	59.5	32.2	4.0
连作CK$_1$	80.6		-16.9	45.0		-20.9
轮作CK$_2$	97.0	20.3		56.9	26.4	

河北省科学院研制了由具有良好亲和性的、T42、Bm-7和Br-5菌株组成的复合生物制剂，并进行田间应用效果试验。结果表明，施入巨大芽孢杆菌Bm-7和根瘤菌Br-5混合制剂、木霉T42制剂、枯草芽孢杆菌BSD-2制剂和由上述4种菌

株组成的复合生物制剂对花生连作病害均有较好的防治作用，均能显著促进连作花生的营养生长和生殖生长。其中复合生物制剂效果最好，不同菌株间表现出相互增效作用，荚果产量增加15.6%～19.1%，提高了田间应用效果的稳定性。

山东省农科院资环所研究认为由黄孢平革菌、细黄链霉菌、多黏芽孢杆菌等组成的微生物菌剂在连作花生土壤上的增产作用最显著，增产率达32.5%。南京农大研究结果显示，施用光合细菌和枯草芽孢杆菌能够在一定程度上提高花生的产量，枯草芽孢杆菌和光合细菌混合施用的增产效果最好，比对照提高了32.1%。

5. 多酚氧化酶

土壤中酚酸类物质的积累是导致花生连作障碍的主要原因之一，真菌漆酶可以有效地转化酚酸类物质，南京师范大学研究结果显示，内生真菌重组漆酶rLACB3在连作土壤修复中具有较好的应用潜力。在花生根际土壤中，500U/kg漆酶处理的可培养细菌、放线菌、固氮菌数量和对照相比分别提高33.0%、37.7%和30.2%，细菌、真菌和固氮菌的Shannon多样性指数比对照分别提高9.0%、17.3%和14.8%，根际土壤中3种酚酸物质香豆酸、4-羟基苯甲酸和香草酸，比对照分别减少41.2%、43.8%和35.9%，花生生物量和结瘤数量比对照分别增加17.9%和17.4%。

第五节　间作套种

间作套种是运用群落的空间结构原理，以充分利用空间和资源为目的而发展起来的一种农业生产模式，也可称为立体农业。一般把几种作物同时期播种的叫间作，不同时期播种的叫套种。间作套种能够合理配置作物群体，使作物高矮成层，相间成行，有利于改善作物的通风透光条件，提高光能利用率，充分发挥边行优势的增产作用。

花生的间作是在同一地块上，同时或间隔不长时间，按一定的行比种植花生和其他作物，以充分利用地力、光能和空间，获得多种产品或增加单位面积总产量和总收益的种植方法。花生间作方式主要有：花生与玉米间作、花生与甘薯间作、花生与西瓜间作、花生与甘蔗间作、花生与棉花间作、花生与油葵间作、花生与谷子间作及果林地间作花生等。花生的套作是在前作的生长后期，于前作作物的行间套种花生，以充分利用生长季节，提高复种指数，达到粮食与油料双丰收的目的。花生套作方式主要以小麦套种花生为主。适度调节玉米和春播花生面积，发展玉米花生间作和小麦花生两熟制生产，是缓解粮油争地矛盾，保障粮油安全的有效途径。

一、间作套种增产原因

（一）充分利用光热资源

花生与其他作物间作，增加了全田植株的密度，叶面积系数也随之增加。单作的同品种作物个体之间的生长状况比较一致，根系分布深度和茎叶伸展高度都在同一水平上，对生长环境的要求和反应也完全一致，因此，其密度和叶面积系数的增加受到较大的限制。间作则不同，花生与其间作作物构成复合群体，彼此间的外部形态不同，植株有高有矮，根系有深有浅，对光照、水分和土壤养分等的需求也不相同，其密度和叶面积系数可以超过单作的限度，从而可以更充分地利用空间，提高光能利用率。套种一般是在年平均气温较低，无霜期较短，自然热量种一季作物有余，种两季作物不足的地区提高复种指数的有效措施，可以充分利用有限的光热资源。

（二）提高土地利用效率

合理间作可以使两种以上植株形态和生育特性有显著差异的作物在同一地块，同一季节良好生育，充分利用了土地资源。套种则可以使原来一年一熟的纯作花生，改为一年两作两熟，有效地提高了复种指数，巧妙地扩大了粮食和花生的种植面积，土地利用率更加提高。

（三）改善作物生育条件

合理间作可改善田间小气候。花生与高秆作物间作，可以改善高秆作物行间的通风透光条件。合理间作可以调节土壤温湿度，提高土壤养分。花生与高秆作物间作，增加了单位面积的种植密度，提高了地面覆盖度，从而减少了地表的直接散热和水分蒸发，土壤温度和湿度有一定程度的提高，这有利于土壤养分的转化、分解及微生物的活动，也有利于根系对土壤养分的吸收和利用。合理套作可以充分发挥肥水等增产措施的作用。花生与其他作物行间套种，两者有一段共生期，特别是大垄麦套种覆膜花生，共生期较长，肥水可以合理运筹，具有一水两用，一肥两用，养分互补，一膜两用的优点。

二、玉米花生间作

花生与玉米间作，曾是中国北方大花生产区20世纪60年代中期到70年代末期的主要间作方式，为增加粮食产量发挥了很大作用，但也造成了花生产量大幅度下滑。自20世纪80年代以来，北方已很少有这种间作方式。花生间作玉米基本分为以花生为主和以玉米为主两种类型。在丘陵旱地，多以花生为主间作玉米，间作方式一般为8～12行花生间作2行玉米，种植花生株数接近单作花生，间作玉米为1.2万～1.5万株/hm^2。在平原沙壤土，则多以玉米为主间作花生，间作方式一般为2～4行玉米间作2～4行花生，种植玉米株数接近单作玉米，间作花生为3万～6万穴/hm^2。不同间作比例玉米、花生的产量均随其实际所占面积的大小呈明显的梯度差，花生产量随间作玉米密度的减少而提高，玉米的产量则随间作花生株数的减少而提高。

由于中国人多地少，粮食安全的压力长期存在，所以说中国不宜以牺牲粮食安全为代价来发展油料作物，这就要求我们走一条具有中国特色的油料油脂供给发展道路。因此，坚持"不与人争粮，不与粮争地"的原则，依靠技术创新，在保证粮食稳产的前提下增收油料，解决粮油争地矛盾，成为同步保障粮食安全和油脂安全的重要途径。

玉米花生宽幅间作种植是在传统间套作的基础上创新发展而来，采用该方式，既充分利用边行优势，实现年际间交替轮作，又达到适宜机械化作业、作物间和谐共生的一季双收种植模式。玉米花生宽幅间作是一种典型的禾本科与豆科间作模式，可充分发挥须根系与直根系，高秆与矮秆，需氮多与需磷钾多的互补效应，具有高产高效、共生固氮、资源利用率高、改良土壤环境、增强群体抗逆性等优点，能充分利用空间和不同层次的光能。大幅度提高资源利用率，土地利用效率、氮肥利用率提高10%以上。自2010年起，山东省农业科学院开展了玉米‖花生宽幅间作种植模式研究，在理论研究、技术创新和配套产品研发方面取得重要阶段性成果。

（一）玉米花生宽幅间作技术创新

（1）研究明确了适宜品种和种植方式。从当前黄淮产区主推玉米花生品种中，筛选出紧凑耐密型、单株产量高、中熟玉米品种'登海605'等，高产、中熟、大果、耐荫花生品种'花育31''花育36''潍花8''潍花16''冀花2'和'冀花4'。高产田（土壤有机质含量1.3%以上）适宜夏玉米‖夏花生2∶4模式，玉米公顷株数6万株，花生12万穴（每穴2粒花生）。中产田（土壤有机质含量在1%～1.3%）适宜夏玉米‖夏花生3∶4模式，玉米公顷株数5.4万株，花生9万穴（每穴2粒花生）。

（2）生产全程基本实现了机械化。按照玉米花生种植模式行比，研发出能同期播种、可调节行株比的播种一体机和分带隔离植保机等田间管理机械，明显提高了农事操作效率，较好的解决了模式农机农艺结合问题。

（3）肥水草田间管理较轻便。肥料使用坚持速效肥与缓释肥配合施用，基肥与种肥结合一次性完成。根据玉米、花生不同需肥规律，研发出了玉米花生间作专用肥配方。田间管理上注意应用精异丙甲草胺、二甲戊灵、乙草胺等适用玉米、花生两种作物的苗前除草剂除草，及时加强水分和病虫害。

主要技术特点：一稳——稳定玉米产量。二增——增收花生及其副产品产量。三改——单一玉米种植改为玉米花生间作；作物群体，一优一劣改为互惠互利；田间配置，窄幅改为适宜机械化的3∶4（玉米花生行比）宽幅间作。四减——减少（轻）病虫害、化肥农药投入、劳动强度和环境污染。五提高——提高（或增加）生态多样性、肥料利用率、土地利用效率及可持续生产能力、机械化水平。

（二）玉米花生宽幅间作技术成效

玉米花生宽幅间作高产高效栽培技术增产增收及生态效果显著，间作玉米产量与当地单作玉米产量相当，间作花生平均亩产150kg左右，较纯作玉米亩增加效益显著。其中，2014年，山东省德州市临邑县德平镇富民农场玉米花生宽幅间作百亩高产示范方专家测产验收亩产玉米514.3kg+花生147.5kg，菏泽市曹县倪集乡地生金合作社玉米花生宽幅间作百亩高产示范方专家测产验收亩产玉米565.9kg+花生122.7kg（表4-11）；2015年，德州市临邑县德平镇富民农场玉米花生宽幅间作百亩高产示范方专家测产验收亩产玉米511.6kg+花生180.8kg，菏泽市曹县地生金合作社玉米花生宽幅间作高产400亩示范方专家测产验收亩产玉米575.7kg+花生150.4kg（表4-12）。玉米花生宽幅间作种植模式稳定粮食产量，增加花生面积和产量，能有效缓解粮油争地矛盾。同时，提供了更丰富的花生蛋白和优质饲草—花生秸，可改善食物结构，缓解养殖业对进口优质饲草的依赖。通过研发播种和田间管理配套机械，基本实现种、管、收全程机械化，缓解农村劳动力紧缺的社会压力，有利于支撑家庭农场及农业专业合作社的健康发展。此外，玉米花生宽幅间作高产高效栽培通过禾本科与豆科作物搭配，实现土地的用养结合，降低N肥施用量，减轻C、N排放，有利于农业可持续发展。

表4-11　2014年各试验示范点测产验收情况汇总（山东省农业科学院，2014）

地点	种植模式	玉米密度（株/亩）	花生密度（穴/亩）	玉米产量（kg/亩）	花生产量（kg/亩）
章丘龙山	2：4，春花生夏玉米	3 593	6 327	565	225
平度	2：4，春花生夏玉米	3 640	7 655	588.6	328.2
高唐	3：6，夏播	2 333	6 571	354.5	288.6
曹县倪集	3：4，夏播	3 575	4 941	565.9	122.7
曹县普连集	3：4，夏播	3 589	5 206	593.8	179.2
临邑德平	3：4，夏播	3 438	4 798	514.3	147.5
枣庄	3：4，春花生夏玉米	3 695	5 779	550.9	227.5
枣庄	3：4，夏播	3 962	5 429	494.1	159.6

表4-12　2015年各试验示范点测产验收情况汇总（山东省农业科学院，2015）

地点	种植模式	玉米密度（株/亩）	花生密度（穴/亩）	玉米产量（kg/亩）	花生产量（kg/亩）
冠县	2：4，夏播	3 698	9 711	604.5	151.6
莒南	2：4，夏播	3 700	9 263	505.0	143.8
平度	2：4，春花生夏玉米	2 696	8 946	360.9	222.2
莱西	2：4，春花生夏玉米	3 310	7 940	523.0	304.3
高唐	3：6，夏播	4 237	9 935	474.0	201.7
曹县	3：4，夏播	3 786	5 128	575.7	150.4
临邑	3：4，春花生夏玉米	2 864	4 865	511.6	180.8

（三）发展潜力

玉米花生宽幅间作种植技术为国家农业发展方式的重大转变提供了技术储备。国务院办公厅（国发办〔2015〕59号）"关于加快转变农业发展方式的意见"提出要大力推广主要农作物轮作和间作套作，科学合理利用耕地资源，促进种地养地结合。重点在东北地区推广玉米与大豆（花生）轮作，在黄淮海地区推广玉米与大豆（花生）间作套作。2017—2019年连续三年被列为农业农村部主推技术。促进了该技术的推广应用。

玉米花生宽幅间作种植技术通过协调作物间的竞争与互补关系，充分利用光、热等自然资源，提高单位面积土地生产力，在黄淮海一年两作区可在保证小麦和玉米稳产高产的同时，增收花生，缓解粮油争地矛盾；增收的副产品花生粕和花生秸均是优质饲料，可有效缓解人畜争粮矛盾；将用地与养地作物结合，利用花生固氮作用实现土地种养结合，是实现种养结合、循环利用资源的较理想种植模式。此外，该模式在中国北方风沙源头，特别是东北玉米产区有较好的"防风固沙"作用。

玉米、花生都属于喜温作物，生长环境条件相似，在全国大面积推广应用"花生玉米宽幅间作高效生态种植模式"是完全可行的。中国现有玉米种植面积约5亿亩，若在40%~50%区域规模化推广应用该模式，在保障玉米产量基本不减和土地面积不增的情况下，可新增花生播种面积1亿~1.2亿亩，新增花生产量2 400万t以上，折合产油超过1 000万t，可大幅提高中国油料自给率。同时，可新增优质花生秸秆2 000万t以上（超过2014年全国苜蓿1 000万t总需求量），能有效缓解中国畜牧业对饲料需求的压力。

（四）瓶颈

多年来，由于缺乏强有力的政策引导和财力支持，存在制约玉米花生宽幅间作种植的大面积应用。技术上也需要进一步解决：一是适合玉米花生宽幅间作种植的耐阴性花生品种缺乏，与间作相匹配的、适合不同区域的矮秆紧凑型或半紧凑型玉米理想品种尚未筛选出；二是适合不同区域与农机配套的、不同品种的栽培技术模式尚未形成；三是玉米花生宽幅间作种植的一体化高效多功能播种、收获和施药机具研发刚刚起步，尤其是玉米、花生收获高效机具和植保机具迫切需要进一步研发、试制；四是玉米花生宽幅间作种植模式下肥水管理、病虫草害发生规律和防治技术还需研究；五是大面积应用上主要是缺乏技术培训与指导、缺乏样板示范，技术到位率低，单产不平衡，特别是规模化花生果收获后烘晒储藏问题需要研究。

三、小麦花生套种

花生传统种植方式为春播，占花生总种植面积的60%～70%。随着中国市场经济的发展和人民生活水平的不断提高，对农产品需求量持续增加与可耕地面积不断下降的矛盾日益突出，因此，在花生主产区适度调节春花生播种面积，发展小麦花生两熟制生产，提高复种指数，能够缓解粮油争地矛盾，实现粮油双丰收，从而保障粮油安全。小麦套种花生，自20世纪80年代以来发展迅速，到90年代末，全国小麦套种花生面积已达100万hm²以上，并对小麦套种花生的生育特点、栽培技术进行了比较广泛深入的研究，探明了小麦套种花生的生育规律，研究创造了麦套花生，小麦、花生双高产栽培技术，培创了大面积小麦、花生双产5 250kg/hm²、6 000kg/hm²丰产田，小面积双产7 500kg/hm²高产田。

（一）小麦花生两熟制限制因素

1. 气候因素

花生生长季节光热不足是限制黄淮海地区小麦花生两熟制发展的最大气候因子。以山东的温度为例，小麦收获期一般从6月上旬至中下旬，如果花生采用麦田夏直播种植方式，花生生长期鲁东一般只有100～105d，鲁西120～125d，生育期内积温鲁东为2 400～2 600℃，鲁西2 800～3 000℃。一般认为高产花生全生育期积温的临界指标为3 200℃，适宜指标为3 500℃。按照这一指标，夏直播花生要获得较高的产量，鲁东、鲁西分别少600～800℃和200～400℃。光热的严重不足，是影响花生产量和效益的最主要因素。

2. 小麦花生争地

一般说来，小麦花生两熟制体系中，前茬小麦高产或多或少会对后茬花生的产量造成一定影响。套种条件下，高产小麦往往群体大，收获晚，对花生遮光程度大且时间长，从而影响花生的生长发育和产量；夏直播虽然不存在遮光问题，但往往因小麦收获晚而缩短花生生长期，并影响最终产量。若小麦行距加大，小麦占地比例减少，对花生的影响减轻，有利于后茬花生高产，但对小麦产量不利。虽然生产中采取了一些补偿措施，如选用大穗型品种，通过肥水合理运筹充分发挥小麦的边行优势，但在多数情况下小麦产量依然低于单作水平。

3. 机械化

长期以来，小麦花生两熟制栽培机械化作业一直处于较低水平。尤其是麦田套种，小麦的收获和花生的播种均不便于机械作业。虽然小麦的播种可以使用机械，但其种植规格多以传统的畦田麦方式为主，不适合小麦花生两熟制双高产栽培的种植模式。因此，目前麦田套种地区小麦和花生的播种、收获基本是人工或使用简单的农具，极大限制了两熟制的推广。虽然山东省花生科研单位先后研制出大垄宽幅麦和小垄宽幅麦小麦播种机和花生套播机的机型，较好地实现了两熟制栽培的机械化作业，但其作业性能仍未达到生产上可以大面积应用的水平。

（二）种植模式改进

山东传统小麦花生两熟制种植方式主要分为麦套和夏直播两大类。麦套又分为大沟麦套种、小沟麦套种、一般等行麦套种、小麦大小行套种等多种方式。随着生产条件的改变和产量水平的提高，这些传统的种植方式在一定程度上限制了花生产量水平的进一步提高。因此，必须对传统种植方式进行适当改进。在鲁东地区将原有的大沟麦畦宽花生套种行由原来的75cm左右放宽到90cm，花生由原来的露地套种改为覆膜套种，形成大垄宽幅麦花生覆膜套种方式（简称大垄宽幅麦）。在鲁西将小麦大小行（行距23～27cm）花生平地套种改为花生起垄套种，形成小垄宽幅麦花生套种（简称小垄宽幅麦），或将小麦行距放宽到30cm等行距（简称等行麦套种）。在鲁中、鲁南将夏直播花生由传统的麦收后平地播种改为起垄覆膜栽培。4种新型种植模式的规格如下。

1. 大垄宽幅麦套种

（1）种植规格。小麦畦宽90cm，畦内起宽50cm、高10cm的花生套种垄，垄沟内播一条20cm的小麦宽幅带。第二年春在垄上覆膜套种两行花生，花生套期同当地春播花生（图4-5）。

（2）优势。花生套种行加宽，小麦对花生遮光的影响减轻，花生套期提前，生育期延长，积温

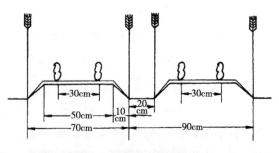

图4-5 大垄宽幅麦套种花生

和光截获总量增加，再加上地膜覆盖的增温、保湿和改善土壤理化性状等效应，花生产量显著提高（表4-13）；小麦占地面积比大沟麦虽有所减少，但由于小麦行距增加，边行优势进一步加大，再加上花生地膜覆盖给小麦带来的一些有利影响，穗粒数和千粒重显著提高，小麦产量与大沟麦相差无几。因此该方式全年效益较大沟麦显著增加。

表4-13 大垄宽幅麦与大深沟麦花生套种行间近地面30cm处小气候比较（王才斌等，1996）

项目	大垄宽幅麦	大沟麦	相差（%）
CO_2浓度（μmol/mol）	312.5	298.2	4.8
光照强度（×10^4lx）	7.6	6.8	11.7
气温（℃）	29.8	28.9	3.1

2. 小垄宽幅麦套种

（1）种植规格。小麦播种时，畦宽40cm，畦内起一小垄，垄底宽30~34cm，垄高12~14cm，沟内播2行小麦，或一条6~7cm的小麦宽幅带。翌年小麦收获前20~25d，在垄上套种1行花生。

（2）优势。花生套种行加宽，花生套期可提前5~7d，生育期和光、温积累量增加，再加上花生由平作改垄作的增产效应，花生产量显著提高；在小麦大小行套种方式中，2行小麦的幅宽为43cm左右，而小垄宽幅麦2行小麦幅宽为40cm，减少3cm左右，但在小垄宽幅麦中，2行小麦的外侧都是花生套种行，边行优势大（表4-14），小麦单位面积穗数与小麦大小行套种方式相近或略低，但穗粒数和千粒重增加，最终小麦产量与大小行套种方式相近。因此该方式全年效益大幅度增加。另外，由于该方式由传统的畦灌改为沟灌，作物水分利用率显著提高，生产成本降低。

表4-14 小垄宽幅麦与小麦大小行播种花生套种行间近地面30cm小气候（王才斌，2009）

项目	小垄宽幅麦	小麦大小行播种	相差（%）
CO_2浓度（μmol/mol）	303.8	291.6	4.2
光照强度（×10^4lx）	6.4	4.6	3.91
气温（℃）	28.4	27.8	2.2

3. 30cm等行麦套种

（1）种植规格。小麦畦宽同当地传统种植方式，畦内小麦30cm等行距播种。次年小麦收获前20～25d，每行小麦间套种1行花生。

（2）优势。花生套种行加宽，花生套期可提前1周左右，光温积累量和生育期增加。小麦边行优势增强，穗粒数和千粒重增加，补偿了小麦因播种面积比例减少所造成的产量损失。

4. 畦田麦夏直播起垄覆膜栽培

（1）种植规格。小麦按照当地高产种植方式进行播种。麦收后起垄，垄距80～85cm，高8～10cm，在垄上覆膜打孔播种2行花生，或播种后不覆膜，待出苗后再覆盖地膜。

（2）优点。一是增加积温。限制夏直播花生产量的主要因素之一是花生生长季节短，光热不足。覆膜栽培可显著增加花生的地积温。山东莱西夏直播花生覆膜栽培全生育期内积温比露栽高104℃，日均高1.0℃（表4-15）。二是提高土壤通透性。花生是地下结果作物，对土壤的通透性要求较为严格。垄作+覆膜栽培有利于花生根系和荚果发育，提高荚果饱满度，进而提高花生产量和品质（表4-16）。

表4-15　覆膜对花生田地温（5cm）的影响（王才斌等，1996）

单位：℃

种植模式	6月	7月	8月	9月
覆膜	24.4	29.5	25.3	19.8
露栽	23.0	26.9	24.9	19.9
日均增	1.4	2.6	0.4	-0.1
累积增	14.0	80.0	12.4	-3.0

表4-16　垄作覆膜对耕作层结构、荚果产量及农艺性状的影响（王才斌，2009）

种植方式	土壤容重（g/cm³）		荚果产量（kg/hm²）	单株果数（个）	千克果数（个）	饱果率（%）	出米率（%）
	0～10cm	10～20cm					
垄作覆膜	1.14	1.45	6 187.5	12.5	512	61.5	66.4
平作露栽	1.39	1.55	5 131.5	10.3	553	55.3	64.8

（三）不同种植模式综合评价

已有种植模式（包括传统和改进的）在不同生态区对现有生产条件和技术措施的适应性的鉴定。1993—1996年在鲁东、鲁西不同生态区域对花生主要种植方式进行了花生最佳种植方式的大田试验，试验设7种种植方式。

大垄宽幅麦套种花生（M_1）：小麦畦宽90cm，畦内起宽50cm、高10cm的花生套种垄，垄沟内播一条20cm的小麦宽幅带。4月25日在垄上覆膜套种两行花生，垄上行距30cm，密度13.47万穴/hm²，每穴2粒（下同），9月5日（鲁西）或7日（鲁东）收获。

大沟麦套种花生（M_2）：小麦畦宽75cm，畦内起宽50cm、高10cm的垄，垄沟内播1行小麦。5月5日在垄上套种两行花生，密度13.68万穴/hm²，9月15日收获。

小沟麦套种花生（M_3）：小麦畦宽45cm，畦内起宽20cm、高10cm的垄，垄沟内播2行小麦。5月15日在垄上播1行花生，密度13.98万穴/hm²，9月20日收获。

小垄宽幅麦套种花生（M_4）：畦宽40cm，畦内起一小垄，沟内播一条6~7cm的小麦宽幅带。5月15日（鲁西）或25日（鲁东）在垄上套种1行花生，密度14.28万穴/hm²，9月25日（鲁西）或30日（鲁东）收获。

一般等行麦套种花生（M_5）：小麦23cm等行距播种。5月20日（鲁西）或31日（鲁东）在每一麦行间套种1行花生，密度14.49万穴/hm²，9月30日（鲁西）或10月5日（鲁东）收获。

小麦大小行套种（M_6）：小麦大小行交替播种。大行距23cm，小行距20cm。5月31日在大行间套种1行花生，密度14.535万穴/hm²，10月5日收获。

畦田麦夏直播花生（M_7）：小麦20cm等行距播种。麦收后起垄，垄距80cm，6月13日（鲁西）或20日（鲁东）在垄上覆膜打孔播种2行花生，密度15.6万穴/hm²，10月5日（鲁西）或10日（鲁东）收获。

其中M_2、M_3、M_5、$M_6$4种模式为传统种植模式。

1. 不同种植方式作物产量比较

从作物产量看，在小麦花生两熟制栽培中，不同种植方式的小麦产量基本随小麦行距的增加而降低，无论鲁东、鲁西，小麦产量均以畦田麦最高，但与大小行和一般等行麦两种方式差异不显著；大垄宽幅麦最低，显著低于其他种植方式。花生产量与小麦产量相反，除春花生外，大垄宽幅麦套种的花生产量最高，大沟麦套种次之，一般等行麦套种和大小行套种的最低，夏直播花生居中。全年总产鲁东、鲁西略有不同。鲁东地区畦田麦夏直播最高，每公顷总产量在12t以上，显著高于其他种植方式。其他两熟制种植方式差异较小，每公顷总产量在11t左右。而鲁西地区小垄宽幅麦总产最高，但与等行麦套种和畦田麦夏直播两种方式差异不显著。无论鲁东、鲁西，一年一季春花生总产均列所有种植方式之末（表4-17）。

表4-17　不同种植方式作物产量（王才斌，2002）

单位：kg/hm²

种植方式	鲁东（莱西）			鲁西（宁阳）		
	小麦	花生	全年	小麦	花生	全年
M₁	5 184.5e	5 860.5a	11 045.0cd	5 241.0c	6 048.5a	11 289.5b
M₂	5 766.0d	5 019.5b	10 785.5d	—	—	—
M₃	6 402.0c	4 632.5c	11 034.5cd	—	—	—
M₄	7 373.0b	4 230.0d	11 603.0b	6 797.5b	5 464.0b	12 261.5a
M₅	7 723.5a	3 277.0e	11 000.0cd	6 913.0ab	5 201.0bc	12 114.0a
M₆	7 826.5a	3 451.5e	11 278.0bc	—	—	—
M₇	7 894.5a	4 347.5d	12 241.5a	7 082.0a	4 934.0c	12 016.0a

注：表中不同小写字母表示0.05水平上的差异。

2. 不同种植方式经济效益比较

不同种植方式小麦、花生单作经济效益高低与各自的产量表现一致。鲁东、鲁西前茬小麦效益均以畦田麦最高，其次为一般等行麦和大小行播种两种种植方式。大垄宽幅麦最低，大沟麦和小沟麦效益略好于大垄宽幅麦，但仍处于较低水平。小垄宽幅麦居中。花生效益大垄宽幅麦套种最高。一般等行麦套种（鲁东）和畦田麦夏直播（鲁西）最低。

不同种植方式全年效益，鲁东地区大垄宽幅麦套种最高，达到15 921元/hm²，其次为春花生和大沟麦套种，全年效益在14 000元/hm²以上。一般等行麦套种和大小行套种较低，效益在12 000元/hm²以下；鲁西地区小垄宽幅麦套种和一般等行麦套种两种方式效益较高，在16 000元/hm²以上。大垄宽幅麦套种和畦田麦夏直播居中，在15 000元/hm²以上（表4-18）。

表4-18　不同种植方式经济效益比较（王才斌，2002）

单位：元/hm²

种植方式	鲁东（莱西）			鲁西（宁阳）		
	小麦	花生	全年	小麦	花生	全年
M₁	2 485.5	13 435.5	15 921.0	2 554.5	13 407.0	15 961.5
M₂	3 195.0	10 879.5	14 074.5	—	—	—
M₃	3 970.5	9 703.5	13 674.0	—	—	—
M₄	5 155.5	8 479.5	13 635.0	4 453.5	12 232.5	16 686.0
M₅	5 583.0	5 581.5	11 164.5	4 594.5	11 430.0	16 024.5
M₆	5 709.0	6 112.5	11 821.5	—	—	—
M₇	5 790.0	8 113.5	13 903.5	4 800.0	10 474.5	15 274.5

3. 小麦花生当季及全年光能利用率比较

不同种植方式前茬小麦单季光能利用率高低与产量一致。在鲁东地区，畦田麦、大小行和一般等行麦较高，光能利用率在1.60%以上，随后为小垄宽幅麦、小沟麦、大沟麦和大垄宽幅麦，光能利用率从1.54%依次降至1.04%；与小麦不同，花生单季光能利用率的高低与荚果产量水平并非完全一致。春花生最高，达到2.23%，其次为大垄宽幅麦，为2.08%，夏直播花生虽然产量低于大沟麦和小沟麦，但其光能利用率却超过了大、小沟麦两种方式列第三位，达到2.00%。在所有种植方式中，一般等行麦套种和大小行套种较低，光能利用率不足1.40%。在鲁西地区，不同种植方式小麦光能利用率与鲁东趋势相似。而花生则不同，夏直播光能利用率最高，达到2.28%，春花生次之，为2.22%，一般等行麦最低，为1.99%。从全年光能利用率看，无论鲁东、鲁西均为小麦花生两熟制>春花生。前者全年光能利用率均在1.60%以上，而后者只有1.05%～1.06%。鲁东地区畦田麦夏直播最高，达到1.84%，其次是小垄宽幅麦套种，为1.76%。其余几种方式的光能利用率均在1.64%～1.68%。鲁西地区以小垄宽幅麦套种最高，随后依次为一般等行麦套种和畦田麦夏直播，但这三种方式差异不大，光能利用率均在1.8%以上。大垄宽幅麦套种最低，但光能利用率也在1.7%以上（表4-19）。

表4-19　小麦、花生当季及全年光能利用率（王才斌，2002）

单位：%

种植方式	鲁东（莱西）			鲁西（宁阳）		
	小麦	花生	全年	小麦	花生	全年
M_1	1.04	2.08	1.68	1.11	2.13	1.71
M_2	1.18	1.84	1.64	—	—	—
M_3	1.32	1.74	1.66	—	—	—
M_4	1.54	1.64	1.76	1.52	2.05	1.89
M_5	1.62	1.30	1.64	1.56	1.99	1.88
M_6	1.64	1.38	1.68	—	—	—
M_7	1.66	2.00	1.84	1.60	2.28	1.85

4. 不同种植方式综合评价

鲁东试验表明，大垄宽幅麦花生套种行较宽，小麦对花生影响小，因而花生可提前至与春花生同期播种，且可充分发挥地膜覆盖的增产效应，在所有两熟制种植方式中，花生产量和全年效益最高，分别达到5 860.5kg/hm^{2}和15 921.0元/hm^2，分别比等行麦提高78.8%和42.6%，是鲁东麦油两熟制较为理想的一种方式。此种方式的不足是小麦产量低，仅为畦田麦小麦产量的2/3左右，全年光能利用率一般。同时，此种方式由于需要在麦行间覆膜播种，加之麦油共生期较长，管理复杂，因而，较其他套种方式田间作业量大，技术要求高。另外，由于小麦播种、收获及花生播种均不能使用机械作业，在一定程度上限制了机械化的发展。

畦田麦夏直播小麦产量和全年光能利用率高，其中小麦产量比大垄宽幅麦增产52.3%，全年光能利用率居首位，达到1.84%，花生虽然播种期较麦套花生晚，但由于采用了地膜覆盖栽培技术，土壤保温保湿和其他理化性状明显好于多数套种花生，因而，其产量明显高于一般等行麦套种和大小行套种。全年经济效益仅次于大垄宽幅麦套种，与小沟麦套种相近。另外，由于该方式小麦与花生没有共生期，前茬小麦和后茬花生均可按有利于各自群体发育的最佳种植方式进行田间安排，小麦播种、收获、花生播种等均可使用机械作业。因而，在机械化程度高，劳力不足的地区，夏直播花生不乏为一种较为理想的种植方式。而大沟麦套种、小沟麦套种、小垄宽幅麦套种、一般等行麦套种和小麦大小行套种五种种植方式虽各有特点，但在产量、效益、光能利用率及田间作业等主要指标上没有明显优势，鲁东地区一般情况下不宜采用。

鲁西试验表明，尽管小垄宽幅麦套种的小麦、花生单作产量不是很突出，但其全年效益和光能利用率高，分别达到16 686.0kg/hm²和1.89%，分别比大垄宽幅麦套种提高4.5%和0.18个百分点，是鲁西两熟制较为理想的一种方式。此种方式的不足是小麦收获和花生播种均不能使用机械作业，花生套种田间作业不便，易造成小麦机械损伤。

一般等行麦套种和大垄宽幅麦套种两种方式无论从全年经济效益，还是光能利用率都不及小垄宽幅麦套种。一般等行麦套种在田间种植和作业等方面与小垄宽幅麦套种属于同一类型，大垄宽幅麦套种田间作业困难、不利于机械作业。因此，此两种方式在鲁西一般不宜采用。畦田麦夏直播花生虽然在产量、全年效益及光能利用率等方面不是很突出，但与其他种植方式差异不大，在劳力紧张、机械化程度高的地区可推广使用。

四、其他间作套种模式

（一）花生与甘薯间作

花生间作甘薯主要有1∶1、2∶2、4∶1、3∶1等方式。无论采用哪种间作方式，均应选用早熟、丰产、结果集中的珍珠豆型花生品种，以便早熟早收，为甘薯后期生长发育创造良好的条件。花生收获后，要加强甘薯管理，保持甘薯垄的原型，以利甘薯膨大。甘薯品种应选用生育期短，能够晚播早收的短蔓型品种。特别是与秋花生间作，由于秋花生播种期受生长季节限制，更应选择生长势强，扦插成活快，生长期短而耐寒性强的甘薯品种，以获得花生甘薯双丰收。

花生与甘薯间作，只要品种搭配合理，技术措施得当，可以获得良好的效果。据原山东昌潍地区农业科学院研究所7处联合试验，采用2∶2、1∶1的间作方式，平均每公顷花生荚果445.5～732.0kg，每增产1kg花生荚果增收2.83～3.63kg甘薯。

（二）花生与西瓜间作

花生间作西瓜是近几年发展起来的一项高效益间作方式。在山东、河南、江苏等省有较大的种植面积。据江苏省赣榆县农业局试验，花生间作西瓜，每公顷可产花生2 250kg，西瓜21 000kg。

花生间作西瓜的种植有4：1和6：2等规格。为保证西瓜和花生双丰收，应于冬前确定间作种植规格，并在种植西瓜处挖50cm深的沟，宽带大于西瓜小行距，挖出的土堆于两沟之间，经过一冬的熟化，早春埋沟并结合施肥，一般每公顷施用有机肥30 000～45 000kg，饼肥1 125～1 500kg，整成缓坡式脊型垄。西瓜应选用早熟优质品种，花生应选用早、中熟高产品种，并可用薄膜拱棚保护地栽培。花生一般于5月播种，播种前应施足基肥。

（三）花生与棉花间作

棉花∥花生不同株行配置有2：2、2：4、2：6、4：2、4：4、4：6、6：2、6：4、6：6。花生种植带与棉花种植带间距为60cm，花生大小行种植，大行55cm，小行30cm，株距15.7cm，双粒播种。棉花大小行种植，大行90cm，小行50cm，株距27.2cm（52 026株/hm^2）。棉花行数相同时，随着花生株行配比增大，棉花、花生单位面积产量逐渐增加；花生行数相同时，随着棉花株行配比增大，棉花、花生单位面积产量逐渐降低。相同株行配比时，土壤含盐量0.35%时，棉花、花生单位面积产量较0.25%含盐量均降低。2种土壤含盐量条件下，当棉花∥花生不同株行配置为4：6时，2种作物幅宽相等，单位面积花生产量较单作降幅较小，分别为5.9%和11.4%，单位面积棉花产量较单作增幅较大，分别为23.2%和16.8%。因此，棉花∥花生4：6等幅间作种植，年际间交替轮作，可作为棉花、花生复合种植技术的最佳株行配置。

（四）花生与甘蔗间作

在四川、广东、福建、广西、江西等省（区）甘蔗产区适合中花生的地块，利用甘蔗春发较迟，前期生长缓慢的特点，在甘蔗的行间间作花生，在甘蔗基本不减产的情况下，可以获得一定产量的花生产量。广东省番禺县甘蔗间作花生，一般每公顷产750kg荚果，四川省宜宾、蓬安等县沿河冲积沙土甘蔗间作花生，一般每公顷产1 500kg荚果。甘蔗间作花生的种植规格有1：1、1：2、1：3等。即1行甘蔗间作1～3行花生。甘蔗行距宜在1m以上。花生应选用早熟高产品种，适时早播，适当增加种植密度。花生播种前要重视基肥，增施磷肥，一般每公顷应施土杂肥3万～4.5万kg，普通过磷酸钙450～600kg。

（五）果林地间作花生

华南各省及四川在柑橘、荔枝、桑树等幼林间作花生，湖南省在油茶林间作花生，都取得了较好的效果。据湖南省长沙县试验，未间作荒芜5年的油茶园，每公顷仅产油茶果577.5kg，不结实率为41.4%，而与花生间作的油茶园，每公顷产油茶果2 257.7kg，产量增加了3倍，不结实率下降到13.5%。

一般情况下，幼林间作花生，边行花生可距树干35~70cm，成林间作花生，边行花生可距树干70~100cm。间作花生的种植密度因土壤肥力、花生品种而异，一般行距26~40cm，穴距为16~20cm。

（六）花生与芝麻、油葵、谷子等作物间作

芝麻和花生是经济效益和营养价值均较高的油料作物，也是中国重要的经济作物。芝麻和花生高矮搭配，可提高通风透光性并且可减肥减药、减少病虫害（高树广，2018），芝麻花生4：4模式在实现增产增效的同时解决芝麻、花生连作障碍的问题（梁满等，2020）。盐碱地严重影响作物生长，而油葵具有很强的耐盐碱能力，孟维伟（2019）研究了盐碱地油葵花生宽幅间作耐盐丰产栽培技术。在黄河三角洲滨海盐碱地区，推广谷子花生2：2间作种植模式利于提高土地生产力，从而促进作物高效共生、盐碱地改良利用和生态可持续发展（刘柱等，2019）。

五、间作套种应注意的问题

间作和套种是花生与其间作套种作物在整个生育期或某一生育阶段在田间构成符合群体，它们之间既有相互协调的一面，也有相互矛盾的一面，处理不好或条件不具备，不仅不能增产，而且还会减产，因此，在实行间作套种时应注意以下几个问题。

（一）选择适宜的作物和品种

在作物品种选择上，要从有利于通风透光，有利于肥水统筹，有利于时间和空间的充分利用等方面全面考虑，尽量克服间作套种作物共生期间相互矛盾的一面，充分利用和促进其互相促进和协调的一面。一般掌握在株型上高秆作物和矮秆作物配置，植株繁茂和植株收敛的搭配，以便增加密度仍有良好的通风透光条件；在叶型上做到尖叶与圆叶搭配，尖叶指禾本科作物，圆叶指花生，以便养

分统筹互补；在根系分布上要深根与浅根搭配，以便合理利用土壤的水分和养分；在生育期上要生育期长的与生育期短的搭配；在熟性上要早上早发的早熟作物与晚生晚发作物搭配以充分利用空间和时间。在品种的选择上，要注意间作套种作物间互相适应，互相照顾，花生品种应选用耐阴性强，适当早熟的高产品种，与其间作套种的作物要选择株型不太高大，收敛紧凑，抗倒伏的品种。

（二）确定合理的种植规格和密度

合理的间作套种种植规格是能否发挥复合群体在充分利用光、土地资源的同时，解决间作、套种作物间的一系列矛盾的关键。只有间作套种种植规格恰当，才能既增加间作套种作物密度，又有较好的透风透光条件，既便于间作套种作物田间管理，又能发挥其他技术措施的增产作用。如花生间作玉米，由于玉米植株高大，叶展较长，需要氮肥较多，对花生生育影响极大，在低肥力地块，整个花生带的长相呈凸形，越靠近玉米植株越矮，在高肥力地块，整个花生带的长相呈凹形，越靠近玉米植株越高。据山东省花生研究所考察，靠近玉米的第一行花生单株结果数仅为纯作花生的55.6%，单株饱果数仅为纯作花生的44.1%。所以4～10行花生间1～2行玉米的种植规格，对花生的产量影响较大，间作得不偿失。只用采用12行以上花生间1～2行玉米，且选用矮秆，叶片上举紧凑型玉米品种，间作才有一定的效益。

密度是合理的间作套种种植规格基础上取得双高产、高收益的中心环节，密度不当，不能发挥间作套种的增产作用。尤其是花生的种植密度，应根据间作套种方式及种植规格，尽量加大种植密度。

（三）相应的栽培管理技术

间作套种要获得成功，必须根据间作套种方式及各种种植规格，采取相应的栽培管理技术。重点是整地改土、水肥管理、间作套种时期、田间管理等方面。每种方式和规格均有其独特的关键技术。如丘陵地花生间作玉米，在冬前根据种植规格挖好玉米抗旱丰产沟是减少玉米对花生的影响，获得间作玉米丰收的一项关键技术；花生间作西瓜，冬前挖好西瓜移栽沟是获得西瓜丰收的主要措施；普通畦田麦套种花生，适时套种，合理密植，麦田增肥，花生追肥，适时控制花生徒长则是获得套种花生高产的几项关键措施。各地在引进或采用新的间作套种方式时，均要根据当地的自然资源和栽培条件，对栽培管理技术进行试验，创立一套适用于当地条件的栽培管理技术。

第五章　中国花生主产区主要种植制度

第一节　黄河流域花生区主要种植制度

黄河流域花生区包括山东、天津的全部，北京、河北、河南的大部，山西南部，陕西中部以及苏北、皖北地区，是全国最大的花生产区。本区种植面积最大、总产量最高，花生种植面积和总产均占全国的50%以上。本区气候条件和土壤条件比较优越，花生生育期间的积温在3 500℃以上，日照时数一般在1 300～1 550h，降水量在450～900mm，种植花生的土壤多为丘陵沙土和河流冲积平原沙土。种植制度有一年一熟、两年三熟和一年两熟制，河南省一年两熟制的麦田套种花生和夏直播花生面积已达到花生总面积的80%。本区宜种植普通型、中间型和珍珠豆型品种。

根据主要生态条件和栽培制度等的差异，本区域为4个亚区。

山东丘陵花生亚区：地处山东半岛和鲁中南丘陵，包括烟台、威海、青岛、潍坊、临沂、日照等市。花生种植面积和总产分别占全国花生种植面积和总产的12%以上，单位面积产量很高，是中国传统的花生出口基地。种植制度多为两年三熟，部分一年一熟。

华北平原花生亚区：地处燕山以南，太行山以东，东北至渤海湾沿岸，西南以黄河为界。包括北京、河北大部，山东西部，河南北部，天津全部。花生种植面积和总产分别占全国花生种植面积和总产的15%以上。种植制度多为一年一熟，少部分两年三熟。以春花生为主，近年来麦套和夏播花生发展较快。

黄淮平原花生亚区：本亚区东起连云港，西至伏牛山东南侧，南以淮河为界，北至黄河南岸。包括淮河干流的苏北、皖北以及鲁西南和豫东南地区。花生种植面积和总产分别占全国种植面积和总产的17%左右。种植制度以两年三熟和一年两熟为主，麦套花生较为普遍，也有部分春播、夏直播花生。近年来麦茬、油菜后作花生有所发展。

陕豫晋盆地亚区：本亚区东部与华北平原花生亚区和黄淮平原花生亚区的北界相连，西北至黄土高原花生区南界，南部和东南部至秦岭和桐柏山。包括山西南部、河南西部和陕西中部。花生种植面积和总产分别占全国2%左右，单位面积产量较低。本区域以麦套花生为主，亦有部分春花生和夏直播花生。

一、山东省花生种植制度

（一）生产概况

山东省2018年种植面积695.3khm²、单产4 411kg/hm²、总产306.7万t。山东省16个市（地）均有花生种植，主要集中于胶东、鲁中南山区、鲁西南及鲁西沿黄地区。以胶东种植面积最大，年种植面积约占山东省种植面积的38%；鲁中南种植面积约占山东省种植面积的27%，鲁西南及鲁西沿黄地区种植面积约占山东省种植面积的20%；另分散于鲁北等其他地区，总计约占山东省种植面积的15%。

1. 花生生产技术日趋完善

（1）更新良种，为花生生产发展打下坚实基础。1949年以来，山东省花生品种曾经历多次彻底更新，以鲁花系列品种（'鲁花9号'至'鲁花15号''8310'等）为代表发挥了重大作用。"十五"以来，山东省花生品种选育与推广发展很快，审定、登记了一批新品种。

（2）普及地膜覆盖技术，为提高花生产量奠定了坚实基础。采用该项技术，花生可增产15%～30%。目前，山东省花生覆膜栽培有7种模式，并在应用范围、高产栽培、机械化栽培和地膜类型等方面都有重大突破，覆膜栽培已成为山东省花生应用面积最大的一项实用技术。

（3）麦油协调发展，增加麦油整体经济效益。从"八五"开始，在胶东半岛大面积推广大、小垄麦套花生，在鲁南大面积推广夏直播花生，并大力推广了小麦、花生一体化无公害栽培技术，实现了高产、优质、高效的"两高一优"推广目标。据试验，一般小麦、花生一年两熟比一季春花生增加产值35%以上。

（4）完善配套技术，提高花生种植效益。以建设优质、高产、稳产田为基础，技术上不断创新，摸索出许多花生优质、高产、高效的配套技术。如中低产田开发、配方施肥和病虫害综合防治等配套技术。这些技术的综合运用，为山东省花生生产持续发展做出了贡献。

2. 花生质量进一步提高

（1）引进国外优质花生种质资源，培育出更适合出口的花生新品种。进入21世纪，山东省先后培育出适合出口的'丰花2号''花育23号'和'青兰2号'等小花生新品种及'花育22号''丰花3号'和'潍花8号'等大花生新品种，对提高山东省花生品质与质量，增强市场竞争力，意义重大。

（2）研究推广了花生安全生产关键技术，解决了影响出口的主要问题。中国花生质量安全问题主要表现在农残严重和黄曲霉毒素污染。通过原农业部948等项目，对影响花生出口农残和黄曲霉毒素超标问题进行攻关，目前已初步解决了中国出口花生品质不高、农残和黄曲霉毒素超标等影响花生质量和价格的问题。

（3）重点推广了无公害和绿色食品花生栽培技术。通过对推广无公害和绿色食品高产栽培技术的推广，取得了显著的经济效益和社会效益。

（4）积极推进专用花生标准、区域化栽培。为解决花生栽培技术不到位和花生生产水平不均衡的问题，山东省加大了标准化栽培技术推广的力度，并根据不同地区的地理、生态、土壤、经济条件，确定适宜的发展方向，配置适合的品种，实现了按用途区域化种植。区域内保证品种统一，确保商品花生的品种纯度高、一致性强，具有较强的商业竞争力。花生标准、区域化生产的实施，进一步提高了山东省花生产量和质量。

3. 生产经营由粗放型向集约型发展

山东省花生总产的增加，经历了一个由依靠扩大面积的粗放式经营到依靠提高单产的集约式经营的转变过程。在增加总产中，大约有61%依靠单产提高，约有39%依赖面积的扩大，尤其是1993—1996年在面积基本稳定的情况下，平均单产达240.8kg/亩，比1984—1992年单产增加59.8kg/亩，总产增加20%，年均增加6.2亿kg，扭转了长期以来主要是依靠扩大面积增加总产的局面。到"九五""十五"和"十一五"期间，总种植面积分别是85.50万hm^2、94.40万hm^2和80.56万hm^2，总产分别是306.6万t、356.8万t和337.6万t，平均单产分别是244.2kg/亩、252.2kg/亩和279.4kg/亩。近年来，种植面积较为稳定约70.0万hm^2。

由于花生比较优势日益突出，花生种植者的积极性的提高和农业产业结构的调整，花生种植面积、总产和单产较以往均有所增加，其中产量提高的关键因素是花生新品种的更新，新的花生栽培技术的集成、推广应用，使花生的生产管理更加精细和规范。花生机械化施肥、播种、覆膜和收获，进一步推动了花生生产管理的集约化和经营的规模化。

（二）自然生态条件

农业自然生态状况的优劣，是花生生产的物质基础，也是花生种植区划的根本依据。

1. 热量

热量资源是影响花生生育与产量的主要因素之一。山东省日平均气温稳定超过15℃的初日在5月上中旬，终日在10月上中旬，≥15℃期间的日数，山东省为150d左右，这一期间是适于花生生育的时期。山东省≥0℃的平均积温在4 200～5 100℃，其保证率80%的积温分布，以鲁西南、鲁中南南部为最高，在5 000℃以上，自西向东逐渐减少，以胶东半岛东端最低，为4 200℃，保证率80%、≥10℃的积温分布，以鲁西南、鲁中南南部最高，为4 500℃，胶东半岛东端及栖霞、海阳一带最低，为3 800℃，其他地区多在4 000～4 400℃。保证率80%、≥15℃的积温分布，山东省以鲁西南及济南地区最高，为3 900℃，胶东半岛东端最低，为3 200℃。

山东省各地年平均无霜期为180～220d，历年平均初霜期多在10月20—25日，以胶东半岛东端、鲁西南出现较晚，在10月下旬末。历年平均终霜日期一般在3月底至4月上旬末，但最晚出现日期，鲁西南及鲁中南南部多在4月21日左右，鲁中南山区及莱阳、莱西、昌邑、胶南一带，在5月5日左右，其他地区多在4月10—20日。山东省最热月一般在7月，平均温度最高多在24～26℃，胶东半岛东部因受海洋影响，最高值出现在8月。山东气温的日较差较大，除沿海地区为7～10℃外，其余各地区多在10℃以上，鲁北地区最大在12℃以上，日较差大，白天温度较高，同化作用加快，夜间温度较低，呼吸作用减慢，有利于花生同化物的积累与转化。

2. 光能

山东全省年日照时数为2 300～2 900h，年日照百分率为50%～65%，光照充足。其分布特点是由东南向西北逐步增加，高值产区年日照时数为2 700～2 900h，日照百分率为60%～65%，低值产区年日照时数为2 300～2 500h，日照百分率为50%～55%，其他地区日照时数为2 500～2 700h，日照百分率为55%～60%。

山东省年太阳辐射总量在481～544kJ/（cm²·年），其分布趋势与年日照时数分布规律一致。花生生产季节，各月太阳总辐射量以5—6月最高，为54～67kJ/（cm²·年），7—8月虽值盛夏，但由于处在雨季高峰期，云量多，日照少，使太阳辐射减少，仅为42～58.6kJ/（cm²·月），9月大部地区为42kJ/（cm²·月）左右。

3. 降水

自然降水是作物水分供应的主要来源，山东省平均降水量在550～950mm，以鲁中南南部和鲁东南沿海地区降水最多，在850mm以上，由东南向西北逐渐减少。年降水量相对变率在15%～20%，鲁西北地区相对变率最大为30%左右。历年降水平均绝对变率，山东省各地都在100mm以上，季、月降水相对变率更大，旱涝现象时有发生。山东省一年四季的降水分布情况很不均匀。

4. 土壤

山东全省土地总面积15.7万km²，耕地面积为685.23万hm²，耕地垦殖率高达43.7%，是全国耕地面积最大垦殖率最高的省份之一，全省可开发利用的耕地后备资源较少。

山东是中国花生生产大省，花生种植遍及全省各地，主要分布于胶东丘陵、鲁中南山区和鲁西、鲁北平原区。种植花生的土壤多为花岗岩和片麻岩风化而成的粗沙和沙砾土及河流冲积的沙土。土壤类型主要有潮土、棕壤、褐土、沙姜黑土和盐土，其中潮土约占耕地总面积的39.5%，棕壤约占29.2%，褐土约占21.2%，沙姜黑土约占4.5%，盐土约占3.9%，除盐土外，其余土壤类型均有花生栽培，适于种植花生的耕地约有240万hm²。

土壤养分状况总体是有机质偏低，氮素不足，严重缺磷，微量元素缺乏，花生田养分更趋偏低。

（三）机械化程度及土壤耕作

山东省花生主要分布在丘陵山区，种植比较集中，几个主要产区种植面积约占耕地面积的1/3或1/4，个别的乡镇占耕地面积的一半以上。长期以来，花生生产从播前耕作到收获及下茬作物的土壤耕作，基本上是传统的人、畜操作，工作效率低，劳动强度大，作业质量差。20世纪80年代山东省从花生土壤的深耕、播种、收获、摘果、脱壳等生产环节进行了试验研究。同时借鉴国外先进农机生产实践经验，为花生生产实现机械化进行着不停地探索、研发工作。30多年的推广实践证明，机械化在花生生产中作用显著。

1. 大大减轻劳动强度

花生生产的各个环节以人工操作为主，不但效率低，而且劳动强度大，经常延误农时季节，影响了产量和效益。近年来花生机械化程度大幅度提高，进一步促进了农村剩余劳动力的转移。尽管花生生产的综合机械化水平还很低，但是无论是机械拥有量还是作业面积都走在了全国前列，已经大幅度降低了劳动强度。

2. 大幅度提高劳动生产率

花生在整个栽培过程中，播种、收获作业费工最多，约占花生栽培过程中用工数的60%。实行机播可比犁开沟人工点播提高工效40倍以上；机械收获比人工镢刨可以提高工效30余倍。因此，实现播种、管理、收获机械化，既可以抢抓农时、节省劳力，而且降低因人工操作造成的损失。

3. 显著提高花生产量

在同样的土地、栽培方法和田间管理情况下，实行机耕、机播、机械收获，比用畜力耕地、人工播种和收刨增产20%~30%，每公顷也要损失150~225kg。而用机械收获就可以达到不掉果，捡拾干净，每公顷可以减少150~225kg的损失；机耕较深，耕耙及时，翻土碎土性能良好，耕层疏松，为花生的生长发育创造了良好的基础条件；花生机械播种均匀一致，覆土及时，镇压效果好，出苗齐整而苗壮，且能保证足够的密度，增产效果明显；机械覆膜地膜拉得紧铺得平、封得严，出苗效果好，保墒保湿明显。

（四）主要的熟制及分布

山东省栽培的花生品种20世纪50年代以普通型大花生为主，60—70年代以珍珠豆型品种为主，80年代以来以中间型大花生为主，部分为普通型品种和珍珠豆型品种。种植制度60%为两年三熟制。

根据全省的自然生态条件及花生分布情况，花生集中分布于三个产区。

1.胶东丘陵区

主要包括青岛、烟台、威海市的全部及潍坊市的部分县（市），为山东省的主要花生产区。种植面积占全省总面积的近40%，总产占全省总产的42%。以春花生为主，部分麦田套作花生。

2.鲁中南山区

包括临沂、日照市的全部和泰安、济宁、淄博、济南市的部分地区，种植面积和总产均占全省总面积和总产的30%左右。种植花生的土壤类型比较复杂，既有山岭梯田、河床沙地，也有风沙地。以春花生为主，部分麦田套作和夏直播花生。

3.鲁西、鲁北黄河沙土区

包括聊城、菏泽、德州、济南、滨州等市（地）的全部及淄博、济宁、枣庄等市的部分地区，种植花生的县（市）主要有莘县、冠县、阳谷、鄄城、单县、巨野、东明、曹县、东昌府区、惠民、阳信、齐河、高青等。种植制度多为一年两熟制，以麦套和夏直播花生为主。

（五）主要的种植制度

1.主要花生产区种植制度的变化及发展

随着农田基本生态条件的改善，栽培技术的创新，早、中熟高产品种的选育及推广，中国花生的种植制度，自新中国成立之后至今70年来，有了很大的变化和发展。山东省花生种植制度也有相应较大的变化，主要表现在3个方面。

（1）一年一熟制向多熟制发展。20世纪中叶，山东花生几乎全部种植在丘陵山区旱薄地或土质较差的沙地。这些土壤土层浅、土质差、肥力低、保水保肥能力差，只能种植抗旱耐瘠的花生或甘薯等作物，种植制度是一年一熟制。20世纪50—60年代，通过整地改土，整修梯田，深耕平整，沙地压土，增施有机肥等措施，使丘陵旱薄地的活土层加厚，土壤肥力提高，保水保肥能力增强，既能种花生，又能种小麦、玉米等作物，花生种植面积也随之扩大。

（2）花生单作向间套、复种发展。过去曾一度出现过仅花生单作的现象，也出现过花生田里盲目间作粮食作物的现象，如花生间作玉米等高秆作物，结果是以粮挤油，导致花生产量大幅度降低。农村实行了联产承包责任制后，花生与其他作物及果林等的间作，逐步走向科学合理化，出现了花生与油、菜、花生与果林，花生与甘薯等有利于产量和效益均提高的间作模式。

为缓解粮油需求及粮油争地矛盾，套种花生得到了迅速发展，套种地区和面积不断增加，模式不断创新，产量和效益不断提高。以山东为代表的北方大花生产区，无霜期较短，采取一年一熟制有余，一年两熟不足，多采取两年三熟制，该产区套种花生发展很快，套种技术也得到了发展、提高和完善。从20世纪60年代到目前，山东省先后研究并推广了（胶东丘陵地区）大沟麦套种花生技术、大垄宽幅麦套花生技术，（有水浇条件的地区）小沟麦套种花生栽培技术、小垄宽幅麦套花生技术，取得了小麦、花生双高产的效果。制定并颁发了《麦田套种花生地膜覆盖栽培技术规程》，麦田套种花生实现了规范化。

随着生产条件的改善，又出现了不少一年三作三收，四作四收等高产高效种植模式。

（3）连作面积有扩大的趋势。进入20世纪90年代，农业生产逐步走向规模经营，以实现规模效益最大化，花生集中产区的面积进一步扩大。但种植花生的田块又多集中于丘陵旱坡地和平原沙土地，导致花生连作面积扩大。目前山东省每年约有13万～14万hm²连作花生，占花生播种面积的20%，且分布极不均匀，在丘陵地区的重点产区乡（镇），连作花生面积占花生播种面积的40%～50%，连作已经成为制约山东省花生持续增产的一项不可忽视的因素。

2. 花生的轮作

花生轮作是将花生与其他几种作物搭配，按照一定的顺序在同一地块循环种植。不论一年一熟制、两年三熟制，还是一年两熟、一年三熟制均可实行轮作。花生与其他作物轮作，对改善农田生态条件、农业持续增产、花生的自身增产和调节农业劳动力等方面均有着非常现实的意义。花生产区的主要轮作方式是春花生→冬小麦—夏玉米（或夏甘薯等其他夏播作物）。春花生种植于冬闲地，可以适时早播，覆膜栽培，产量高而稳定。冬小麦在春花生收获后播种，为获得小麦高产，花生应选用早、中熟高产品种，以保证适时收获，适时播种小麦，使小麦成为早茬或中茬。

3. 花生的间作套种

间作是在同一地块上，同时或间隔不长时间，按一定的行比种植花生和其他作物，以充分利用地力、光能和空间，获得多种产品或增加单位面积总产量和总收益的种植方法。

套作是在前作的生长后期，于前作物的行间套种花生，以充分利用生长季节，提高复种指数，达到粮食与花生双丰收的目的。

4. 花生与粮、菜等作物复种

在同一地块，通过间作套种等方式，形成几种作物的复合群体，达到一年三作三收或四收的目的。这种种植方式可以更充分地利用地力、时间、空间和光热资源，从而较大幅度的提高农业生产的经济效益，是目前人多地少地区发展高效农业的有效途径。

二、河南省花生种植制度

（一）概况

1. 生产概况

河南花生栽培历史悠久，分布广泛。河南是中国花生的主要产区之一，花生更是河南农业的支柱产业。1949年至今，河南花生生产经历了曲折的发展过程，大致可以划分为3个时期：1949—1960年为生产恢复发展期；1961—1980年为生产徘徊期；1981年至今为花生生产的快速发展期。据统计2000—2007年河南年均花生种植面积96.1万hm^2，占全国花生种植面积的20.36%，近年来年超过120万hm^2，居全国第一位，是河南继小麦、玉米之后的第三大作物，是河南第一大经济作物和第一大油料作物。据统计，驻马店、南阳、开封、商丘、新乡5市花生种植面积位居河南省前五位，面积均在6.7万hm^{2}以上；产量超过10万t的市有10个，位居前五位的市依次为南阳、驻马店、开封、商丘、新乡。在河南158个县（市）中，目前花生种植面积超过0.67万hm^{2}的县（市）区有49个，种植面积0.53万~0.60万hm^{2}的县（市）有8个。河南花生种植面积占全省油料作物面积的60%以上，产量占河南油料总产的75%以上，是当地农民的主要收入来源，花生在河南县域经济发展和农民收入增长中起着重要作用。

2. 自然生态条件

河南省花生主要分布于黄河冲积平原区、豫南浅山丘陵盆地区、淮北豫中平原区、豫西北山地丘陵区。种植花生的土壤主为河流冲积沙土及丘陵沙砾土。

该省地处暖温带向亚热带过渡区，气候温和，光热条件充足。年平均气温13~15℃，平均气温≥10℃的积温4 200~5 300℃，无霜期190~230d，年降水量

600～1 200mm，4—10月花生生育期间的降水量占年降水量的80%～90%。年生理辐射总量为230～260kJ/cm^2。

3. 机械化程度及土壤耕作

尽管近几年部分地区春播和夏播覆膜花生的播种覆膜部分实现了机械化，麦套花生在一些地区实现了半机械化，但其作业质量还不能达到应有的农艺标准；花生收获机收获质量相对较低，可操作性有待提高，限制了生产效率和产量的提高，生产机械提升空间很大。

4. 用地养地状况

长期以来，由于大部分花生产区自然条件差，全省花生整体产量水平极不平衡，单产在1 950kg/hm^{2}以下的中低产田面积占60%左右。其特点是耕层浅，土质差，土壤有机质含量低，保水保肥能力差，严重影响着全省花生的均衡增产。因此，从"七五"末开始，河南省承担了原农业部下达的"花生中低产田增产技术开发"项目，针对全省26.7万hm^{2}花生中低产田的特点，从改良土壤，培肥地力，增强抗灾能力着手，研究推广了一整套用养结合的配套增产技术，使10万hm^{2}低产田单产由1 500kg/hm^{2}提高到2 100kg/hm^2，16.7万hm^{2}中产田产量由1 950kg/hm^{2}提高到2 700kg/hm^2。技术关键主要包括：深耕改土，加厚活土层；轮作倒茬，平衡土壤养分；增施有机肥，改善土壤理化性状；更新品种，实行三剂拌种；密植化控相结合；应用覆膜栽培技术。这项技术的推广，开辟了花生中低产田增产稳产的有效途径，使全省广大花生中低产区彻底摆脱了低产落后面貌，为以后全省花生整体单产水平持续提高打下了坚实基础。同时也促进了荒地荒坡的开发利用，进一步扩大了花生种植面积，实现了生产的良性循环，经济效益、社会效益、生态效益同步提高。

另外，生产实践中调查表明，采取有效措施，处理好花生与粮棉的关系，能够促进粮棉油生产相辅相成，协调发展。一是发挥花生生产的生态效益，利用花生根瘤菌的固氮特性改良土壤，促进一些地区大量垦荒种植花生，使大片荒地变成可耕良田，同时扩大开发了土地面积。二是花生与粮棉间作套种，增加复种指数，增加叶面积系数，提高光能利用率，相对增加了土地面积。三是实行粮棉油轮作倒茬，花生是粮棉最好的轮作对象，花生与粮棉轮作，有利于平衡土壤养分，用地养地，培肥地力。因此，搞好资源配置，合理安排粮棉油生产，稳定花生种植面积，对于更好地发挥自然资源和社会资源潜力，保护和改善生态环境，全面推动河南农业经济发展具有重要意义。

（二）主要熟制及分布

栽培制度以一年两熟制为主，麦套和夏直播花生种植面积占总面积80%以上，春花生面积很小。随着花生生产的发展，粮油争地矛盾日益突出。为进一步提高复种指数，促进粮油生产同步发展，"七五"期间河南省研究推广了夏花生配套栽培技术（包括麦垄套种花生和夏直播花生），改一年一熟的春播为一年两熟的夏播，促使全省花生种植面积迅速扩大，花生面积由20万hm²猛增到40万hm²，花生单产也由1 500kg/hm²提高到2 100kg/hm²左右，实现了粮油双增收。1985年以后，夏花生面积发展到占全省花生总面积的90%左右，小麦花生一年两熟成为广大粮油集中产区主要种植制度。

河南是中国南北两大花生产区的过渡地带，品种类型丰富，京广线以西、沙颍河以南以种植小果型花生为主，珍珠豆型品种是该区的主要栽培品种，麦垄套种、夏直播是该区的主要栽培方式，春播仅分布在丘陵旱薄地，该区主要包括驻马店、信阳、南阳、洛阳、三门峡、焦作等市；京广线以东、沙颍河以北以种植大果型花生为主，普通型、中间型品种是该区的主要栽培品种，麦垄套种是该区的主要栽培方式，黄河故道及滩区春播花生有一定面积，西瓜、花生等间作方式及夏直播也有零星种植，该区主要包括周口、商丘、新乡、开封、安阳、郑州、濮阳等市。

（三）主要的种植模式

1. 两年三熟制

河南省两年三熟制花生以春播花生为主，由于花生是怕渍水、忌连作的作物，因此，要选择地下水位较低、土层深厚、土壤肥沃、排灌方便、且轮作周期1年以上的壤土或沙壤土为宜。先将田土犁翻晒白，清除前茬作物残余的根茎及杂物，达到土壤细碎、畦面平整，使覆盖地膜时能紧贴地面，保证覆膜质量。覆膜栽培的花生全生育期肥料必须于播种前施用，因此，在整地起垄时要一次性施足全部肥料，一般每亩用1 000～1 500kg的家栏肥，碳酸氢铵50kg、过磷酸钙30kg、氯化钾15kg与硼砂1kg混匀后进行撒施。根据膜宽来确定畦宽，一般选用90cm宽的膜，畦面宽60cm，畦沟25cm，畦高10cm。春花生覆膜栽培，长势比较旺盛，可适当稀植。一般每亩种植1万～1.1万穴，每穴两粒，密度控制在每亩种植1.8万～2.0万苗。另外，花生播种后覆盖薄膜前，每亩用乙草胺除草剂200mL，兑水60～80kg均匀喷洒于畦面及两侧，喷雾后立即覆盖地膜，以防除杂草。覆膜时铺膜与压膜相互配合操作，避免拉破地膜。

2. 一年两熟制

河南省花生一年两熟制以麦套和夏直播为主，面积占花生总面积的80%以上。

麦田套种花生要选择中等肥力以上的土壤，需前茬深耕。播种时间一般选择在5月10—16日进行播种，以在5月20日前进行为佳，具体的播种时间应根据当时的天气状况进行灵活掌握。播种密度以在2.8m宽的畦内种植7行花生为佳，每畦垄埂上种植1行。穴距15～17cm，行距33～35cm，种植密度为18.9万穴/hm^{2}左右，每穴播种2～3粒，用种量约为384kg/hm^2。播种的深度应适宜，一般以3～4cm为宜。

夏直播花生要获得高产，应选择土层深厚、有排灌条件、肥力中等或中等以上的土地，并根据土质及肥力情况进行前茬深耕、改土、施肥。麦收后立即贴茬播种，一般播期不晚于6月10日，墒情差时播后立即浇水，保证花生出苗和花期所需水分。一般采用"两垄靠"的种植方式，折合行距30～35cm，株距16～18cm，早熟珍珠豆型品种的种植密度为12 000～13 000穴/亩，每穴2粒；大果品种种植密度11 000～12 000穴/亩，等行双粒穴播。多采用垄作方式，分为单行垄种和双行垄种两种方式。目前正推广花生精播高产节本种植技术，具体做法为：起垄种植，垄距80～90cm，垄面宽55～60cm，垄面上种2行花生，花生采用穴播的方式，每穴1粒种子，若品种采用大果品种，应达14 000穴/亩左右。

三、河北省花生种植制度

河北省地处黄河流域花生产区、黄土高原花生产区和东北花生产区，是中国花生主产省之一。自20世纪80年代以来，随着农业种植结构调整和作物种植结构向质量型和效益型转变，河北省花生生产发展迅速，种植面积和总产量曾经仅次于山东、河南，居全国第三位。

（一）概况

1. 分布区域

花生是河北省第一大油料作物，种植面积和总产量分别占河北省油料作物的65%和85%以上。2018年种植面积25.81万hm²、单产3 815kg/hm²、总产98.5万t。作为中国花生主产区之一，除张家口、承德高原区外，北自长城内外，南到漳河流域均有种植。主要集中在冀东、冀中和冀南一带，包括燕山、太行山低山丘陵盆地和河北平原区，以及滦河、永定河、老磁河、沙河、滹沱河、漳河等河流泛区，其他地区只有零星种植。

2. 产量构成

河北花生生产在全省农业和全国花生产业发展中占有举足轻重的地位。受自然环境、生产条件、良种及其配套高产栽培技术推广应用等因素的调控，地区间发展差异较大。以保定、唐山、石家庄、邯郸和衡水市居前五位，花生产量总和占全省花生总产的70%以上，其中保定、唐山和石家庄市花生产量分别占全省的20.78%、20.63%和14.49%。

3. 自然生态条件

河北省位于北纬36° 05′ ~ 42° 40′，东径113° 27′ ~ 119° 50′，总面积188km²，属于温带大陆性季风气候。地势西高东低、北高东南低平，高原、山地、盆地、丘陵、平原自西北向东南呈台阶式分布，海拔高度和地理位置形成河北省自然生态格局及其区域分异，影响着温度、降水条件等自然因素组合的差异。全省≥0℃的平均积温2 100 ~ 5 200℃，其中，冀中、冀东平原及燕山、太行山的部分丘陵地带是河北省热量较好的地区。年平均降水量为350 ~ 800mm，多年平均降水量为541mm，居全国第24位。受季风影响，年降水量的80%集中于夏季。

4. 机械化程度及土壤耕作

（1）全省机械化程度。2012年，河北省农业机械总动力1.1亿kW，位居全国第二。实际机耕面积540.2万hm²，占农作物播种面积的61.5%。机械播种面积657.3万hm²，占74.8%。机械收获面积421.0万hm²，占47.9%。

（2）花生机械化程度及土壤耕作。花生生产机械化主要指机械完成花生生产农艺全过程的技术，包括耕整地、播种、铺膜、施肥、田间管理、收获、摘果、脱壳、产后加工等机械化技术。花生生产采用全程机械化作业省工、省力，节本增效，具有明显的经济效益和社会效益。作为花生主产地之一，河北省的农业机械化在全国处于较高水平。在花生生产过程中，耕整、植保和灌溉机械已基本完善，播种和铺膜机械有待进一步提高，收获、摘果、脱壳和产后加工等环节的机械种类少、性能和质量还不能完全满足要求。

5.用地养地状况

（1）土壤质地概况。在花生生产中，土壤状况是决定花生产量高低的前提条件，对花生生产有很大影响。花生根系伸展、荚果发育需要土层深厚、土质疏松、土层结构合理、中性偏酸、排水和肥力良好的壤土或者沙壤土，既有较好的通透性，又有较强的蓄水保肥能力，可以满足花生生长期间土壤和肥力需求，较适宜花生生长。

（2）土壤肥力状况。第二次土壤普查探明了河北省耕地土壤"缺磷、少氮、部分区域钾不足"的养分现状。综合分析土壤有机质、全氮、速效磷和速效钾4个土壤肥力指标，河北省主要土壤类型有机质含量平均为1.15%，全氮含量为0.06%~0.09%，速效磷含量为4.1~9.4mg/kg，速效钾含量为71.7~161mg/kg。全省全氮含量平均为0.073 4%，碱解氮含量平均为57.2mg/kg。

（3）秸秆还田。秸秆是河北平原的重要农业资源，秸秆资源丰富，开发利用潜力巨大。在传统农业生产中，农民已经不再单纯依赖农家肥维持耕地的长期肥力，而转用其他的替代方法，如秸秆还田等，在农家肥施用量减少的情况下补给农田土壤有机质，是改善土壤长期肥力的重要手段之一。

（二）主要的熟制分布及种植模式

河北省种植花生的土壤以河流冲积的沙土和沙壤土为主，少量是丘陵沙砾土。冀东区热量资源一年两熟热量不足，适宜春花生的种植，常年种植面积11.4万hm^{2}左右，占全省花生种植面积的28.5%。特别是从20世纪80年代初花生地膜覆盖栽培技术的应用，使该区的花生面积迅速增加。冀中、冀南区，包括石家庄、沧州、衡水、邢台、保定等市（地）及黄河沿岸的沙土地，年平均气温12℃以上，种植花生的土壤多为较肥沃的沙壤土和壤土，少量黄河泛滥冲积形成的沙土。栽培制度多为两年三熟制、麦田套作花生为主。种植品种多为中间型和普通型中、早熟大粒品种，少量珍珠豆型品种。

1.一熟制春花生

唐山、秦皇岛、廊坊三市和张家口、承德坝下沿长城各县是河北省春花生主要种植区，主要分布在：滦县、滦南、迁安、玉田、乐亭、抚宁、昌黎、霸州、香河、永清、固安、文安、大城、大名、饶阳、新乐、平山等县市。种植花生的土壤主要为平原沙土，土壤瘠薄，肥力较低。年平均气温11℃左右，其积温不足以一年两熟种植，栽培制度多为一年一熟或两年三熟制。种植的花生多为中间型或普通型的中、早熟大粒品种，少量珍珠豆型中粒品种。

春花生有平作和垄作两种模式。平作一般采用等行距播种，在无灌溉条件、土壤肥力低的旱地或山坡地，土壤保水性差，水分容易流失，花生不易封行。采用平作和密植（行距35～60cm），有利于抗旱保墒，争取全苗，并且可以在土地多劳动力少的情况下减少整地工作量。

垄作可以等行距、也可以大垄双行，其中双行垄作种植方式为冀东区春播花生的主要种植方式。冬前或早春适当深耕深刨，对于黏质土壤，可以加适量细沙，改善结果土层的通透性。对沙层过厚的地深翻，在犁底下压10～15cm厚的黏土，创造蓄水保肥的土层。在播前整地时起垄，垄上开沟或开穴播种。做到垄面平整，无杂草根蔸和粗大土块等杂物。日均温稳定通过12℃即可播种，与前作共生期不宜太长。宽行40cm、窄行26cm、退窝20～23cm，每亩播0.9万～1万穴，确保每穴2苗。瘦薄地宜密，肥土宜稀。一般在9月20日初霜时收获。

2. 两熟制花生

两熟制花生种植区域包括保定、石家庄、沧州、衡水、邢台、邯郸各市，年平均气温在12℃以上，热量可以满足春播、夏播花生以及麦套花生的种植。种植品种多为中间型和普通型中、早熟大粒品种，少量珍珠豆型品种。

（1）春播花生。冀中、冀南区春播花生一般采用覆盖地膜的双行垄作种植方式。按地膜宽度开垄，一般按85～90cm起垄，垄高25cm，垄面宽55～60cm，播种2行花生，垄上窄行距25～30cm，可平行或3点种植，垄沟宽约30cm。

根据品种特性和当地气候变化规律，播期在4月20日前后，比当地露地播种提前10～15d。播种时土壤墒情必须充足。播种深度3～4cm为宜。密度应视土壤肥力和品种而定，一般肥力较好的地块，中熟大粒花生每亩应在9 000穴18 000株左右，中早熟中籽粒花生每亩播10 000～11 000穴，达20 000～22 000株，基本控制在15cm×27cm为宜。播种后盖土，做到垄面平整便于盖膜。

覆膜栽培比露地栽培全生育期总积温增加195.3～370.8℃，可提早7～10d收获，增产25%～30%，最多可达40%以上，经济效益可观。但收获时要注意拾净残留地膜，恰当处理，否则会造成对田地的环境污染，对后茬的任何农作物生长都有不利影响。

（2）麦套夏播花生。小麦—花生两熟制栽培是冀中、冀南区夏播花生的主要种植方式之一，有覆膜也有不覆膜。近年来采用地膜覆盖栽培技术的麦田套作花生及带状轮作方式在冀东区发展也较快。不但解决了与粮食作物争地的矛盾，还可使作物充分利用光热资源，提高复种指数，达到了粮油同步高产高效的目的。

夏花生分为夏花生垄作套播和夏花生平作套播两种栽培模式。夏花生垄作套播需要在冬前种麦时，首先起垄，一般垄距为70cm，两垄之间的垄沟内种植两行小麦，行距25cm左右，其他为预留空白地，待翌年开春时再种花生。花生种植前细化平整垄面，垄高8~10cm，垄上窄行距26~30cm，株距22~28cm。夏花生平作套播行距依据小麦行距而定，每两行小麦中间套播1行花生，行距在20~40cm，株距15~25cm；如果小麦采用大小行播种，一般在大行间套播1行花生。如果小麦采用小行等行距播种，可两行小麦间套种一行花生，缩小花生穴距来提高密度，有利于改善花生田间通风透光条件，提高花生的单产。但套播时小麦已经封垄，无法实现机械化播种作业，人工点播也比较困难，除了小地块，适应性比较差。

（3）麦茬夏直播花生。花生夏直播在小麦收获后播种，生长发育迅速，各生育期相应缩短，全生育期一般可以减少到108~115d，是河北省中南部两熟制地区花生生产模式的主导趋势。

为确保夏播花生有足够的生育期，可以选择生育期短的花生品种，在前茬作物收获后抢时整地播种。机械播种时，起垄、播种、施肥、镇压、喷除草剂（覆膜播种时加装覆膜装置）等多道工序一次或多次完成，人工播种可在旋耕后进行点播。垄距80~85cm，垄面宽度50~55cm，垄上播种2行花生。垄上小行距30~35cm，垄间大行距50cm。

当前，河北省花生生产应大力研究推行地膜覆盖、轮作倒茬、平衡施肥、病虫害综合防治等增产技术，同时还应大力发展花生生产机械化作业，减少劳动投入，提高工作效率，逐步实现花生种植从劳动密集型向科技密集型转化。此外，全省各地市还应根据其生态类型、农业生产和经济发展区域性特点，有计划有侧重地发展花生生产。如：冀东花生集中产区要加强立体化栽培研究，充分利用花生矮生、固氮，可与多种植物间套作等优势，缓解粮油争地的矛盾；冀中南平原河泛区要充分利用开荒地大力发展花生、扩大花生种植面积，研究发展完善夏播花生生产技术，大力发展麦套和麦后夏直播花生，提高复种指数，实现粮油双丰收；冀中及京津周边地区，大力推广优质食用型花生品种，针对鲜食花生生产特点，研究开发先进适用高产高效栽培技术，实现鲜食花生良性发展。

第二节　长江流域花生区主要种植制度

长江流域花生区域是中国春、夏花生交作，以麦套、油菜茬花生为主的产区。包括湖北、浙江、上海的全部，四川、湖南、江西、安徽、江苏的大部，重庆西部，河南南部，福建西北，陕西西部以及甘肃东南部，花生主要分布在四川嘉陵江以西的绵阳—成都—宜宾地区一线，湖南的涟源—邵阳—道县一线，江西的赣江流域地区，淮南冲积土地区和湖北的鄂东北低山丘陵地区。种植面积和总产分别占全国花生种植面积和总产的15%。本区自然资源条件好，有利于花生生长发育，花生生育期积温3 500～5 000℃；日照时数一般1 000～1 400h，低的800h，高的达到1 600h；降水量一般在1 000mm左右，最低700mm，最高达1 400mm。种植花生的土壤多为酸性土壤、黄壤、紫色土、沙土和沙砾土。种植制度，丘陵地和冲积沙土多为一年一熟和两年三熟制，以春花生为主；南部地区及肥沃地多为两年三熟和一年两熟，以套种或夏直播为主，南部地区有少量秋植花生。适宜种植普通型、中间型和珍珠豆型品种。

一、安徽省花生种植制度

（一）概况

1.生产概况

花生是安徽省三大油料作物之一，已有400多年历史。花生种植区域主要分布在安徽省自20世纪80年代以来是花生种植面积增加最大的省份之一，1979年全省种植淮河以北，以后逐步南移至长江流域。由于熟期适宜、茬口好、效益高等原因，花生生产呈上升趋势。2002年种植面积28.46万hm^2，单产3 943.5kg/hm^2，总产112.97万t；年总面积、单产和总产分别比1992年上升144.4%、64.3%和305%。近年来种植萎缩，2018年面积14.42万hm^2、单产4 929kg/hm^2、总产71.1万t。花生主要分布于该省长江、淮河及其支流两岸和黄河故道及沙荒地上。种植花生的土壤主要为冲积沙土和沙姜黑土。

2. 自然生态条件

安徽地处南暖温带与北亚热带过渡地区，属亚热带季风季候，气候温和湿润，四季分明，光热水资源丰富且雨热同季，年平均气温14～16℃，由北向南逐步提高，无霜期210～250d，≥10℃的有效积温在5 000℃左右。花生生育期间月平均气温22℃，月平均光照时数160h左右，月均降水量145mm，年降水量700～1 300mm，南多北少，秋季雨水偏少，花生易受秋旱。

3. 机械化程度及土壤耕作

目前在生产上较为成熟的花生栽培技术有垄作栽培技术、地膜覆盖技术、机械化播种技术。淮北花生区基本实现机械化播种，起垄、播种、施药、覆膜一次性完成。配合机械化播种推广的小垄双行栽培，利于排涝、田间管理和收获操作。江淮丘陵花生区大多为宽垄种植，垄宽2m左右，播种多为人工点播。根据不同土壤类型、气候条件采取相应的垄作栽培措施，如AnM形培土法和起垄种植等。推广示范AnM形培土法，克服了中期干旱、果针难以下扎，后期降水多、荚果成熟不一致、易发芽等问题，促进荚果发育整齐，提高产量。

安徽省从1982年开始，在宿县、合肥、除州等地布点进行地膜覆盖栽培试验。经过近20年来的不断发展与完善，该技术从良种搭配、配方施肥、种植密度和化学调控等技术环节实现了综合配套。淮北花生区春花生、夏花生大多采用地膜覆盖技术；江淮丘陵区春花生大多采用地膜覆盖技术。夏花生一般露地栽培。目前采用地膜覆盖技术的花生种植面积约占总种植面积的80%，一般每公顷增产20%～30%，成为安徽省花生栽培的主要推广技术之一。

4. 用地养地状况

根据花生需肥规律、土质、土壤养分含量，各地开展了优化配方施肥试验示范。合肥化肥厂和肥东磷肥厂根据多年研究的配方，生产花生专用肥1 000多t，投入大田生产后，单产3 757.5kg/hm²，较常规施肥每公顷增10%以上。除实施配方施肥外，后期喷施磷酸二氢钾、硼砂的面积达60%以上。并示范了花生根瘤菌、钼酸铵拌种，生物钾肥、生根粉、B_9等技术，累计面积0.7万hm²。据定远县多点花生拌种小区试验、用钼酸铵、根瘤菌拌种和施生物钾肥，单产分别为3 600kg/hm²、3 366kg/hm²、3 225kg/hm²，比对照每公顷增产24.2%、16.0%和11.0%。

安徽省江淮丘陵花生产区花生重茬面积一般都在35%以上，死苗率10%左右，有些年份高达20%，损失很大。近年推广了双油连作（油菜—花生）一年两熟和水旱粮油轮作（小麦—水稻—油菜—花生）两年四熟。淮北花生主产区一般采用小麦（或油菜）—花生—春作物（玉米或山芋）和春花生—冬小麦—夏大豆等两年三熟轮作方式。全省花生死苗率可下降2个百分点，挽回损失2 000万kg。通过合理轮作换茬，药剂拌种等措施，有效抑制了花生枯萎病和花生蛴螬等病虫害。

（二）主要的熟制及分布

栽培制度多为两年三熟和一年两熟制，以春花生和麦田套作花生为主，部分夏直播花生，前茬多为大麦茬，部分油菜茬。种植品种以珍珠豆型中粒品种为主，部分为普通型和中间型大花生。

淮北（包括沿淮）属北方大花生产区，种植制度有春播、夏播、麦套和油菜茬直播等方式，以普通大花生为主，主产区固镇、灵璧、泗县、五河等县，单产3 000kg/hm²左右。淮河以南属长江流域春夏花生交作区，种植制度近年来多为油菜茬后直播，品种以珍珠豆型为主，主产区集中分布在江淮分水岭附近丘岗地带的肥东、定远、凤阳等县，单产2 550kg/hm²。

（三）主要的种植模式

一年两熟制：冬小麦→夏花生；油菜→夏花生（间套作玉米等）。

两年三熟制：春花生→夏甘薯→冬小麦。

两年四熟制：油菜→花生→油菜→水稻（大豆、玉米）。

以上各种种植模式下，花生采取的主要播种方式是垄作和畦作，其中以垄作为主，占总面积的70%左右。垄作主要采取双行垄作的方式，所占比例约为70%。以单作为主，单作种植面积近3年所占比例达95%以上。淮北地区宜种大花生品种，江淮丘陵地区宜种小花生品种。其中，大花生的种植密度一般为9 000穴/亩或18 000粒/亩，小花生的种植密度一般为10 000穴/亩或20 000粒/亩。

不同种植模式下花生的播种日期分别为：春花生为4月中下旬播种，夏花生于6月上旬播种；幼苗期分别为：春花生为4月下旬至5月上旬，夏花生为6月上旬至6月中旬；开花下针期分别为：春花生为5月上旬至6月上旬，夏花生为6月中旬至7月上旬；结荚期分别为：春花生为6月上旬至7月中旬，夏花生为7月上旬至8月上旬；饱果成熟期分别为：春花生为7月中旬至8月中下旬，夏花生为8月上旬至9月下旬。

二、江苏省花生种植制度

（一）概况

1. 生产概况

江苏省种植花生历史悠久，自1981年以来，该省花生种植面积基本稳定在10万hm²以上，2000—2008年，江苏省年均花生种植面积18.68万hm²，占全国总面积的4.0%，列第八位；总产量62.21万t，占全国花生总产量的4.38%，位列第六；单产3 352.5kg/hm²，较全国平均单产高9.70%，列第五位。但近年来花生种植萎缩，2018年种植面积9.84万hm²、单产3 998kg/hm²、总产39.3万t。花生主要分布于该省的徐州、淮阴、扬州、南通等地（市）。种植花生的土壤多为潮土和棕壤，潮土中主要为沙姜黑土。

2. 自然生态条件

江苏是北亚热带气候向南温带气候的过渡地带，全省气候温和，年平均气温13～16℃，无霜期200～250d，年降水量800～1 200mm。花生生育期间热量富裕，光照充足，雨热同期，秋季昼夜温差大，有利于花生干物质形成、积累。4月下旬至10月上旬积温2 840～3 400℃，降水量640～820mm，光照时数1 102～1 358h；6月上旬至10月上旬，积温2 321～2 886℃，降水量510～720mm，光照时数850h左右，均能满足花生对光、温、水的需求。

3. 机械化程度及土壤耕作

目前除了土壤耕翻、起垄、覆膜等环节使用或部分使用机械作业外，江苏花生的播种、收获等主要环节机械化程度有待提升，尤其是花生收获，不仅田间作业时间集中，而且劳动强度大，成本高。较低的机械化生产水平直接影响了花生种植效益的提高。此外，起垄机械标准不统一、垄距偏大、覆膜质量不高等问题也不容忽视。20世纪90年代中期，江苏省花生主产区普遍推广垄作与地膜覆盖栽培技术，取得良好的增产效果。此后由于缺乏必要的技术指导，再加上劳动力转移和劳动力成本的增加，垄作与地膜覆盖栽培技术的到位率不高，直接影响该项高产栽培技术的实施效果。

4. 用地养地状况

按照不与粮争地的原则，江苏花生大多种植在丘陵旱地，土层较薄，肥力不高，重茬比例较高。花生重茬使一些如青枯病等土传病害有逐年加重的趋势；其次，重茬后改变了土壤中的微生物种群结构，导致土壤中某些营养元素缺乏，从而影响花生正常的生长发育。

花生大多种植在丘陵旱薄地、河坡高岸等，茬口较为宽松，基本能做到适期播种。施肥以基施为主，追肥为辅，除泰兴等少量市县花生田施有猪杂灰粪等有机肥以外，其他市县以复合肥或专用肥当家，用量300~600kg/hm²不等，肥料种类单一。

（二）主要的熟制及分布

栽培制度多为两年三熟和一年两熟制。该省北部赣榆、东海、新沂等县（市）多种植春花生。南部的泰兴、江都等市（县）多为麦田套种或夏直播花生。种植品种多为中间型或普通型中、早熟大花生，部分珍珠豆型花生。

太湖之滨、长江两岸是江苏省种植花生最早的地区，据史料记载，15世纪末常熟、苏州等地就有花生种植。随着耕作制度的变革以及品种遗传改良和栽培技术的进步，淮北地区逐渐成为江苏省花生的主产区。根据种植制度、温光条件和土壤类型等特点，江苏分为马陵山丘陵岗地、黄泛冲积平原、沿江高沙土和江淮丘陵岗地4大花生区，其中，前2个属北方花生区，后2个属南方花生区。马陵山丘陵岗地花生区是江苏省的重点花生产区，历史上以春花生为主，近年来夏花生面积不断增加，品种以油用的大花生类型为主。黄泛冲积平原花生区主要与小麦、棉花、玉米等作物轮作，品种也是以油用的大花生类型为主。沿江高沙土花生区历来就是江苏的重点花生产区，主要是大麦（油菜）茬夏花生，品种以食用的小粒花生类型为主。江淮丘陵岗地花生区面积较小，春花生和夏花生均有种植。

（三）主要的种植模式

一年两熟制：春花生→玉米（大豆、水稻）；油菜→夏花生。

两年三熟制：春花生→夏玉米（大豆、水稻）→冬小麦；夏花生→冬小麦→水稻。

两年四熟制：冬小麦→夏花生→冬小麦→夏玉米（甘薯等）。

淮北花生区以垄作为主，约占70%，覆膜比例较高，达90%以上；淮南花生区垄作、平作皆有，以平作为主，约占85%，覆膜面积较小。垄距75~85cm，垄高15cm，每垄种两行。平均行距40cm，穴距18~20cm。泰兴市主要种植中、小花生，中果花生的种植密度一般为9 000穴/亩或22 000粒/亩，小花生的种植密度一般为10 000穴/亩或25 000粒/亩。海门市主要种植小花生，大花生的种植密度一般为8 000穴/亩或17 000粒/亩，小花生的种植密度一般为10 500穴/亩或21 800粒/亩。东海县主要种植大花生，大花生的种植密度一般为8 000穴/亩，小花生的种植密度一般为9 000穴/亩。赣榆县主要种植大花生，大花生的种植密度一般为8 000穴/亩，小花生的种植密度一般为10 000穴/亩。

不同种植模式下花生的播种日期分别为：春花生为4月下旬至5月上旬播种，麦套花生为5月下旬至6月上旬播种，夏花生于5月中下旬播种；幼苗期分别为：春花生为5月中旬至6月上旬，麦套花生为7月中下旬，夏花生为6月上旬至7月上旬；开花下针期分别为：春花生为6月上旬至7月上旬，麦套花生为8月中下旬，夏花生为7月上旬至8月上旬；结荚期分别为：春花生为7月上旬至8月中旬，麦套花生为9月上旬至9月中旬，夏花生为8月上旬至9月中旬；饱果成熟期分别为：春花生为8月中旬至9月中旬，麦套花生为10月中下旬，夏花生为9月中旬至10月上旬。

三、四川省、湖南省、湖北省花生种植制度

（一）概述

1. 生产概况

四川、湖南、湖北三省属于中国长江流域花生区，该产区是中国春、夏花生交作，以麦套、油菜茬花生为主的产区。

四川省2018年种植面积26.35万hm^2，单产2 568kg/hm^2，总产67.7万t。该省花生布局比较分散，分布在19个市（地、州）的137个县（市、区），以内江、绵阳、宜宾、南充等市（地）种植面积较大。

湖南省2018年花生种植面积10.92万hm^2，单产2 609kg/hm^2，总产28.5万t。该省花生主要分布在湘中、湘南丘陵地带及洞庭湖周围和河流冲积沙土地带。湖南花生低产的原因，首先是把花生归入低产作物，科技投入少，良种推广缓慢，如地方品种仍有较大比重；栽培技术上，播期偏晚，大窝稀植，施肥量少甚至不施，地膜覆盖等实用技术未得到推广；此外，花生大多种植在生产条件最差的红黄壤旱地、坡地和开荒地，土壤瘠、薄、板、酸、旱，缺乏灌溉条件。这些是造

成湖南花生单产低、总产增长慢的主要因素，同时也是提高湖南花生单产的突破点。

湖北省花生种植面积自20世纪90年代后期增加较快，1996—2000年，年均种植面积12.90万hm²，2018年种植23.26万hm²，单产3 468kg/hm²，总产80.7万t。该省花生主要分布在鄂东及江汉平原一带，以麻城、红安、大悟、天门、钟祥、荆门、汉川等县（市）种植面积较大。近年来湖北省因地制宜扩大花生种植面积。一是鄂东和江汉平原三熟制地区，大力发展水田地膜覆盖栽培花生，走水旱轮作、用养结合、粮油配套、优质高效持续发展的路子；二是鄂中丘陵、汉水流域，发展油菜、小麦连作夏播花生，尤其是水源不足的地方，调减一部分水稻，发展花生生产，走旱作节水增效的农业发展路子；三是扩大间作套种花生，在棉田推广杂交棉花间套春播花生，每公顷间套播种15万株，充分利用土地和光能，提高单位面积的生产效益。

2. 自然生态条件

四川省气候温和，年平均气温17～19℃，无霜期300～320d。年降水量900～1 200mm，降水较为集中，常出现伏旱和秋涝。日照时数少，盆地内4月中旬至9月上旬的总日照时数仅780～950h。花生多种植于二台以上的坡台地，土质多为紫色土、红壤和黄壤，肥力较低。

湖南省气候温和，年平均气温15～18℃，无霜期240～300d。年降水量1 300～1 700mm，多集中在4—6月。不少地区常出现伏旱和秋旱现象。种植花生的土壤多为红壤和黄壤，部分为沙壤土和稻田土。

湖北省气候温和，年平均气温15～17℃，无霜期210～280d。年降水量800～1 500mm，种植花生的土壤北部多为由片麻岩风化而成的粗沙壤土或沙壤土，南部多为江河冲积沙土及稻田土。

3. 机械化程度及土壤耕作

四川花生大多种植在丘陵坡台地，土地贫瘠，耕作粗放，小春茬口迟播和窄行麦套花生面积大，配套高产栽培技术推广应用缓慢，规范化栽培程度低，受伏旱秋涝等气候条件影响大，导致单产低而不稳。

湖南、湖北大部分花生种植区中，花生种植过程中除翻耕作业使用机械化外，种植、收获基本全靠农民的体力劳动或者畜力来完成。

湖北适宜种植花生的耕地面积有100多万hm²，尤其是汉江和长江流域地区，沙性土壤，土层深厚，有利于花生播种、全苗、早发壮苗和收获。同时，由于在种植结构调整过程中，棉花和早稻两大作物受市场的影响，种植面积将是压缩的趋势，这就为发展花生提供了广阔的空间。

4.用地养地状况

四川省花生所处的生态条件土壤肥力低，90%以上的花生分布在二台以上的坡台地，有机质平均含量0.94%（低级）、碱解氮54.8mg/kg（低级）、速效磷（P_2O_5）15.5mg/kg（中下级），这3个指标分别有100%、97%、84%的地块属极低和中下水平，速效钾（K_2O）相对富足，平均93.8mg/kg，有82%的地块属中等水平。地膜花生和配方施肥，目前覆盖率仅为18%和30%左右。

湖北江汉平原土壤中性偏碱，其中武汉土壤有机质含量较高，沙壤较低，但变异较大；鄂东丘陵地区土壤酸化严重，有机质总体含量相对较高；鄂北岗地土壤偏碱性，有机质含量较低。湖北省的花生养分管理中存在问题主要有：氮肥施用过量、施用时期不合理，抑制了花生的结瘤固氮；磷、钾肥施用过量或不足，不施硼、钼等；没有考虑作物的需肥特点及不同季节之间的肥料分配。同时，地区之间肥料施用差异较大，经济条件较好的地区肥料用量较多，偏远地区肥料用量较少，形成了土壤肥力越高施肥越多、土壤越贫瘠施肥越少的恶性循环。

（二）主要熟制及分布

四川省栽培制度多为一年两熟，以麦田套种花生为主。湖南省多为一年两熟制，以麦田套种花生为主，部分油茶幼林间作和水旱轮作。湖北省多为一年两熟制，部分两年三熟制，以麦田套作和夏直播花生为主，部分水旱轮作田。

（三）主要的种植模式

1.两年三熟制

春播地膜花生，冬季要深耕炕土，播前细耕多耙；夏播花生，在前作收获后及时抢墒深耕，碎垡保墒。按200cm宽定厢，开好"三沟"。施肥应依据土壤肥力和花生需肥规律，做到经济用肥，掌握底肥足、苗肥早、中后期追肥巧的原则。春播露地花生，在地表5～10cm土层温度稳定达到12℃以上时，为适宜播种期，一般在4月上旬；地膜覆盖栽培可提早10d，土壤墒性不足，要采取抗旱播种。夏播花生，要在前茬作物收获后，抢墒整，6月10日前条穴点播，行距28cm，穴距23～25cm，每穴播2粒能发芽的种子，播种深度3～4cm，每公顷播15万～17万穴，保苗30万～34万株。种植密度做到春播宜稀，夏播宜密；迟熟品种宜稀，早熟品种宜密。播种覆土后将厢面整平，喷施除草剂。

湖北省近10年来，在花生栽培技术上着重进行了3个方面的改革，一是改低产老品种为优质高产的新品种。推广了产量高、大果型、出仁率和含油量高的'中花5号'，抗青枯病、稳产高产的'中花6号'，中果型、食味品质好的'中花7号'等品种。二是改麦林晚春套种为夏直播净种。小麦套种花生，由于播种密度稀、管理粗放，花生产量低，一般每公顷种植密度只有18万～20万株，花生果产量2 250kg左右。推广油菜、小麦连作夏播花生，提高了整地播种质量和管理技术，每公顷种植密度达到35万株左右，花生果单产提高到3 750～4 500kg。三是改露地直播为地膜覆盖栽培。春播地膜覆盖花生，播期比露地提早15～20d，有利于培育早发壮苗，提早开花下针结果期，从而避开或减轻了后期干旱危害，使单株结果数和饱果率增加，产量大幅度提高。

2. 一年两熟制

四川花生的栽培制度有3种：春播花生、麦套花生和小春茬口花生。

四川春播花生约占16%，包括甘薯茬口休闲地花生、甘蔗茬口休闲地花生、早春蔬菜茬口花生和幼龄果（桑）园间作花生，播种期在3月中旬到4月中旬。甘薯茬口休闲地瘠薄，甘蔗茬口地一般连作了3年甘蔗，地力消耗大、地下害虫也很重，这两种春播花生的产量与栽培技术关系很大，若施肥太少、地下害虫防治差，则单产很低。蔬菜茬口春播花生，不仅播种早，且土层深厚、肥力较高、宜耕性好，花生单产一般在4 500kg/hm²左右、高产栽培可达7 500kg/hm²以上。

四川麦套花生约占44%，有3种方式，以小行麦套花生、宽行麦套花生为主，有少部分带状间作或分带轮作麦套花生。小行麦套花生带距40～50cm，种1行小麦、行间套种1行花生，花生套种期在麦收前20～25d，花生播种出苗期荫蔽重、早播不能早发。宽行麦套花生带距80～83cm，种1～2行小麦，预留行套种2行花生，花生套种期在麦收前30d左右，花生播种出苗期和幼苗期荫蔽较小、管理也较方便，是四川麦套花生中较好的方式。带状间作麦套花生又称宽幅麦套花生，带距166cm，其中83cm种小麦、83cm预留行套种2行花生，花生播种期在麦收前30～35d，小麦收后栽甘薯、或种大豆、或种夏播花生。分带轮作麦套花生，带距332cm，其中166cm种植小麦，166cm预留行冬季间作蔬菜，春季蔬菜收获后套种2垄4行花生，小麦收后种植夏玉米、或夏花生、或大豆、或甘薯；花生带冬季播种小麦，原小麦带种植蔬菜，翌年蔬菜收获后套种2垄4行花生。带状间作麦套花生和分带轮作麦套花生包括"麦花苕""麦花豆""麦花花""麦花玉"等种植模式，4种模式的产值高低顺序是"麦花花"＞"麦花豆"＞"麦花玉"＞"麦花苕"。

四川小春茬口花生约占40%，主要是油菜茬口和麦类茬口花生，也有部分豌豆、胡豆茬口花生。油菜、大麦、豌豆、胡豆茬口花生的播种期在5月上旬至5月中旬，小麦茬口花生的播种期在5月中旬至5月下旬。四川小春茬口花生的产量受气候影响很大，在气候正常年份产量较高，在夏旱、伏旱严重年份产量很低，在秋涝年份收获晾晒损失大，从总体上看，小春茬口花生风险较大、产量低而不稳。

据多年研究和实践，四川花生栽培上应以宽行套作栽培制为主，能确保花生适时早播高产稳产。大力推广：①0.8m规范化麦套花生，小麦单产1 800～2 100kg/hm²，花生单产3 750～4 200kg/hm²，产值13 410～15 120元/hm²，比小麦—夏花生高5 220～3 870元/hm²；②"双二·五"麦套花生间作麦后花生，小麦单产2 700～3 000kg/hm²，花生单产3 600～3 900kg/hm²，产值14 040～15 300元/hm²，比小麦—夏花生高5 850～4 050元/hm²。受伏旱秋涝的制约，四川花生有效果形成时段较短，单窝成果潜力不大，种足窝数是夺取高产的重要环节。当前四川大面积花生的密度仅为90 000～105 000窝/hm²，应增加到127 500～142 500窝/hm²，每窝播2粒，单粒栽培为195 000～210 000粒/hm²。

湖南花生产区耕作方式：栽培地实行冬前翻耕冻晒垡，3月下旬翻耕整地，整地做到充分捣碎整平耙细，4月中旬选择雨后初晴的第2天，土壤墒情适宜时抽行播种，播种后在穴间每亩施45%三元复合肥（N：P：K=14：16：15）35kg做底肥，并保持化肥与种仁之间距离在5～7cm，以免化肥与种仁直接接触而烂种死苗。播种之后用本土盖种2～3cm，防止盖种过厚而影响种子出苗。种植方式：根据花生对气候条件的要求和当地具体情况，以地温稳定在12℃以上时即行播种。露地栽培花生一般在4月初雨过初晴时播种为宜。按行距33.3cm，穴距20cm的规格播种，每穴播双仁，确保每公顷密度不少于15万穴、30万基本苗。

长江流域花生主产区改革栽培技术，提高单产的途径：①改迟播为适期早播，促苗早发。单作花生在4月10日前播种，套种花生在前作收获前15～20d播种，以延长花生营养生长期，为高产奠定基础。②改开穴窝播为开沟条播，改大窝稀植为合理密植。开沟条播不仅省工，而且防止春季多雨时沤种。在中等肥水条件下，小籽花生品种株行距15cm×33cm，每穴2粒精选种仁，每公顷保苗36万，一般产量在3 750kg/hm²以上；中籽品种17cm×33cm，每穴2粒，每公顷保苗32万，产量在4 200kg/hm²以上；大籽品种20cm×33cm，每穴2粒，每公顷保苗27万，或宽窄行种植，株行距15cm×（20+30）cm，每穴1粒，每公顷保苗24万，产量在4 800kg/hm²以上。③改露地直播为地膜覆盖和拌药保护栽培。④改不施肥或少施肥为平衡施肥，施足有机肥和磷肥，适度施氮肥，增施钾、钙、钼、硼、锌肥和叶面肥，适当化学调控、化学除草，加强病害防治。

四、江西省花生种植制度

江西省地处长江中下游地区，属中亚热带湿润气候，有优越的光、热、水、土资源，花生种植得天独厚。花生是江西省的主要经济作物和油料作物之一，是继水稻、油菜之后的第三大作物，在保障食用油安全，提高农民收入，增加农业效益，调整种植业结构，发展生态农业和循环经济中具有重要作用。

花生主要分布于该省的赣州、井冈山、九江等地（市）。全省气温温和，年平均气温16～20℃，无霜期250～300d。年降水量1 300～2 000mm，多集中在3—6月，秋季雨水较少。种植花生的土壤多为红壤，部分为稻田土。种植制度多为一年两熟、三熟制，以春花生为主，少量秋花生。种植品种多为珍珠豆型中、小粒品种。

（一）生产概况

江西省花生生产经历了20世纪50年代发展，60年代略有下降，70年代恢复发展，80年代和90年代稳步发展的4个阶段。进入21世纪以来，江西省花生种植面积经历了先减少后增加的过程，2001年栽培面积达到历史最高的18.34万hm²，2008年后基本稳定在13.33万hm²以上并逐年小幅增加。2018年种植面积16.73万hm²、总产48.1万t。

（二）种植制度

江西省花生种植制度多为一年两熟、三熟制，以春花生为主，少量秋花生。种植品种多为珍珠豆型中、小粒品种。目前，江西省花生种植方式主要有水花生（春花生—晚稻种植模式）和旱地花生两种。花生栽培技术研究与推广，在促进花生产业发展中起了重要的作用。花生栽培主要概括为现代科学技术与传统精细农艺的结合，以推广高产、早熟、抗病、耐密、优质品种为突破口，改进施肥和灌溉技术，推广麦套花生种植技术、化控技术、垄作技术、化学除草技术、扩大覆膜栽培面积，使花生品种的增产潜力得到充分发挥。花生栽培技术主要经历春播高产栽培、促早栽培、优质栽培、无公害栽培、免耕及机械化栽培几个阶段。江西省主要推行了地膜覆盖栽培、增施微量肥料、植物生长调节剂、化学除草、机械化等技术。

第三节　华南花生区主要种植制度

本区域是中国种植花生历史最早的春秋两作主产区，位于南岭以南的东南沿海地区包括海南、台湾、广东的全部，广西、福建的大部分和江西南部。花生种植面积和总产分别占全国花生种植面积和总产的20%左右。花生主要种植在海拔50m左右的地区，花生分布在东南沿海丘陵地区和沿海、河流冲积地区一带。

本区高温多雨，水资源丰富，居全国之冠。从北向南，花生生育期间的积温逐渐升高，由6 000℃左右到海南岛的南部可达9 000℃；日照时数1 300~2 500h；降水量1 200~1 800mm。种植花生的土壤多为丘陵红、黄壤和海、河流域冲积沙土。种植制度因气候、土壤、劳力等因素比较复杂，以一年两熟、三熟和两年五熟的春、秋花生为主，海南省可种植冬花生。适宜种植珍珠豆型品种。

一、广东省、广西壮族自治区、福建省花生种植制度

（一）生产概况

1. 在全国花生生产中的地位

东南沿海产区是全国重要花生产区之一。2011年，本区花生播种面积61.35万hm²，占全国花生播种总面积的13.39%；本区花生单产2 673kg/hm²，仅为全

国花生单产平均水平的76.34%；本区花生总产量164万t，占全国花生总产量的10.22%。其中，广东省是东南沿海花生区的最主要产地，2018年花生播种面积达33.25万hm²、总产104.4万t，占本区花生播种总面积、总产的一半以上；单产为3 140kg/hm²，虽然位居本区各省之冠。

2. 在本区油料生产中的地位

花生是东南沿海产区各省的主要油料作物。2011年，东南沿海产区油料作物播种总面积65.85万hm²，其中花生播种面积占93.17%；油料作物平均单产为2 574kg/hm²，而花生平均单产则高达2 673kg/hm²；油料作物总产量为169.5万t，其中花生总产量占96.78%。

本区各省生产情况（以2011年为例）：①广东省，油料作物播种总面积34.33万hm²，其中花生播种面积占97.41%；油料作物平均单产为2 677kg/hm²，而花生平均单产则高达2 716kg/hm²；油料作物总产量为91.90万t，其中花生总产量占98.85%。②广西壮族自治区，油料作物播种总面积20.27万hm²，其中花生播种面积占88.55%；油料作物平均单产为2 474kg/hm²，而花生平均单产则达2 644kg/hm²；油料作物总产量为50.14万t，其中花生总产量占94.65%。③福建省，油料作物播种总面积11.25万hm²，其中花生播种面积占88.53%；油料作物平均单产为2 440kg/hm²，而花生平均单产则达2 581kg/hm²；油料作物总产量为27.46万t，其中花生总产量占93.59%。

3. 东南沿海花生区生产结构

（1）产地结构。花生在东南沿海花生区分布很广，区内各地均有种植，但是主产区则相对集中。

在广东省21个地级市中，常年播种面积在2万hm²以上的主产市有湛江市、茂名市、韶关市、清远市、惠州市、肇庆市和河源市等；常年播种面积在6 667hm²以上的的县（县级市、区）有19个，包括：电白区、英德市、廉江市、曲江区、遂溪县、雷州市、博罗县、化州市、阳春市、吴川市、高州市、罗定市、惠东县、阳东区、东源县、陆丰市、仁化县、南雄市和台山市等。

在广西壮族自治区14个地级市中，常年播种面积在2万hm²以上的主产市有4个，即南宁市、贵港市、桂林市和来宾市等；常年播种面积在6 667hm²以上的的县（县级市、区）有8个，包括：兴宾区、桂平市、合浦县、武鸣区、扶绥县、贺州八步区、平南县等。

在福建省花生主要集中于闽东南沿海地区，主产市有福州市、莆田市、泉州市、厦门市和漳州市等；常年播种面积在6 667hm^{2}以上的的县（县级市、区）有11个，包括：晋江、惠安、同安、漳浦、福清、莆田、南安、诏安、平潭、厦门郊区和东山等。

（2）熟制结构。本区花生种植制度复杂，区内花生按照播种季节可分为春植、夏植、秋植和冬植。根据仲恺农业工程学院初步调查，不同播种季节的播种面积及其占比见表5-1。本区春植花生占全年播种面积的74.30%，秋植花生占全年播种面积的25.43%，而夏植及冬植花生占全年播种面积的1.00%以内。其中，广东省春植占全年播种面积的69.56%，秋植占29.93%，夏植及冬植占0.51%；广西壮族自治区、福建省基本上为春植和秋植花生，春植约占8成，而秋植约占2成。

表5-1　东南沿海花生区不同播种季节的种植面积（郑奕雄等，2011）

产地	春植		秋植		夏植及冬植	
	面积（hm^2）	比例（%）	面积（hm^2）	比例（%）	面积（hm^2）	比例（%）
广东省	232 600	69.56	100 100	29.93	1 700	0.51
广西壮族自治区	143 500	79.94	36 000	20.06	0	0
福建省	79 700	80.02	19 900	19.98	0	0
本区综合	455 800	74.30	156 000	25.43	1 700	0.28

（3）品种类型结构。据对本产区调查，珍珠豆型、多粒型、龙生型和普通型4个花生类型均有栽培。由于本区复种指数高，有一年两熟制、两年五熟制和一年三熟制等。而4种花生类型中，生育期较短的珍珠豆型更适合提高复种指数的需要，备受区内生产者欢迎，目前全区种植的花生中珍珠豆型占98%以上，其他类型则仅有零星栽培。

（4）轮作连作结构。农谚说："谷后谷，坐着哭；豆后谷，享大福"。说明连作的后果和轮作的好处。花生与水稻、玉米、甘薯、甘蔗或蔬菜等作物轮作，由于需肥特点不同更能充分利用土壤中的养分；合理轮作，使病虫失去寄主，杂草没有共栖环境，因而病虫草危害大为减少，甚至大部分死亡。目前，全区花生轮作面积约占80%，但是由于一些高旱地依然缺乏灌溉条件，种植其他作物往往造成失收，而播种花生还有一定甚至较好的收成，所以本区内花生连作面积仍然有20%以上。

花生轮作主要有水田花生轮作和旱地花生轮作两种形式。在水田的花生与水稻轮作为主，以二、三年为一个轮作周期；也可再与甘蔗轮作，以三、四年为一个轮作周期。在旱地的花生与玉米、甘蔗、番薯、马铃薯、木薯、蔬菜、豆类等作物轮作，以二、三年为一个轮作周期。自20世纪60年代起，随着农田水利条件的改善，水田花生面积不断扩大。目前本区常年水田花生面积约占35%，旱地花生约占65%。

（5）间作套作结构。在花生生产中采用间、混、套、复种能够充分利用时间和空间，最大限度地利用地力、光热和水分资源，发挥其边际效应，达到一地多熟、一季多收、增产增收的效果。花生间套作是本区各地群众乐于采用的耕作制度方式，全产区常年间套作花生面积约占花生总播种面积的15%。花生与其他作物间作，根据种植作物的主次分两类：第一类是以花生为主间作其他作物，主要有：花生间作玉米、花生间作水稻、花生间作豆类（黄豆、红豆、绿豆、眉豆、黑豆和豌豆）等；第二类是以其他作物为主间作花生，主要有：甘蔗间作花生、木薯间作春花生、果树间作花生（利用幼龄的柑橘、荔枝、菠萝、香蕉等果树的空间间作花生）等。花生与其他作物的套种方式主要有：小麦套种春植花生、春植花生套种黄麻、秋植花生套种四月薯、秋植花生套种小麦、秋植花生套种甘蔗等。如根据广西壮族自治区农情信息，2012年全地区间种花生面积11万hm^2，占全地区花生播种总面积的50.62%。其中在木薯地间种的花生面积4.17万hm^2，在甘蔗地间种的花生面积3.42万hm^2，在玉米等粮食作物地间种的花生面积3.42万hm^2。

（二）自然生态与耕作条件

1. 广东省

广东省四季常青，土地多宜，热量丰富，雨量充沛，是中国重要的热带、亚热带农业区。

（1）区位。广东省地处中国大陆最南部。东邻福建省，西连广西壮族自治区；北倚南岭，接壤江西、湖南两省；南临南中国海，其珠江口之东西两侧分别与香港、澳门特别行政区接壤，西南部雷州半岛隔琼州海峡与海南省相望。全境位于北纬20° 13′ ~ 25° 31′和东经109° 39′ ~ 117° 19′。该省耕地面积288万hm^2。其中，灌溉水田196万hm^2、占68.32%；旱地76.8万hm^2、占26.63%；水浇地3.6万hm^2、占1.25%；菜地6.54万hm^2、占2.27%；望天田4.43万hm^2、占1.54%。

（2）地貌。远在震旦纪时，广东为"华夏陆台"的一部分。省内最古老的陆块云开大山是加里东运动的产物，也是该省植被区系分布中心之一。该省地形，因在历次地壳运动中，受褶皱、断裂和火成岩隆起活动影响，山地面积较大，分布零散。山地之间，丘陵、台地、盆地发育，沿海还有平原断续分布，地貌类型复杂多样，山地、丘陵、台地、平原交错。其中：山地占33.7%，丘陵占24.9%，平原占21.7%，台地占14.2%，而河流和湖泊等只占全省土地总面积的5.5%。构成各类地貌的基岩岩石以花岗岩最为普遍，砂岩和变质岩也较多，粤西北还有较大片的石灰岩分布，此外局部还有景色奇特的红色岩系地貌，如著名的丹霞山和金鸡岭等。沿海沿河地区多为第四纪沉积层，是构成耕地资源的物质基础。

（3）土壤。土壤类型：广东省土壤类型复杂多样。在全国土壤分类系统的11个土纲43个土类中，广东省占6个土纲16个大类；地带性、非地带性及垂直分布相互交错。土壤普遍呈现酸性反应，pH值普遍在4.5～6.5。强烈的淋溶作用致使碱金属和碱土金属元素淋失，土壤中的钙、钠、镁、钾含量少，其总量不超过5%，只有活动性不大的铁、铝和锰等元素才能残留或积聚，铁、铝在该省土壤物质组成中占主要地位，富铁铝化作用明显，成土母岩除雷州半岛南部为玄武岩类外，大部分地区为酸性岩类，花岗岩分布广泛。此外，尚有砂页岩、石灰岩、变质岩、紫色岩和近代海河沉积物等。

土壤分布：广东省土壤随纬度由北而南呈有规律的地带性变化，并呈现带状分布。大体可划分为红壤地带、赤红壤地带、砖红壤地带和磷质石灰土地带。红壤地带大体分布于北纬24°～26°，赤红壤地带在北纬22°～24°，北纬22°以南地区主要为砖红壤地带（包括部分燥红土），磷质石灰土则分布于南海诸岛。红壤地带的垂直结构，海拔500m以下为红壤，500～700m为山地红壤，700m以上为山地黄壤。赤红壤地带的垂直结构，海拔350～500m为赤红壤，500～800m为山地红壤，800m以上为山地黄壤。砖红壤地带的垂直结构，海拔200m以下为砖红壤，200～500m为山地砖红壤，500～900m为山地赤红壤，900m以上为山地黄壤，山地赤红壤与黄壤之间有过渡型的红黄壤。

（4）气候。广东省位于欧亚大陆东南缘，靠山面海，冬半年受强盛的大陆气流制约，夏半年受强烈的海洋气流制约，季风气候十分明显。水热资源丰富，光资源有效性高，是条件相当优越的热带和亚热带气候农业区。

热量：全年太阳辐射角大，所得太阳辐射热量丰富。全省年平均气温19～

24℃。全省除海拔较高的山地外，无霜期均在300d以上。全省80%的年份，日平均气温≥10℃，适宜于热带和喜温作物正常生长的温度天数，自北向南可长达280~360d，积温达6 000~8 500℃以上。

日照：广东省年日照时数1 500~2 300h，日照百分率年平均为44%。除粤北山区的乐昌市总值只有1 517h外，大多数地区为1 750~2 000h，粤东沿海地区达2 000h以上。全省年太阳辐射总量415~551kJ/cm²，并不丰裕，列全国大陆地区辐射第四类区。但因全省日平均气温大部分在10℃以上，农作物生长季节长，年内处于日平均气温大于10℃期间的太阳辐射量值380~500kJ/cm²，占年总辐射量的90%，能为喜凉和喜温作物充分利用，故太阳辐射对作物的有效性优于全国各省区。

降水：广东省是全国多雨地区之一。常年表现雨季长且雨量多，年均降水量1 774mm，大部分地区为1 500~2 000mm，仅次于台湾。降水主要来源有台风雨、锋面雨和地形雨。其中台风雨占降水量30%左右。然而，降水量的时空分布不均。各地降水量受地形影响很大，一般沿海多于内陆，山地多于平原，迎风面多于背风面。全省各地均有程度不同的干湿季节。随着冷暖气团的消长强弱和推移变化以及台风登陆影响的多寡，该省降水量的年际变化也不稳定，部分地区多雨年与少雨年的降水量比值在2以上。如陆丰市，多雨年降水量3 045mm，少雨年降水量只有942mm。总的来看，该省虽然水热同期，但是降水可利用程度并不高。因此，兴修水利，调节余缺，充分发挥水量丰富的优势，对该省农业生产尤为重要。

非地带性农业气候：广东省因地形等因素影响，形成复杂多样的气候环境，具有明显的非地带性农业气候特点。如气温随地势升高而下降。大陆的山地，一般海拔每增高100m，温度下降0.5~0.6℃。距平地热源较远，海拔500~700m处，则每升高100m，可降温1℃左右。因而山地春暖迟，秋冷早。低温阴雨的结束日期，每升高100m，可推迟2d以上，而寒露风则提早3d来临。在冷空气通道地方，秋冬降温比向阳背风坡降温更为明显。形成冬季向风山地寒冷、干旱、风大，不利于冬作物生长；背风山地却较温暖、潮湿。

灾害性天气：广东省由于受季风及大气环流影响，灾害性天气多。可概括为四风（台风、寒露风、霜降风和清明风）、三水（龙舟水、白露水和早春阴雨）、二旱（春旱和秋旱）、一霜冻。对花生生产威胁较大的有台风、早春低温阴雨、低温霜冻和干旱。其中，以台风及其带来的暴雨，以及寒露风及低温霜冻对农业生产的威胁最大。

2. 广西壮族自治区

（1）区位。广西壮族自治区简称"桂"，地处中国辽阔大陆的南部，位于东经104°28′至112°04′、北纬20°54′至26°23′，东连广东省，邻近香港、澳门，东北接湖南省，西北靠贵州省，西邻云南省，南临北部湾，东南与海南省隔海相望，西南与越南接壤，是中国西部12个省、自治区中唯一的沿海又沿边省（区）。据统计，广西耕地总面积为261万hm²，占广西土地总面积的11.04%。耕地总面积中：水田为154万hm²（保水田为108万hm²），占58.9%；旱地107万hm²（水浇地5.76万hm²），占41.1%。人均耕地面积居全国第二十二位，属地少人多省区之一。

（2）地貌。广西地处云贵高原东南边缘，地势西北高东南低，自西北向东南倾斜。四周多被山地和高原环绕，形成海拔从800~2 000m不等的广西盆地。盆地边缘多缺口，在桂东北、桂东、桂南沿江一带有大片谷地。从总体上看，广西具有山岭连绵、丘陵起伏、平原狭小、河流众多的特征，山岭约占陆地总面积的71.0%。广西的山系分盆地边缘山脉和盆地内部山脉两类。属于边缘山脉的，东北部有猫儿山、越城岭、都庞岭、萌诸岭和海洋山，其中猫儿山海拔2 141m，为华南及广西的最高峰；属于内部山脉的，东有架桥岭和大瑶山，西有都阳山和大明山。在这些山地中，海拔800m以上的中山面积约$5.6 \times 10^4 km^2$，海拔400~800m的低山面积约$3.9 \times 10^4 km^2$，蕴藏着近百种矿产资源，拥有森林逾$8.0 \times 10^6 hm^2$，动植物资源丰富，是广西发展工业和旅游业的优越条件。广西盆地海拔多在200m以下，内部受中部弧形山脉分隔，形成以柳州为中心的桂中盆地。受河流冲积影响，形成右江盆地、南宁盆地、郁江平原和得江平原等，这里是广西最重要的粮食生产基地，也是人口稠密、工业发达的地区。在山脉和盆地、平原之间，还有海拔200~400m的丘陵面积约$2.5 \times 10^4 km^2$，海拔200m以下的台地面积约$1.5 \times 10^4 km^2$，适宜种植各种亚热带经济作物。广西境内石灰岩地层分布较广，且岩层厚、质地纯，褶纹断裂发育，加上高温多雨的气候条件，形成典型的喀斯特（岩溶）地貌，面积约7万hm²，占广西总面积的29.9%，主要分布于桂西、桂西南及桂东北地区。喀斯特地貌区流水清澈，山峰怪石仪态万方，地下河及溶洞众多，在溶洞中有千奇百怪的石笋、石柱、钟乳石、堤堰，是发展旅游的优越地貌。

（3）土壤。广西耕地以红壤为主，土壤中有机质及磷、钾等矿物元素含量低，而且大多数耕地土层比较浅薄，土壤较为贫瘠。据1982年土壤普查，在耕地面积中缺氮的占83%，缺磷的占85%，缺钾的占87%；耕作的土壤中酸性土占67%，碱性土占33%。花生与甘蔗、木薯、玉米等作物的轮作、间作套种，可实现用地与养地相结合，提高土地利用率和单位面积产量，是农民增产增收的重要途径。广西耕地的地区性分布差异较大，70%耕地分布在桂东、桂东南的平原、台地及丘陵区中，并以水田为主，水田面积占当地耕地面积的75%以上；而桂西及桂西北山区，尤其是岩溶山区，耕地则零星的分布于山间谷中，且多以旱地为主。大面积连片的耕地相对集中在浔江平原、南流江三角洲、宾阳至武陵山前平原、玉林盆地、左江河谷、南宁盆地、湘桂走廊、贺江中下游平原、郁江横县平原、钦江三角洲、宁明盆地等。水田以种植水稻为主，除少数高寒山区外，基本实现双季稻生产，但在北流、合浦、玉林、平南等地进行早造花生与晚造水稻轮作，或反过来实现花生、水稻双丰收，具有重大推广应用前景；旱地则以种植玉米、甘蔗、花生、薯类等作物为主，主要分布于桂中、桂南低山、丘陵、台地区。近几年，随着糖业基地建设发展，甘蔗已逐渐成为旱地种植的主要经济作物。

（4）气候。广西地处低纬度地区，北回归线横贯中部，南濒热带海洋，北接云贵高原和岭南山地，全年受海洋暖湿气流和北方干冷气团的交替影响，属亚热带季风性湿润气候，气温较高，降水充沛，冬短夏长，冬暖夏热。丰富的光、热、水资源，非常适合花生的生长发育，广西大部分地区可进行花生的一年两熟栽培，南部地区可进行周年生产。

热量：广西各地全年平均气温17～23.8℃，最冷月份（1月）平均气温在6～14℃，最热月份（7月）平均气温在28℃以上，>10℃的活动积温在5 000～8 000℃。近50年来，广西年平均气温升高了0.5℃。无霜期长达330～350d。

日照：广西各地年日照时数1 600～1 800h。桂林市、贺州市、河池市、南宁市大部、百色市南部山区、柳州市北部及凌云、乐业、蒙山、金秀、来宾、龙州、北流等地在1 500h以下，其余市县在1 500h以上。年太阳辐射量在376.38～460.02kJ/cm²，广西大部分地区没有寒冬。

降水：年降水量1 600～2 700mm，桂南的防城、桂中金秀及昭平、桂东北的桂林和桂西北的融安为多雨中心，年降水量均超过1 900mm，而桂西的左、右江谷地和桂中盆地是主要旱区，年降水量仅为1 100mm左右。

灾害性天气：广西地处东亚季风区域，地理环境复杂，气候多变，自然灾害较频繁。对花生影响较大的气象灾害有：春秋干旱、春寒、洪涝等，对花生的产量影响较大。春播期干旱主要影响花生适时播种及播后正常出苗，严重时会直接影响种植计划的完成，最终影响单产和总产。春寒主要指春季低温冷害，容易发生春花生种子烂种现象。广西洪涝比干旱更为频繁，多数地区平均每年有1～2次，多涝年份有3～4次，在花生生长后期发生水淹，超过3d就能使花生荚果腐烂或发芽，严重影响花生的产量和质量。

3. 福建省

福建省气候暖热湿润，属于亚热带海洋性季风气候。全省大部分地区（闽西北）属中亚热带，小部分地区（闽东南）属南亚热带。南亚热带不仅是该省的主要农业区之一，而且也是该省花生的主要种植地带。全省各地均可种植花生，东南沿海温热充足的地区一年还可以种植春秋两造花生。随着全球气候变暖，近年来该省秋花生种植范围有北扩趋势，龙岩、莆田市秋植花生面积正逐渐扩大。

（1）区位。福建地处中国东南沿海，全境位于北纬23°33′～28°19′和东经115°50′～126°43′，东及东南滨海与台湾地区隔水相望，南与广东省接壤，西北与江西省交界，北与浙江省相邻。福建自然环境主要受闽西和闽中两大山带的制约，闽西大山带纵横闽赣边境，闽中大山带纵贯福建中部，构成了该省地势西北高、东南低的格局，形成了地貌类型上的多样性和气候地域性差异。全省土地总面积$1.24 \times 10^5 km^2$，占全国土地总面积的1.30%。其中：耕地134万hm^2，占该省土地总面积的10.82%；园地81.5万hm^2，占土地总面积的6.57%；林地838万hm^2，占土地总面积的67.60%；草地22.9万hm^2，占土地总面积的1.80%；城镇村及工矿用地55.4万hm^2，占土地总面积的4.47%。

（2）地貌。境内峰岭耸峙，丘陵连绵，河谷、盆地穿插其间，山地、丘陵占全省总面积的80%以上，素有"八山一水一分田"之称。地势总体上西北高东南低，横断面略呈马鞍形。因受新华夏构造的控制，在西部和中部形成北东向斜贯全省的闽西大山带和闽中大山带。闽西大山带以武夷山脉为主体，长约530km。北段以中低山为主，海拔大都在1 200m以上；南段以低山丘陵为主，海拔一般为600～1 000m。山间盆地和河谷盆地中有红色砂岩和石灰岩分布，构成瑰丽的丹霞地貌和独特的喀斯特地貌景观。闽中大山带由鹫峰山、戴云山、博平岭等山脉构成，长约550km，以中低山为主。整个山带两坡不对称：西坡较陡，多断崖；东坡较缓，层状地貌较发育。山地中有许多山间盆地。东部沿海海拔一般在500m以下。闽江口以北以花岗岩高丘陵为主，戴云山、博平岭东延余脉遍布花岗岩丘陵，福清至诏安沿海广泛分布红土台地，滨海平原多为河口冲积海积平原，闽东南沿海和海坛岛等岛屿风积地貌发育。

（3）土壤。福建省地形复杂，气候差异悬殊，植被类型的水平与垂直分布有较明显的变化，因此在不同母质和地形上发育形成的土壤具有多样性的特点，有85%的面积为山地红黄壤和紫色土、沙质土。红黄壤质地表现偏酸、瘦瘠、板结、黏性强，沙质土保水保肥能力差，有机质含量低，缺乏磷、钾等营养元素，花生产量水平较低；河流的沿岸和下游平原为冲积土发育而成的水稻土和潮土，有机质含量较为丰富，肥力较高，花生产量水平较高。

（4）气候。福建省热量资源丰富，雨量充沛，且雨热同季，利于花生生长发育。

热量：福建省气候暖热湿润，属于亚热带海洋性季风气候，热量资源丰富。年平均气温19.2℃，变幅14.6~21.3℃。其中，冬季（12月至翌年2月）平均气温为10.8℃，春季（3—4月）平均气温为16.2℃，雨季（5—6月）平均气温为24.0℃，夏季（7—9月）平均气温为26.9℃。气温分布的总体趋势是东南高于西北，沿海高于内陆；大部分县市≥10.0℃积温在5 180~7 610℃。

日照：全省年日照时数为1 670~2 405h，属于全国中下水平，日照百分率仅38%~54%，年太阳总辐射量404.6~540.2kJ/cm²，光合有效辐射（即生理辐射）为201.2~265.1kJ/cm²。年日照时数空间分布总的特点是沿海多于内陆，南部多于北部，低海拔高于高海拔，夏季多于春季、秋季或冬季。一年中3—10月的日照时数占70%~75%，而11月至翌年2月的日照时数仅占25%~30%。春季是福建省日照相对较少的季节，常有一些持续的低温和寡照相配合的时段，加上其他不利条件，往往对春花生生长发育造成不良影响。

降水：全省降水量充沛，年降水量为1 611.7mm，大部分地区变幅为1 000~2 000mm，是全国多雨的省份之一。其分布特点是：东南少，西北多；低海拔少，高海拔多；秋冬少，春夏多。其中，冬季平均降水量为193.6mm，春季平均降水量为363.3mm，雨季平均降水量为492.4mm，夏季平均降水量为456.7mm，秋季平均降水量为105.5mm。由于两大山带地势北高南低，降水量也呈现北多南少的格局。受季风气候的影响，降水量年内分配不匀，存在着明显的干湿季；在3—9月花生生长期间，集中了全年80%左右的降水量。3—4月为春雨季，此时正值春花生播种期，由于低温阴雨，常使春花生发生烂种烂苗断垄现象；5—6月为梅雨季，此时正值春花生下针期，时常因雨量强度大、持续时间长，多雨寡照，影响开花授粉过程，造成结荚数减少；7—9月为台风雷雨季，此时正值春花生结荚至饱果成熟期和秋花生播种至幼苗生长期，降水主要来自台风和局部雷阵雨，夏旱时常常影响春花生结荚和荚果充实度，而秋旱时则影响秋花生的生长发育。

灾害性气候：福建常见的气象灾害有旱、涝、风、寒和冰雹等。干旱主要有春旱、夏旱、秋冬旱3种。以夏旱居多，春旱其次。泉州、漳州大部，莆田和龙岩南部出现干旱的概率最高，灾害也最重；鹫峰山区一带则很少有干旱发生。洪涝主要有雨季暴雨洪涝和台风暴雨洪涝两种。洪涝大多集中在5—9月，对水稻、花生等作物危害很大。寒害有"倒春寒""五月寒""秋寒"3种，其中以"倒春寒"对花生的危害最大。台风登陆季节则主要在7—9月，以8月较多，台风不但风大、常带来暴雨使农田受淹、生产受损。全省冰雹的发生率较高，以2—5月相对较多、发生次数约占全年的71%；冰雹主要分布在内陆和山区，沿海则非常少见。

（三）花生生产发展潜力分析

1. 花生面积发展潜力

过去人们习惯将花生种植在旱坡地上，且绝大部分依靠自然降雨方式灌溉（即雨养花生），其时栽培类型以普通型蔓生花生为主，选育推广的品种多为耐旱耐连作、抗青枯病的品种。20世纪60—70年代随着水利条件的改善和复种指数的提高，水田花生面积迅速扩大，栽培类型转变为以珍珠豆型为主，选育推广的品种多为耐旱耐涝、抗锈病和抗叶斑病的品种。20世纪90年代以来，随着人们生活水平的提高，高产、优质、高效的轮作方式更受到人们的欢迎。目前，与花生轮作作物主要是水稻、甘薯、蔬菜、豆类，其次是甘蔗、油菜、木薯等，花生与甘蔗、甘薯、木薯、果树等间套作也较普遍。

目前，东南沿海花生区在保障谷物等粮食作物安全供给的前提下，能否通过扩大面积来增加花生总产量，答案是肯定的。虽然发展花生不能挤占谷物等主要粮食作物的面积，但是本区温光资源丰富，花生种植制度繁多，而且区内可供发展与花生间套作的农作物面积潜力巨大。据农业农村部统计资料，本区甘蔗、玉米和豆类等大田农作物和果园、茶园和橡胶等果林经济作物，总种植面积高达500万hm²以上。这些作物均可与花生进行间套作生产，如果按照总种植面积的20%用于间套作增加花生面积计算，则可扩大间套作花生播种面积100万hm^{2}以上。

2. 花生单产发展潜力

东南沿海产区虽然是全国重要花生产区之一，但是目前本区花生单产仅仅为3 000kg/hm^2，是全国花生单产平均水平的80%。然而，本区也涌现出一大批高产田（片），如全区各地部级万亩高产创建示范片，一般花生单产达4 500kg/hm^{2}以上；广东省五华县1990年试种'汕油71'高产攻关田1亩，经现场验收鉴定，其花生单产高达7 746kg/hm^2，可见提高花生单产潜力依然巨大。

二、东南沿海花生区种植制度

（一）水旱轮作制

花生与水稻水旱轮作，是本区农业生产充分利用自然条件的一个特点，在各地十分普遍，并已有悠久的历史。20世纪60年代初，本区通过总结各地群众生产经验，认真开展试验研究和示范，做出样板，推广了花生与水稻水旱轮作这一优越的轮作制度，并取得了促进粮、油增产的良好效果。

1. 一年两熟水旱轮作制

（1）轮作方式及其分布。一年两熟主要轮作方式有：①春花生—晚水稻；②早水稻—秋花生。以上轮作方式在各地水田均有分布，特别是在经济较发达或劳动力不足的产区。

（2）生产特点与注意事项。这些轮作方式的好处是用地与养地结合较好，各种作物产量高，经济收益较大。其缺点是耕地冬季放闲，复种指数较低。

这些轮作方式的水稻和花生，均要采用高产或超高产品种，如花生可采用'仲恺花10号''仲恺花12''粤油7号'等中大果高产品种，水稻则宜采用超级稻新品种；花生田间管理上要注意培创高产土体、控制徒长和后期养根保叶，以便适当延迟收获期，提高产量。

2. 一年三熟水旱轮作制

（1）轮作方式及其分布。一年三熟主要轮作方式有：①春花生—晚水稻—冬甘薯、马铃薯或小麦；②早水稻—秋花生—套小麦或冬大豆、蔬菜；③早水稻—秧地—秋花生—冬薯、套小麦或油菜、蔬菜。

以上轮作方式主要分布在地少人多的花生主产区，如广东省中部的潮汕平原、广州市和惠州市，南部的鉴江平原沙琅江中下游地区等。

（2）生产特点与注意事项。这些轮作方式的好处是用地与养地结合较好，复种指数高，各种作物产量较高，经济收益较大。其缺点是花生轮作周期短，轮作几年以后，青枯病、叶斑病等病害和烂果会逐年增加，产量逐年下降。因此，不宜连续多年在同一块田内采用这一方式。

这些轮作方式的水稻和冬种作物，要适当采用早中熟高产种，秋花生也要适时播、及时收，这样冬作物和春花生才能及时播种，获得三熟高产。

3. 两年五六熟水旱轮作制

（1）轮作方式及其分布。主要轮作方式如下。

①春植花生—晚季水稻（或秋玉米）—冬种马铃薯（或小麦、甘薯、油菜）^{第二年} 春玉米（或早水稻、黄麻）—晚水稻—冬蔬菜（或绿肥、冬闲等）。

②春花生—晚水稻—冬烟（或冬大豆、冬闲）^{第二年} 早水稻（或黄麻）—晚水稻（或秋玉米）—冬马铃薯（或甘薯、蔬菜）。

③早水稻—秋花生—冬早熟作物（或冬闲）^{第二年} 早水稻—晚水稻（或秋玉米）—冬马铃薯（或甘薯、蚕豆、小麦、大豆、蔬菜）。

④春花生—晚水稻—冬小麦（或油菜、绿肥）^{第二年} 早水稻（或春玉米）—晚水稻。

以上轮作方式，本区各地均普遍采用，其中冬大豆、冬烟、冬薯主要分布在中、南部地区，小麦、油菜、蚕豆、豌豆、蔬菜等多分布在中北部地区。

（2）生产特点与注意事项。这些轮作方式用地与养地结合较好，土地利用率也较高，在轮作周期中粮、油等作物产量高，经济收益较大，是目前比较好和比较普遍的轮作方式。其中，第四种轮作方式，在花生面积大和地多人少地区较多采用，这样能利用冬季整地，使来年春花生适时早播，产量更高。

马铃薯、小麦、油菜、冬烟等前作晚稻多采用早、中熟高产品种，花生前作多种植早熟冬作物。

4. 三年多熟水旱轮作制

（1）轮作方式及其分布。主要轮作方式如下。

①春花生—晚水稻（或秋玉米）—冬马铃薯（或小麦、甘薯、油菜）^{第二年} 春黄麻（或春玉米）—晚水稻—冬油菜（或绿肥、蔬菜）^{第三年} 早水稻（或春玉

米）—晚水稻—冬甘薯（或早熟冬作物）。

②早水稻—秋花生—套小麦（或冬甘薯、大豆等）^{第二年}早水稻—晚水稻（或秋玉米）—冬马铃薯（或油菜、小麦、绿肥）^{第三年}早水稻（或春玉米）—晚水稻—冬甘薯（或早熟冬作物）。

③春花生—晚水稻—冬甘薯（或冬大豆、豌豆、小麦套作甘蔗）^{第二、三年}甘蔗。

以上轮作方式在本区各地较普遍，尤其是蔗、麻产区。

（2）生产特点与注意事项。三年轮作方式土地利用率较高，土地安排较好，能不断提高地力，在轮作周期中粮、油、糖等作物均获得较高产量，经济收益大，特别是种植甘蔗后，杂草少，耕作层深厚，土壤结构好，对花生增产效果大。

本区花生、水稻和冬种作物等三熟轮作方式应用普遍。但在花生、水稻与冬种作物的轮作中，花生播种期与马铃薯、甘薯、小麦等冬种作物的收获期存在一定的矛盾。冬种甘薯早收产量低，马铃薯和小麦也要到3月中、下旬才能收获。为了解决冬种生产不致影响春种花生的播期和力争粮油双高产，第一，应从晚造水稻品种着手，合理安排早、中、迟熟种比例，落实措施，加强管理，以保证晚稻的增产；第二，在收获早、中熟晚稻后，立即抢种冬种作物，力争来年早收高产；第三，做到边收割冬种作物、边整地播种春花生，使一年三造作物都能获得较高的产量。另外，在早造水稻的水旱轮作中，则多采用秋植花生套播冬种作物方式，以解决冬种作物生育期不够的问题。

（二）花生的旱地轮作

本区旱地面积约占总耕地面积的四分之一，是油料、旱粮、糖料、烟草、麻类、蔬菜、果树、饲料和其他旱地型热带作物的重要生产基地。花生是旱地轮作中的主要作物之一，它对提高干旱瘠瘠土地的肥力、促进轮作周期中各种作物的增产有良好的作用。花生在旱地轮作中以两、三年一轮较普遍。

1. 两年四五熟旱地轮作制

（1）主要轮作方式及其分布。

①春植花生—秋大豆（或甘薯）—冬种油菜（或甘薯、马铃薯、小麦）^{第二年}春玉米（或高粱、黄烟、红麻）—秋甘薯—冬蔬菜（或休闲）。

②春花生—秋甘薯（或冬种马铃薯、小麦、油菜、豆类）<u>第二年</u>春大豆（或旱粮、芝麻）—秋甘薯—休闲（或冬蔬菜、豆类）。

第一种轮作方式主要分布在土层较深厚、肥力较高、地势较平坦的旱地或坡地，以及沿江冲积坝地，以两年五熟轮作居多；第二种轮作方式主要分布在高旱丘陵地区和山区，尤其在地多人少地区、土质较瘦和较高旱的旱坡地，绝大多数采用两年四五熟轮作。

（2）生产特点与注意事项。旱地往往缺乏自主灌溉条件，且因秋冬季降雨较少，不宜轮种秋留种花生；春花生后作多种植甘薯，第一年冬种多种植马铃薯、小麦、油菜，第二年春植以玉米、豆类为主，秋植甘薯，冬种以蔬菜较多。上述旱地轮作方式中，用地与养地结合较好，可获得较高的作物产量和经济收益。

旱地花生要通过修筑梯田、客土、增施肥料和蓄水浸地等措施，改变生产条件，从而减少水土流失，改良土壤，提高地力和消灭病虫害。青枯病在5%左右的旱地可采用本轮作方式，但要注意花生的前后作不能与茄科作物轮作。第一种轮作方式因选择在土壤肥力较高的旱地，花生应以高产珍珠豆型品种为主；第二种轮作方式选择在瘦瘠的高旱地，花生品种可选用多粒型和珍珠豆型，如果种植多粒型花生品种，因其生育期较长，则秋冬季宜种植马铃薯、小麦、油菜、蚕豆、豌豆或甘薯；如果种植珍珠豆型花生品种，则后作多种秋植甘薯，然后再冬种一作或休闲。

2. 三四年多熟旱地轮作制

（1）主要轮作方式及其分布。

①花生—秋甘薯（或冬油菜、小麦）<u>第二年</u>春植豆类（或黄烟、旱粮）—秋甘薯—冬蔬菜（或豆类）<u>第三年</u>木薯（一年生）。

②花生—秋甘薯（或冬油菜、小麦）<u>第二年</u>春植豆类（或黄烟、旱粮）—秋甘薯—冬蔬菜（或豆类）<u>第三年</u>春旱粮（或豆类、芝麻）—秋甘薯—冬荞麦（或蔬菜）。

③春花生—秋甘薯<u>第二年</u>春植芝麻（或旱粮、豆类）—秋甘薯—冬荞麦（或蔬菜）<u>第三年</u>春植红麻—秋甘薯。

④春花生—秋甘薯<u>第二年</u>春植红麻（或旱粮）—秋大豆（或甘薯）<u>第三年</u>新植甘蔗（间作大豆）<u>第四年</u>宿根甘蔗。

⑤春花生—秋甘薯^{第二年}新植甘蔗（间作大豆）^{第三年}宿根甘蔗。

第一种轮作方式多分布于木薯产区；第二种轮作方式多分布于甘薯产区；第三、第四种轮作方式多分布于麻类产区；第四、第五种轮作方式分布于甘蔗产区。

（2）生产特点与注意事项。这些轮作方式，土地利用率也较高，由于花生的轮作周期较长，生长发育良好，产量较高，在轮作周期中还安排了大豆等豆科作物，用地、养地结合好，地力提高较快，能保持轮作周期中粮、油、糖等作物获得较高的产量，经济收益也高。

青枯病在20%以上的旱地，应采用三四年轮作，且注意花生的前后作不能与茄科作物轮作。三四年轮作方式安排的春植花生，要求选用抗病高产、耐旱耐瘠的花生品种。在土质较肥、青枯病较少的旱地，春植花生播种珍珠豆型品种，后作以甘薯为主；在高旱沙质土和青枯病较多的旱地，春植花生播种多粒型晚熟品种，后作在本区中部至北部地区以油菜或小麦为主，中部至南部地区则以甘薯居多。

（三）花生的间作

花生与各种作物间作，在本区各地已有悠久的历史，形式多种多样，既有以花生为主的间作，也有以其他作物为主的间作，但是不管哪种方式，都对增产粮、油、糖、烟、药等起到了良好的作用，是群众喜闻乐见、行之有效的增产增收措施。

1. 以花生为主间作其他作物

（1）花生间作玉米（或高粱）。这种方式各地普遍采用，主要是利用两种作物的植株高度、根系深浅和需肥不同的特点，进行间作，以便充分利用空间、土地和土壤养分从而增产增收。

间作的方法：一畦花生间作一行玉米，玉米间在花生畦边（考虑到玉米间在畦边时田间操作不方便，有的地方则间在畦中三分之一处）。玉米株距约80cm，每公顷7 500～10 500株，开穴点播后施肥盖种，每穴播种2～3粒，出苗后间苗，每穴留壮苗1株，定苗后加强管理追肥2次，并要注意对玉米螟虫的防治。各地经验还认为，间作玉米，以在花生出苗后较适宜，这可减少因玉米生长快而影响花生生长，同时玉米的密度不宜过大。每公顷可收获鲜食玉米1 500～2 000kg。

（2）花生间作水稻。在人多地少地区，特别是鉴江平原和潮汕平原，喜欢采用这种间作方式。间作方法是，花生畦沟加宽和加深各5～10cm，播种花生时，在畦沟的两边点播水稻早熟种，穴距20～23cm，每穴下种10～15粒，播种后加强管理和追肥，每公顷可收获稻谷750～1 000kg。

（3）花生间作豆类。这种间作方式在本区各地均十分普遍。间作方法是种植花生后，把豆类（大豆、红豆、绿豆、黑豆）种子播在畦的两边。也有只在一边间作的，穴距60～70cm，播后加强田间管理和追肥，每公顷可收获豆类300～450kg。

（4）花生间作谷子。这种间作方式在各地也有采用。间作的方法是将谷子间作在花生畦两边，穴距65～85cm。播后加强田间管理和追肥，每公顷可收获谷子750kg。

2. 以其他作物为主间作花生

（1）甘蔗间作花生。这种方式在甘蔗产区较广泛采用。甘蔗间作花生主要是在水旱田新植甘蔗地间作，每畦间作花生1～2行，每公顷间作花生6.0万～7.5万株。为了减少对甘蔗影响而增收花生，花生可提早播种（或种甘蔗时播），并尽量离甘蔗远些，行数也不宜多，采取窄行穴种（行穴距17～20cm，每穴2粒），或单行播3粒，也有采取隔行间作；选用分蘖力强、高产的甘蔗品种，加强肥水管理；花生成熟时即收获，并将土杂肥、石灰等施于甘蔗旁、培土，以促进甘蔗生长。每公顷可收获花生1 500～2 000kg。

（2）木薯间作花生。这种方式在木薯产区较广泛采用。它是利用木薯苗期的空间种植花生，并利用花生茎叶覆盖地面，增强保水、保肥能力，抑制杂草生长而获得粮油双丰收。间作的方法是种植木薯后，把花生间在木薯旁，每行木薯间作2行花生（每边一行）；花生收获后，即对木薯追肥并回苗培土，可促进木薯生长。一般每公顷可收花生750kg。

（3）果树间作花生。利用幼龄香蕉、柑橘、荔枝、菠萝树的空间间作花生，既能充分利用花生茎叶覆盖地面，减少水分蒸发，抑制杂草生长，保持土壤疏松，又可增产花生和肥料。间作方法是在果树行间或株间起矮畦种植花生。每公顷可收获花生1 000kg。除上述作物间作花生外，也有的在幼龄茶园、桑树等经济作物地块间作花生。

（四）花生的套作

1. 秋花生套作四月薯

秋花生套作四月薯，甘薯产区如潮汕平原等应用较普遍。大家认为秋花生对甘薯有防风、保暖、保水作用，种植花生后，落叶多，土地肥，有利于甘薯生长和提高单产。

套作方法：①选地起畦：选择有水灌溉的沙壤土，整地起畦，畦阔120～140cm（包坑），畦南北向，以减轻冬季北风对甘薯的影响。②植期：花生在立秋前后播种，甘薯在白露前后套作。套作过早，会影响花生产量，过迟则甘薯产量低。③种植密度：花生一般种植3～4行，行距23cm（套作甘薯行留空33cm），穴距17cm，双粒播，每公顷播种27万～30万株；甘薯套作1～2行，株距23～27cm，每公顷植3.0万～3.7万苗。④施肥管理：花生要施足基肥，齐苗后每公顷追施粪水12～15t。甘薯插植时也要施足基肥，1周后追施粪水12～15t。花生收获后即松土和重施追肥，每公顷施粪水12～15t，尿素75kg。

这种方式还可以在畦两边再套作种上小麦或包菜，春季再追肥1次，实现粮油菜三丰收。

2. 秋花生套作甘蔗

秋花生套作甘蔗，也是本区各地群众为了扩大秋植甘蔗，延长甘蔗榨季，增产糖料、油料而试验总结出来的一种套作方式。目前在各地甘蔗产区，都有示范推广。

套作方法：立秋后播种花生，每畦种3～4行，行距20～23cm，穴距17～20cm，双粒播；九月中下旬在畦边或畦坑套作甘蔗。这样对花生影响不大，每公顷可收获花生2 250～3 000kg。花生收获后，将苗压于蔗旁沟内，加施肥料，然后培土，促进甘蔗生长。

3. 秋花生套作小麦

秋花生套作小麦，在本区中部至北部应用较多。

套作方法：花生收获前15～20d，在花生行间用小锄开行或开穴，点播或条播小麦，每穴播种10～12粒；播后如土壤太干要灌水或淋水，花生收获后，即追肥松土；在小麦抽穗前，再追肥一次。秋花生地松软肥沃，小麦套作后生育良好，产量高，比收获花生后才播种的小麦增产10%～15%，并能提早收获，有利于早稻及时插植。

4. 春花生套作黄麻

花生套作黄麻，在本区有一定的生产面积。

根据生产实践，花生套作黄麻的方法和方式，以黄麻先育苗后套作比用黄麻种子直播套作好，同时要做到适时播种和套作。花生套作黄麻方式，可灵活选用畦侧式、畦面式或畦沟式。花生一般掌握在雨水前后播种；黄麻在清明前后播种育苗，小满前后选阴雨天移苗套作。套作后，麻苗要高出花生7～10cm较适宜。过早套作不利于花生的管理和增产，过迟则不利于黄麻产量的提高。因此，要认真掌握好季节。

此外，有些地区还采用稻底薯的套作方式，以延长冬薯的生长期，使冬薯产量更高；还有在小麦收获前适时套播花生，不致影响花生的播期，这都有效地解决了粮油高产的矛盾。

三、台湾省花生种植制度

（一）生产概况

花生是台湾地区主要杂粮之一，主要在春、秋两季种植，70%种植在云林县，其次为彰化县、嘉义县。台湾早期花生为主要食用油来源，需求量大，加上当时水利灌溉及培肥管理不发达，适于较具耐旱性及耐瘠性的花生生长。台湾地区的花生面积增减大致可分为四个阶段，第一阶段为1899—1940年，在此阶段可视为花生栽培面积渐增时期，每年栽培面积的变动幅度小。第二阶段自1940—1965年，为栽培面积大增时期，与第一阶段比较平均增加443%。第三阶段为1966—1999年，因受国外廉价食用油（大豆油）原料进口的影响，使得油用花生用途日趋减少，因而栽培面积及年产量逐年减少，是台湾花生栽培衰退期，期间除了因推行稻田转作，面积增加至6.4万hm²外，其余各年皆是减少，维持在3.5万hm²左右。第四阶段为加入WTO后，为降低市场冲击更是倡导农民降低栽培面积，维持花生产业发展，避免产销失衡，花生面积控制在2万～2.5万hm²，年总产量5.1万～7.0万t。

（二）种植制度

台湾劳动成本较高，为降低花生生产成本，除了育成高产的优良品种外，改善栽培法，不但可提供作物最佳的生育环境，促使品种发挥高产潜能，并可降低自然风险及生产成本。花生的生育期短，在台湾地区一年两作，由于豆科作物忌连作，在早期水利灌溉尚未发达时，常与玉米、棉花、甘薯、高粱、甘蔗等旱作轮作，而后在水利灌溉设施发达及其他高经济价值作物竞争的影响，以及水稻田转作政策推动下，研究结果表明水稻与花生的轮作方式最为有利，目前被农民普遍采用。

除了轮作制度的改变，确定适宜的播种日期，从北至南，一年两季的栽培模式，春播约在1月下旬至3月中旬完成播种，5月下旬至7月下旬采收；秋播约在7月上旬至9月上旬完成播种，11月中旬至翌年1月中旬采收。

四、海南省花生种植制度

（一）生产概况

海南具有种植花生的传统习惯，20世纪80—90年代海南省花生种植面积约6.67万hm²，由于耕地面积有限，大量种植橡胶等经济作物，海南花生种植面积逐年呈下降趋势，目前已缩小至2018年的3.06万hm²。虽然随着海南生态立省和农业种植结构的调整，花生生产产业水平有所提高，但是生产上存在良种缺乏、耕作土壤板结、栽培管理落后、产量不高不稳、病虫害严重、经济效益低下等问题，严重制约着海南省花生产业的发展和经济效益。

（二）种植制度

海南花生栽培按照播种季节可划分为春播、夏播、秋播和冬播花生。春播花生在海南省一般在1月下旬至2月上旬播种，生育期为115～125d，夏播花生在海南较少，秋播花生要求有较好的灌溉条件，适宜播期一般为立秋至处暑之间，生育期110～120d，冬播花生一般是利用冬闲田，冬种春收，主要用于南繁育种研究。海南种植花生一般一年种植两季，分春种和秋种，一般以春种为主。

海南省地处中国的最南端，由于所处位置纬度低，其光热资源丰富，雨水充足。但是由于海南省耕地资源有限，加上橡胶和槟榔等热带经济作物的大量种植，导致海南省花生产业面临危机。间套作是一种能集约利用光、热、水、肥等自然资源的种植方式。在耕地资源有限的情况下，通过花生与其他适宜作物间套种不仅可以充分利用海南的自然资源，也是解决海南花生种植面积不足与耕地面积有限矛盾的有效途径。花生不仅是调整农业种植业结构、水旱和轮作的优势作物，也是可持续发展的重要农作物。橡胶、槟榔、椰子、油茶等重要热带作物的非生产期通常长达3~5年，种植时株行距大，幼龄期行间土地具有较丰富的光热资源，如不加以利用会浪费土地、光热资源，还会滋生杂草，增加除草费用。间作的主要目的就是充分利用土地和光热资源，提高土地的经济效益。花生作为海南的重要油料作物，因其生长特点和海南经济林种植特点，有发展间作的空间和需要，可见海南林下间套作花生前景相当广阔。

第四节　东北花生区主要种植制度

东北花生区位于中国北方花生产区的东北部，包括辽宁、吉林、黑龙江的大部、内蒙古中东部以及河北燕山东段以北地区。主要分布在辽东、辽西丘陵以及辽西北等地。东北花生种植区自然条件的主要特点：土质多为丘陵沙地和风沙地，花生生育期积温2 300~3 300℃，日照时数900~1 450h，降水量330~600mm。该区花生种植面积和总产分别占全国花生种植面积和总产的4%左右。近年来，无论在种植面积，还是在总产上都有较快的发展，尤其是以"黄曲霉"含量低的优良品质发展较快，东北花生区已成为中国优质花生生产、加工和出口的基地。

一、东北花生区生产规模

辽宁省纬度相对较低，种植条件较为优越，花生生产的历史较长。但在1949年以前，由于种植技术的原因，花生的种植规模较小，面积仅为1.73万hm²，产量也仅为2.20万t。1949年之后至20世纪80年代，辽宁省花生种植面积虽然相对增大，但基本稳定在8.00万~10.00万hm²，产量在13万~20万t。20世纪90年代中期以后，受到花生出口的拉动，辽宁省的花生生产进入一个较快的发展时期，种植面积和产量均呈现快速的增长势头。2018年，花生种植面积达到28.61万hm²，产量达到76.8万t。辽宁省生产的花生"黄曲霉"含量较低，符合出口标准，已成为全国重要的优质花生生产、加工和出口基地。但最近几年，由于受到粮食生产优惠政策的影响，加之花生生产技术水平相对较低，农民种植花生的积极性下降，辽宁省花生种植面积出现下滑的趋势。

吉林省在解放初期，只有很少的地方尝试种植花生，总面积低于666.67 hm²，而且大多为农民自留的地方品种，产量非常低，仅为0.1万t左右。到了20世纪70年代，吉林省中西部地区花生种植有了较快的发展。吉林省扶余市农业技术推广中心先后从辽宁、山东、河北、湖北、广东等省引进50多个花生品种，从中筛选出'四粒红''白沙1016'，通过品种改良对吉林省花生生产起到很大作用。20世纪90年代以后，吉林省的花生种植面积快速攀升，2018年花生种植面积达到24.49万hm²，产量达80.3万t。

黑龙江省的花生发展历程类似于吉林省。解放初期，花生种植面积很小，1958年密山、克东等县开始引种花生。到了20世纪70年代，黑龙江省南部地区花生种植有了新的发展。黑龙江省农业科学院经济作物研究所和嫩江农业科学研究所等科研单位先后从辽宁、山东、河北、湖北、广东等省引进60多个花生品种，对黑龙江省花生生产起到很大促进作用。但20世纪90年代以前，黑龙江的花生种植规模一直较小，最大种植面积仅为2 666.67hm²，产量也仅为0.3万t。20世纪90年代后，在花生生产效应的带动下，黑龙江花生种植规模发展很快，呈迅速上升势头。至2007年，黑龙江的花生种植面积已达2.93万hm²，产量也达到5.5万t。但近年来面积有所下降，但单产提高，2018年其面积1.74万hm²，总产5.1万t。

二、东北花生生产水平

总的来看，东北三省的花生产量呈现出波动上升趋势。中华人民共和国成立初期至20世纪70年代，由于花生的种植面积小，单产低，东北地区多数年份的花生总产不到10万t，占全国总产量的比例不到6.5%。20世纪80—90年代，由于花生种植面积的增加，其总产缓慢上升，最高曾达到42万t，但总体上增加的幅度较小，仅占到2%左右。东北三省花生总产量快速增加的时期出现在20世纪90年代末与21世纪初。由于这一时期花生种植面积的迅速扩增，其总产增加的速度很快，增加的幅度也较大。2003年，花生总产达到86万t，占全国总产的6.4%。2003年以后，由于种植面积的缩小，东北地区花生总产呈现出下滑趋势，2007年其总产为52万t，仅为全国的4%左右。2018年总产达到162.2万t。

从东北三省花生单产水平来看，东北三省花生单产总体上表现为不断上升的趋势。中华人民共和国成立初期，东北地区的花生单产平均不到1 200kg/hm²，2007年，其单产已达2 250kg/hm²左右，将近翻了一番。这说明东北地区的花生生产水平在不断提高。但与全国平均水平相比，2007年全国花生平均单产已达3 300kg/hm²，明显高于东北三省的单产水平。特别是2000年后，全国平均单产增加的幅度很快，而同一时期东北三省的单产水平却基本停滞不前，2018年平均单产2 971kg/hm²。单产水平低，意味着单位投入的产出低，影响到农户的创收，花生种植积极性较低，将直接造成花生种植面积的减少。可见，推广高产品种和栽培技术，提高花生的单产水平，是扩大东北三省花生种植规模的重要因素。

三、东北三省花生生产的地域分布

东北三省的花生生产在区域分布上的很不均衡，总体上随纬度由低到高，花生生产规模递减。20世纪90年代以前，东北地区的花生生产主要集中在辽宁省，其种植面积占东北地区总面积的90%以上。20世纪90年代以后，随着花生种植在吉林省和黑龙江省的逐步推广，两省的种植规模不断扩大，2007年占到东北地区总面积的52%，年均增长80%以上，超过辽宁省的种植规模，但到2018年两省种植面积占比下降，辽宁省花生面积占比增加到了53.1%。

从花生生产的分布地域上看，辽宁省的花生种植区域主要分布在中、北平原沙地及西、南丘陵地区。以2000—2003年的种植面积均值为例，辽西地区为16.5万hm²，占全省的68.6%，辽中地区为3.4万hm²，占全省的14.0%，辽北地区为3.2万hm²，占全省的13.3%。其中，种植面积较大的地区有锦州、阜新、沈阳、葫芦岛、铁岭等地，上述地区的花生种植面积分别达到6.1万hm²、6.4万hm²、3.3万hm²、3.2万hm²和3.6万hm²，其总面积占全省种植面积的92%。

吉林省除东部边远高寒地区外，都比较适合花生的生长。尤其是双辽、松原、白城、榆树、桦甸等地区更适宜一些，这些地区有大面积的沙土地，年降水量为480～640mm，无霜期为120～150d，基本可满足一些早熟花生品种生长发育的要求。从生产区域分布看，全省各个市（地），除延边自治州外，其他地区都有花生种植。花生种植区域主要集中在四平市、松原市和白城地区。2005年四平市、松原市和白城市地区花生播种面积占全省的93.6%，总产量占89%。

黑龙江省南自东宁北至黑河，东自密山西至龙江都有花生种植。从生产区域分布看，全省13个市（地），除大兴安岭、伊春外，其他11个地区都种植花生。花生种植区域主要集中在齐齐哈尔、大庆和牡丹江地区。2002年，齐齐哈尔、大庆和牡丹江地区花生播种面积占全省的81.7%，总产量占81%。

四、辽宁省花生种植制度

（一）生产概况

花生是辽宁省主要的油料作物和经济作物，具有悠久的栽培历史，在辽宁省国民经济发展和对外贸易中一直占有重要的地位。近年来，随着种植规模和生产加工能力的不断增长，花生已经超越大豆成为辽宁省第一大油料作物，并且是位列玉米和水稻之后的第三大种植作物。

1987年以来，由于花生与玉米等粮食比价不合理，花生种植面积逐年下降，到1996年时，辽宁省花生种植面积仅为6.67万hm^2，比1986年减少了9.47万hm^2。自2000年起，花生生产结束了连续13年的低谷徘徊期，出现良性发展势头。"十一五"以来，随着种植业结构调整步伐的不断加快，花生生产迅猛发展。2000年以后，辽宁省的花生生产表现出以下五个特点：一是种植面积和产量稳步上升；二是单产水平不断提高；三是品种种植格局相对固定；四是花生生产的主产区域逐渐扩大；五是区间生产能力差异性大。

（二）辽宁省花生生产存在的主要问题

（1）种植品种单一，混杂退化现象严重。在过去的20~30年里，'白沙1016'一直是辽宁省花生的主栽品种，农民年复一年的重复留种，造成该品种混杂退化普遍、老化现象严重、纯度和整齐度大大降低，病虫害加重，影响了花生生产的总体效益，亟待更新。

（2）专用型品种少，品种间质量差异较大。目前辽宁省的花生品种以油用型和食用型为主，缺少加工专用型、出口专用型、营养保健型品种，因此难以按照国内外市场需求的变化进行优质专用花生及产品的生产。现有品种存在质量差异，且混种混收混加工现象普遍存在，降低了花生生产的经济效益和出口竞争力。

（3）栽培管理技术水平低、管理方式粗放，重茬问题严重。在花生主产区，由于花生种植效益相对高于其他作物，农民种植积极性较高，但受耕地面积的限制，几乎不进行轮作栽培，致使花生病虫害增多，土壤养分失调，严重降低花生单产和品质。小垄裸种的传统种植方式仍占相当比重，大垄双行覆膜种植面积少。垄距普遍偏大，多为60cm，与实际要求（40cm左右）相距甚远，浪费土地现象严重。

（4）机械化生产滞后，生产技术应用不到位。辽宁省大部分种植区域仍旧是落后的手工种植，播种机、覆膜机、剥壳机普及率还是相当低。手工种植方式较机播质量差，密度不足，达不到合理密植的生产技术要求。花生虽是耐贫瘠的作物，但合理施肥效益会更高。目前，花生主产区大部分土地没有开展测土配方施肥技术，化肥施用不科学，有机肥少，氮、磷、钾三大元素肥料和微肥施用不合理。

（5）单产水平低，中低产田面积大。辽宁省花生种植集中在辽西北地区，而且80%以上都是中低产田，这是造成花生单产低的一个重要原因。2008年全省平均产量为3 040.8kg/hm²，与同期山东省平均产量4 215.0kg/hm²相比低了1 174.2kg/hm²。近年来单产水平徘徊不前，加上天气干旱等原因，2018年全省平均产量为2 685kg/hm²，而山东达到了4 411kg/hm²，差距较大。

（三）种植制度

辽宁省花生主要分布在辽南和辽西丘陵区，沈阳、抚顺、鞍山等平原区亦有一定的面积，且有发展的趋势，辽西风沙区及辽东亦有少量种植。花生产区气候温和，全省年平均气温5～10℃，无霜期150～180d。年降水量450～1 200mm。种植花生的土壤主要为沙土、沙砾土、风沙土、部分壤土。栽培制度多为一年一熟和两年三熟制，部分一年两熟制，以春花生为主，部分间作、麦田套作或与马铃薯轮作。种植品种多为中间型中、早熟品种和珍珠豆型品种。

1. 辽宁省花生品种种植结构的现状及问题

现阶段，辽宁省的花生品种种植结构大致为'白沙1016'占全省花生总面积的65%左右，阜花系列占15%左右，锦花系列、铁花系列和连花系列占15%左右，省外选育品种占5%左右。可以看出，辽宁省花生品种种植结构状况有待改变。

辽南的南部和辽西的南部适合种植普通型大粒花生，但目前这些地区种植大粒花生较少，造成资源的浪费。亟待改进当地花生的品种结构，普及推广大粒型花生，大幅度提高花生产量。

2. 辽宁省花生品种种植结构规划

研究表明，不同类型的花生品种适合不同地区种植。辽宁省位于北方大花生区北端和东北早熟花生区南端，根据适宜花生种植区域的划分，可对辽宁省花生种植品种规划如下。

（1）以种植方式和土壤类型划分。覆膜种植或平肥地、高肥力地块，最好选择'阜花11号'；坡耕地、沙土地和河滩地，最好选择'阜花10号'；中等地力选择'阜花12号''阜花13号''唐油4号''花育20号''鲁花12号''远杂9102'。

（2）以产品用途划分。食用首选'阜花10号'，其次是'阜花13号'；油用选择'阜花9号''阜花12号''铁引花2号'；出口选择'阜花10号''阜花12号''阜花13号''花育20号''鲁花12号''唐油4号'。创高产种植可选择'阜花11号''鲁花11号''铁引花1号'。

3. 改革种植制度，开发中低产田

长期以来，因受无霜期的限制，辽宁省花生只有春播一年一季栽培形式，不仅限制了面积扩大，而且单位面积经济效益也不高。如能在小麦、马铃薯等早熟作物下茬，利用地膜覆盖技术栽培花生，变一茬为两茬，提高复种指数和土地利用率，既可以扩大花生种植面积，又能提高单位面积经济效益，有利于发展花生生产。

目前，辽宁省花生生产大部分为裸地栽培，仅有一小部分平肥地进行地膜覆盖栽培。地膜覆盖单产虽高，但因其面积小，对全省花生总产量影响不大。而裸地栽培的花生田大部分为丘陵山地和清薄沙地，为花生中低产田。因此，加强裸地花生栽培高产技术的推广与生产条件的改善，提高中低产花生田的产量，是挖掘增产潜力，提高花生产量的重要措施。

（1）小垄裸地花生高产栽培技术。加强小垄裸地花生栽培高产技术的推广与生产条件的改善，提高中低产花生田的产量，必须狠抓基本建设，改善生产条件。

一是加强"土"的基本建设。生产实践证明，增厚土层，改良土性，培肥地力是花生稳产高产的物质基础。应推广沙地压泥，泥地掺沙和实行轮作换茬的栽培方法，增强土壤保墒保肥能力，减少因重、迎茬带来的养分失调和病虫严重而导致的减产。

二是加强"肥"的基本建设。为了保证花生高产对养分的需要，必须增加施肥量。要广辟肥源，推广秸秆肥，种植绿肥，千方百计地增加有机肥施用量。

建议实行施肥制，即种植花生的地块，每公顷必须施入45 000kg农肥，同时施入一定量的氮肥、磷肥和钾肥。

三是加强"种"的基本建设。为了迅速改善目前花生品种混杂退化的现象，各市要以种子管理站为首，建立花生良种繁育协作组，承担良种繁育工作，制定引种管理条例，严格控制随意大调大运，有计划地开展提纯选优工作。实现花生种子良种化，品种类型区域化，实现花生产品商品化的要求。

（2）花生覆膜双行播种栽培技术。花生是双子叶喜肥群体生长的豆科类植物。长期以来人们习惯小垄裸种，每公顷产量在2 800kg左右。由于种植技术落后，以前的产量很低，影响了花生大面积种植。辽宁省昌图县农机推广站在推广花生种植机具的同时，改良种植模式，用2BFD-2C型覆膜施肥播种机在畦面上采用大垄距90cm，小垄距20cm的双行播种方式，有效地提高了土地利用率。每亩播种穴数由原来的8 000～10 000穴，扩大到11 400穴，提高土地利用率25%，使每公顷产量增加750～1 000kg。

花生机械化宽窄行播种技术，不但有效利用了有限的土地，增加了种植密度和光照，同时采用覆膜技术，又起到保墒作用，提高了花生的抗旱性和地面积温，创造了适合花生生长的环境。因而可比裸种地提早5～7d播种，延长了花生的生育期，提高了花生的成熟度。由于地膜有散色光功能，提高了光合强度，改善了田间小气候，提高了花生产量。

花生覆膜宽窄行播种机械化高产栽培技术，具有省工、省种、保水、保肥、增光、保温、增产、增收的特点，据昌图县农机推广站几年来的试验检测，每公顷省工4.5个，比种植玉米增收近45%。

（3）以马铃薯为前茬复种花生模式。这种模式在葫芦岛地区应用较多，竹架单膜大棚，大棚宽8m，高3m，长80～100m，马铃薯品种选用脱毒早大白，播种前40d开始催大芽，2月上中旬播种，播种前每公顷撒施腐熟鸡粪60m³旋耕，行距85cm，开单沟在沟两侧交错摆种薯，单侧株距27cm，浇水，每公顷施马铃薯专用肥1 125kg，覆土5cm，搂平，用90%的乙草胺每公顷2 250～3 000mL兑水750kg喷于床面和床沟。随后覆第一层膜。每3垄扣一个小拱棚，棚高1.2～1.3m，顺垄每隔1～1.2m插1根竹篾子，形成拱状，罩上棚膜。与大棚膜一起构成三膜覆盖。出苗后及时引苗，4月初撤掉小拱棚，并用大犁深趟培土1次，适时浇水，4月末至5月初收获，每公顷产量达47.2t。下茬种植花生，品种选用'阜花12'或'白沙1016'等，采用覆膜双行播种栽培技术，每公顷产量达5 250kg。

（4）玉米花生宽幅间作技术模式。辽宁省西部及中北部、内蒙古长城沿线主要栽培制度多为一年一熟，常年花生连作，且该地区常年风沙较大，采用玉米花生间作模式，翌年进行条带轮作不仅可有效缓解花生连作障碍问题，还可以防风固沙，较少风蚀，增强土壤肥力。采用的模式主要有玉米与花生行比为8：8、16：16等带宽模式，便于大型机械化种管收。

第五节　西北花生区主要种植制度

西北花生区地处中国西北部，北、西为国界，南至昆仑、祁连山麓，东至贺兰山。包括新疆的全部，甘肃的景泰、民勒、山丹以北地区，宁夏的中北部以及内蒙古的西北部，花生主要分布在盆地边缘和河流沿岸较低地区，种植面积和总产分别占到全国花生种植面积和总产的1%以下。

本区地处内陆，绝大部分地区属于干旱荒漠气候，温度、水、光、土资源配合有较大缺陷。种植花生的土壤多为沙土。区内气候差异较大，南疆、东疆南部和甘肃西北部花生生育期间积温3 400～4 200℃；日照时数1 300～1 900h；降水量仅10～73mm。甘肃东北部、宁夏中北部、新疆的北疆南部等地区积温为2 800～3 100℃；日照时数1 400～1 500h；降水量仅90～108mm。甘肃河西走廊北部、新疆的北疆北部部分地区积温2 300～2 650℃；日照时数1 150～1 350h；降水量仅61～123mm。该区温光条件对花生生育有利，唯雨量稀少，不能满足花生生长发育需要，必须有灌溉条件才能种植花生。栽培制度为一年一熟春花生。

一、新疆花生生产概况

新疆地域辽阔，资源丰富，土地面积大，是中国重要的农业大省，农业生产方式包括雨养农业、绿洲农业和灌溉农业。新疆油料作物主要包括油菜、向日葵、胡麻、红花、花生、芝麻等，其中油菜和向日葵的种植面积相对较大，红花、花生、胡麻及其他油料作物的种植面积较少。

新疆种植花生的历史较长，但一直以来面积并不大，据2016年新疆统计年鉴数据显示，2009年和2013年新疆花生播种面积在近10年中相对较大，分别约为4.71km^{2}和4.69km^2，但在整个油料作物中占比仍很小。随着新疆地区种植业结构的调整和种植花生的经济、生态效益凸显，新疆花生种植面积呈快速增长，2018年达到6.1khm²。

二、新疆花生种植制度

新疆地区花生种植制度主要为一年一熟春花生。新疆地区灌溉条件较好，加上地膜覆盖等抗旱保墒、增温技术，能够保证花生生长发育和丰产丰收。花生属于地上开花地下结果的作物。新疆大部分耕地土壤属于沙壤土和沙质土壤，花生所需各种营养元素丰富，潜力巨大。新疆种植花生与内陆相比有4个特点：①根系粗壮发达，根瘤较多；②植株分枝多，叶部病害较轻；③单株结果多，平均每株30～50个，个体发育好，对于提高单产极为有利；④昼夜温差大，保果率高、品质好。

三、新疆发展花生产业的优势

2016年新疆花生种植面积0.55万hm²，占新疆油料作物的2.53%，产量3万t，较2006年增加2.6万t。目前，新疆的喀什、和田、昌吉、伊犁、阿勒泰、塔城、吐鲁番和哈密等地区均有花生种植。新疆自然资源丰富、土地辽阔，花生在新疆拥有较好的发展前景，将发展成为新疆新的优势油料资源，在促进农业产业结构调整和农民增收方面发挥越来越重要的作用。

（一）地理位置优越和光热资源丰富

新疆位于中国干旱、半干旱地带，土壤大部分为灰漠土，成土母质大多为沙性土壤，土质有利于花生生长。新疆光热资源丰富，南北疆7—8月的平均气温都在20℃以上，年日照时数在2 800～3 500h，光合时间长，花生产量高。气候干燥，病虫害的发生率低，尤其是黄曲霉很少发生，保证了花生产品的品质。新疆地处中国西北边境，与俄罗斯、哈萨克斯坦、塔吉克斯坦、吉尔吉斯斯坦、蒙古、巴基斯坦、阿富汗、印度8个国家接壤，发展边贸既可降低运输成本，又可提高经济效益和创汇能力，良好的进出口贸易市场有利于新疆花生产业的发展。

（二）适合大规模机械生产

花生生产全程机械化主要指机械完成花生生产农艺全过程的技术，主要指耕、种、管、收、加，具体包括耕整地、播种、铺膜、施肥、田间管理、收获、摘果、脱壳、产后加工等机械化技术。花生生产全程机械化核心环节是播种和收获，这是两个占用劳动力多、劳动强度大的生产环节。新疆耕地面积大，拥有310万hm²的花生适宜栽培地，连片土地面积大，且兵团大部分团场的条田比较平坦，非常适宜机械化作业。另外，兵团高度的组织化、种植技术的集成化、土地的集中化以及各师团场有着先进的经营和管理机制，特别适合发展规模化花生种植和大型机械化收获，这些条件对发展新疆花生全程机械化生产十分有利。

（三）种植结构调整带来发展机遇

近几年，新疆棉花种植面积保持在180万hm²以上，播种面积大、所占比例高，也导致了连作年限长。在新疆优势棉区的长期生产过程中，集成采用优质抗虫棉、增加化肥投入、全面秸秆还田、高度机械化作业以及采用先进的节水滴灌技术等农田集约管理技术体系，使新疆的棉花产量稳步提高。但是常年大面积单一的棉花种植，造成长期连作，导致土壤板结酸化、农田生态恶化，棉花生长势差、病虫害加重，农药、化肥用量提高，而产出和投入比不断下滑，严重影响了新疆棉花的可持续生产。随着新疆地区农业种植结构调整、农业生产模式转型升级，近几年粮食、棉花种植面积下降，其中2015年新疆棉花种植面积190.4万hm²，2016年种植面积180.5万hm²，调减了近10万hm²，油料、甜菜、瓜果、蔬菜和其他作物种植面积增加。

花生根系与根瘤菌共生，根瘤菌固定的氮素约有1/3留在土壤，可以培肥地力为下茬作物提供营养。并且花生的根系可以分泌有机酸，有机酸可把土壤中不能被直接吸收的不溶性和难溶性磷素和钙素释放出来，变为可被吸收的速效磷和可交换性钙，通过自身吸收利用并富集于土壤表层，从而丰富了土壤耕作层的磷素营养和钙素营养。因此花生是一种很好的养地作物，种植花生也可促进下茬其他作物增产。在新疆种植结构调整的背景下，加上"一带一路"政策的地缘优势，花生具有很大的发展空间。

四、新疆发展花生产业的短板

（一）消费能力疲弱

新疆的花生产品主要用于3个方面：乌鲁木齐市周边、托克逊县、伊犁河谷种植的花生主要鲜食销售，其余地区的主要是小型榨油厂榨油，或者晒干后制成炒货。新疆食用油年消费量约40万t，而花生油消费仅5万t，消费能力疲弱、当地消化力差。

（二）产业链未形成

目前新疆花生种植面积较小，年均不足0.7万hm²，因此造成原料供应不足，收获的花生产品主要送往小型榨油厂或炒货厂。由于小型加工厂设备陈旧简陋、加工工艺落后，出油率较低、油的品质不好。同时缺乏副产品加工生产线，对花生饼粕、秸秆等副产物的综合利用率很低。由于缺乏技术水平高、规模较大的花生深加工企业，使花生产品加工在新疆花生产业链中成为最薄弱环节，严重制约了新疆花生产业的发展。

（三）产品运输成本高

新疆的花生产品向内地销售，路途遥远、运输成本很高，不具有价格优势，也限制了花生产业的发展。但借助中欧班列，新疆花生及制品途经中亚再运往欧洲，陆路运输时间比从青岛港运往欧洲的海路时间缩短一半，产品质量得以保障并可提升利润空间。

（四）品种混杂

新疆目前种植的花生品种大多是从内地引种，如花育系列、鲁花系列、中花系列、豫花系列等，当地传统的花生品种托克逊大花生也仍有一定的种植面积，因此存在品种混杂的现象。近年来新疆农科院、兵团农科院和部分企业等开展了相关的引种试验，筛选出了一些相对较好的品种，但在产量和品质协同方面，如食用型的蛋白质含量、油用型的脂肪含量、出口型的油酸亚油酸比值等，以及在抗旱耐瘠、抗病性等综合抗性方面还不能很好适应当地环境和满足生产及市场需求。品种混杂退化并缺乏当地主导品种会直接导致花生的产量低和品质差，这也在很大程度上制约了新疆花生生产的健康发展。

（五）栽培技术有待提升

虽然新疆种植花生的历史较长，但一直以来的种植面积并不大，花生科研力量也较为薄弱，开展的品种和配套栽培技术研究较少，在生产中大部分还是根据传统的经验播种管理，导致花生产量低而不稳。由于新疆地域广阔，不同地区气候条件及土壤质地均有很大不同，因此花生的适宜品种筛选、合理种植模式、最佳播种时间、优化施肥种类和数量以及病虫害防治技术等也有所不同。而目前新疆花生生产主要照搬内陆的品种和美国的机械，缺乏适宜的优良品种及配套的高产、优质、高效栽培技术体系。

五、新疆花生产业发展战略与对策

新疆自然环境和地理位置优越，加上具有规模化和机械化种植的优势条件，新疆花生产业发展的战略定位要突出两点：一是利用后发优势，在政策支持和企业支撑下，快速稳定的进行大面积推广种植；二是高起点发展，主攻高油酸花生种植和加工，研发适合新疆花生的配套种植技术和机械化装备。

（一）高油酸花生引进推广

新疆花生近几年的发展，主要得益于规模化种植和大型机械化作业，引进美国花生联合采收设备以及国内先进的花生中小型播种作业机械等，加上膜下滴灌技术和水肥药一体化调控技术等集成和推广应用，使新疆花生起点高、发展快。但目前新疆种植的花生品种主要从内地引进，比较混杂，产品也缺乏自己的定位。在新开发种植区适宜大面积推广高油酸花生，并配套研发专用种收机械，降低生产成本，同时将高油酸花生油产品定位在高端市场，实现高起点、高效益。

（二）机械化、规模化种植

新疆花生种植情况与内地有较多不同，比如南疆林果间作花生、大面积连片集中种植等，内地现有农机具不能满足新疆花生生产的需求，新疆从国外引进的花生收获机械也存在问题，如掉果多、浪费严重，地膜与机具缠绕、残膜和花生秧混合等，影响了收获产量和作业效果。针对新疆花生机械化生产中存在的问题，要因地制宜地引进与研发花生播种、收获、摘果、烘干、脱壳等机械，改善现有花生生产机械的性能和质量。开展农机技术与农艺栽培技术联合研发，制定与机械化作业相适应的花生栽培技术标准，最终建立农机农艺融合的高产栽培技术体系，提高生产效率，增强新疆花生生产的机械化水平。

（三）产业链布局

新疆要大力发展花生种植业，花生深加工必然是产业链中的重要环节。在新疆进行花生深加工，发展花生边贸，既可降低运输费用，又可扩大出口创汇，增加经济效益，具有广阔的销售市场。应鼓励内地花生深加工企业入疆发展，引进花生深加工设备，大力支持花生油、花生蛋白等龙头企业的发展，同时整合发展疆内油脂企业，形成新疆自有品牌，进而推动新疆花生生产的发展。

（四）副产品综合开发

花生的茎叶含有较多的蛋白质、脂肪和大量的碳水化合物，其中含有可消化蛋白质69.1g/kg，高于大豆、豌豆等豆科作物的茎蔓和玉米等禾谷类作物的秸秆，营养物质比较丰富，是一种优质的畜牧饲料。花生籽仁榨油后剩下的饼粕富含蛋白质，是畜禽饲料蛋白的理想来源。花生用于榨油的比例大，这对于弥补中国饲料蛋白不足、减少大豆饼粕进口意义重大。新疆地区畜牧业在农业中占的比重很大，因此发展花生生产对于整个农业产业的发展有拉动作用。

此外，花生红衣具有较高的医用价值，应用前景广阔，且红衣多酚具有很强的抗氧化性和清除自由基的能力，目前国内已有企业引入生产线提取。对花生红衣、茎秆和饼粕蛋白等副产品进行深开发，对挖掘副产品经济价值提高花生产业效益具有重要作用。

（五）种植制度优化

新疆拥有适合花生种植的温度、光照、土壤等自然条件，还有着大面积的荒漠土地尚待开发，在新疆发展花生生产对提高当地农牧民收入、增强社会稳定等方面均具有重要意义。花生是固氮肥田的先锋作物，种植花生既可以改良土壤结构、提高土地利用率，取得较好的经济效益，又可以改善生态环境、取得良好的生态效益。新疆常年单一棉花种植造成土壤板结、肥力下降、农田生态恶化，实行花生与棉花轮作，能实现土地用养协调和经济生态效益双提高。

新疆环塔里木盆地周边，有70万hm²果林，在林果行间作花生，既可以提高土壤保水、保肥、抗旱能力，促进幼龄林果的生长，还可取得不错的经济效益。林果行间间作花生可增加40万hm²的花生种植面积，发展潜力很大。新疆花生种植制度独具特色，要提高对花生生产重要地位、资源优势与发展潜力的认识，重视新疆花生产业的发展，有计划地推进其合理发展。

第六章　中国花生种植制度发展及展望

中国花生种植区域广，由于受气候条件、资源禀赋、种植习惯等因素影响，花生种植制度呈多样化分布。不同地区花生种植制度受多种因素的制约，光、热、水、气等气候条件的变化对花生熟制、分布情况、播种面积产生影响，另外土壤的性质、养分含量、有机质含量也影响花生生长与分布（万书波，2003）。随着经济全球化的发展，中国花生生产也受到全球市场的考验，在保证花生产量和品质同时，还适应种植制度变化及未来气候变化趋势，减少环境污染。为适应新形势下的生产要求，要在花生的机械化、信息化、标准化、产业化发展的过程中不断调整现有的花生种植制度，以促进花生生产及产业高质量发展，保障中国粮油安全及增强花生产业国际竞争力。

第一节　未来气候条件变化与种植制度

由于中国地域辽阔，地形复杂，具有从北温带到南温带、从湿润到干旱的不同气候带，气候变化复杂，对农业气候资源的影响明显，使农业气候资源在空间上分布不均，热量资源、光资源和水分资源存在区域性差异。花生生产对气候变化非常敏感，明确气候变化对油料作物生产的影响，制定适应措施，对保障国家食用油供给安全非常重要（陈有庆等，2011）。

一、农业有关气候条件变化趋势

中国具有热带、亚热带、温带等多种气候资源类型，其复杂性使农作物的种植结构和布局存在明显的区域性（郑冰婵，2012）。云南南部、西藏东南、海南、广东南部等地≥10℃积温在8 000℃以上，属于热带地区，农作物主要以热带作物为主；秦岭—淮河一线以南为中国亚热带地区，≥10℃积温在4 500～8 000℃，主要作物为水稻；长城以南、秦淮线以北、塔里木盆地，≥10℃积温在3 400～4 500℃，属于暖温带地区，以种植冬小麦、棉花等为主；中温带位于长城以北内蒙古大部分地区、准格尔盆地，农作物主要是春小麦、玉米、大豆等；黑龙江与内蒙古北部地区≥10℃积温在1 600℃以下属寒温带，主要种植马铃薯、大麦。

气候变化对农业生产的影响首先是对农业气候资源的影响，这种影响在数量和分布上都发生了变化，从而对农业生产过程产生了影响，最终影响到农业种植体系、品种布局和生长发育以及产量形成（王玉河和王承军，2011）。农业气候资源的数量和分配直接影响农业生产过程，为农业生产提供必要的物质和能源。在气候变化背景下，中国农业气候资源热量资源显著增加，辐射资源显著减少，但降水资源变化不显著，区域差异明显（左洪超等，2004）。中国全年及喜温作物生长期内总体表现为暖干化，西南、华北和东北地区喜温作物生长期为暖干趋势，长江中下游、西北和华南地区喜温作物生长期为暖湿趋势，华北地区喜凉作物生长期为暖干趋势，西北地区喜凉作物生长期为暖湿趋势（郭佳等，2019）。

（一）光照资源的变化趋势

随着全球气候变化，未来太阳能资源的储量和分布也将发生相应的改变。全球气候变暖背景下，未来太阳能资源的预估结果表明，美国大陆季节尺度的太阳辐射将有0～20%的减小趋势；日本暖季太阳辐射将会增加，冷季太阳辐射将会减小；欧洲中部和南部的太阳辐射整体将增加5%～10%，而欧洲北部和东部冬季太阳辐射将下降5%～15%；尼日利亚的太阳辐射将减小，尤其南部地区；中国地表太阳辐射的年代际变化距平存在着"升—降"相间的变化特征，总体也呈下降趋势，这主要与低云量变化和人类活动有关（张飞民等，2018）。

光资源评价通常通过分析太阳辐射和日照时数来进行，两者呈正相关关系。总体来看，由于气候的变化，中国光资源基本呈减少趋势，但存在区域差异。自1960年以来，中国大部分地区太阳辐射降低，出现日照时数减少的现象，近50年在气候变暖背景下，相对湿度和云量增加导致西北大部分地区日照时数显著减少。东北三省年日照时数显著下降，且以松嫩平原东部、吉林省中西部平原、辽河平源西部的减少尤为明显，日照时数高值区西退、日照时数减少。长江中下游地区日照时数普遍表现为减少趋势。华南工区年日照时数呈由西向东逐渐减少的特征，且东部减少趋势较西部更显著。青藏高原干旱半干旱区喜凉作物生长季内日照时数的变化不明显，喜温作物生长季内日照时数呈增加趋势（郭佳等，2019）。全国而言，喜凉作物生长期日照时数在华北地区呈减少趋势，在西北地区呈增加趋势。

（二）热量资源的变化趋势

全球气候变暖已经成为人类共同面临的重大议题之一，引起全世界关注。政府间气候变化专门委员会报告指出，人类活动已经导致全球温度比工业化前期相比上升了约1.00℃，经过IPCC（Intergovernmental Panel on Climate Change）详细测算，2006—2015年全球平均地表气温比1850—1900年高出了0.87℃。如果按此增长趋势，到2030—2052年，全球气温增幅极有可能达到1.50℃左右。气候变暖将带来一系列极端灾害，例如南北极冰层融化、海平面上升、强降雨等。根据SR15（全球变暖1.5℃特别报告）预测，全球平均温度上升1.50℃情况下，部分中纬度地区最高温度将提高3.00℃，到2100年全球平均海平面与1986—2005年情况相比上升0.26~0.77m（张璟，2018）。

气候变化对热量资源的影响主要来源于温度的变化。自20世纪80年代以来，全球气温上升显著，IPCC第五次评价报告指出，过去130年全球升温0.85℃，1901—2015年亚洲地区地表平均温度上升了1.45℃。在全球变暖的背景下，中国年平均气温升高了0.50~0.80℃，但由于温度上升在时空上的差异，热量资源在时空分布上不均匀。年平均气温增温程度最大的地区是东北，秦岭—淮河一线以北和青藏高原的部分地区的气温升高也较明显。此外，海拔越高，地形越复杂，热量资源的区域性差异越大。

适宜的气温能够加快作物的生长速度。虽然气温的升高在一定程度上促进了有机物的积累，但该积累现象并不是无限制增加，且气温的升高会缩短作物的生育期，造成生物量积累不足，干物质明显降低，进而造成产量下降。气温的变化尤其对水稻和小麦生产的影响较大。Schlenker等研究表明，美国的玉米、大豆和棉花的产量在温度超过29℃、30℃和32℃之后便会急剧下降。受全球升温影响，中国作物的种植界线在向高纬度和高海拔地区发生偏移（赵茹欣等，2020）。

积温是评价农业气候资源常用指标，通过对比不同地区生长期积温，可得到不同地区热量资源变化的差异。近50年中国≥0℃和≥10℃积温和持续时间总体呈增加趋势，但表现出时空分布极不均匀的显著特点：一是北方地区增温幅度大于南方（孙智辉和王春乙，2010），二是冬季大于夏季，三是夜间大于白天，从而导致日较差减少；同时，南方地区的增温趋势不明显。

（三）水分资源的变化趋势

水作为水文循环和大气环流中最关键的因子，更容易受到温度变化的影响。全球气温的升高将直接影响水文循环，改变降水、径流、土壤水分等状况，导致水资源在时间和空间上的合理分布发生变化，从而增加全球洪涝、干旱等自然灾害的发生概率和强度，进而引发更加严重的区域性缺水问题，影响人类对水资源的规划、开发和利用，威胁生态环境和社会经济的可持续稳定发展。

据观测，1961—2003年全球海平面平均每年升高1.8mm，而1993—2003年全球海平面的上升速率达到每年3.1mm。积雪与海冰面积的减少也与气候变暖相一致。卫星资料显示，1978年以来北极海冰面积每十年减少2.7%，而这个数值在夏季会更大。同时，南北半球冰川和积雪面积也呈减少趋势。全球变暖背景下，北半球高纬度降水增加的范围扩大，大雨和极端降水事件偏多。Kharin等通过对加拿大气候模拟和分析中心全球耦合模式CGCM2在不同排放情景下模拟结果的分析发现，极端降水量的增加趋势显著大于平均降水量的增加趋势，21世纪末极端降水事件发生的频率将比21世纪初增加一倍（李新周和刘晓东，2012）。

气候变化对水分资源的影响主要体现在降水及水资源时空分布的变化上，并以降水为主。降水具有明显的区域性和季节性差异。从全国范围来看，近50年中国降水量总体变化趋势不显著，年蒸发量总体呈增加趋势。区域差异明显，长江中下游地区、东南地区、西部大部分地区、东北北部和内蒙古大部分地区年降水量呈增加趋势，增幅由西北向东南递减，但华北、西北东部、东北南部年降水量呈下降趋势。加拿大CCCma模式预估未来中国降水量增加中心位于青海、西藏一带，21世纪末华南地区降水量有所减少，区域气候模式PRECIS预测未来气温持续升高，导致参考作物蒸散量普遍增加，降水量增加最多的地区分布在长江以南、海南以北的中、南亚热带地区（郭佳等，2019）。

（四）农业温室气体的变化趋势

人类活动是驱动气候变化的重要因子，工业革命以来人类活动引起的温室气体排放急剧增加是引起全球气候变化的主要原因。全球大气中二氧化碳浓度已由工业革命前约503.89mg/m³增加到2005年的682.04mg/m³；与工业革命前相比大气甲烷浓度增加了1.5倍；大气中氧化亚氮的浓度值也比工业革命前增加了18%。二氧化碳、甲烷和氧化亚氮等长寿命温室气体浓度的升高使辐射强迫值增加了2.3W/m²，远高于其他气候变化驱动因子。因此，IPCC（2007）指出，自20世纪中叶以来所观测到的全球平均温度的升高很可能是由于人为温室气体排放量的增加所导致的。

　　作为人为温室气体排放的主要来源，2005年全球农业源温室气体排放量为5.1～6.1Gt二氧化碳当量，占全球人为温室气体排放量的10%～12%；其中甲烷排放量为3.3Gt二氧化碳当量，氧化亚氮排放量为2.8Gt二氧化碳当量，分别占全球甲烷和氧化亚氮排放的50%和60%。农田与大气间二氧化碳的交换量非常巨大，然而其净排放量仅为0.04Gt。因此，氧化亚氮和甲烷是最主要的农业源温室气体，全球农业源氧化亚氮和甲烷的排放量自1990年到2005年增加了17%（表6-1）。随着全球农业的不断发展，若不及时进行对农业生产所产生的温室气体进行控制，未来氧化亚氮和甲烷的排放量仍将持续上涨。

表6-1　1994年和2005年中国主要温室气体排放量（程琨，2013）

项目	温室气体排放量（万t CO₂当量）	
	1994年[*]	2005年[**]
二氧化碳	266 599	597 557
甲烷	85 717.5	93 282
氧化亚氮	25 330	39 370
合计	377 646.5	730 209

　　[*]引自《中华人民共和国气候变化初始国家信息通报》（国家发展和改革委员会，2004）；[**]引自《中华人民共和国气候变化第二次国家信息通报》（国家发展和改革委员会，2012）。

　　中国农田占国土面积的12.7%，2005年农业排放温室气体819.97Tg二氧化碳当量，占全国温室气体排放量的11%，与农田相关的温室气体排放占全国总排放的5.5%；其中，农田是氧化亚氮最主要的排放源，占全国氧化亚氮总排放的53%，而约18%的甲烷排放来源于水稻种植（表6-2）。与2005年全球农业源温室气体排放量相比，中国农业源甲烷排放量占全球农业源甲烷排放量的16%，而农业源氧化亚氮排放量占全球农业源氧化亚氮排放量的10%。并且，随着中国农业生产在世界范围内比重不断提高，相对应的温室气体排放量也将不断增加，因此，在全国乃至全球，中国农业在减缓气候变化中应当扮演重要的角色。

表6-2　1994年和2005年中国农田温室气体排放量及比例（程琨，2013）

项目	1994年[*]		2005年[**]	
	排放量（万t CO_2当量）	比例（%）	排放量（万t CO_2当量）	比例（%）
甲烷	15 435	18.01	19 825	17.84
氧化亚氮	18 714	73.88	20 026	52.91
合计	34 149	9.04	39 851	5.46

*引自《中华人民共和国气候变化初始国家信息通报》（国家发展和改革委员会，2004）；**引自《中华人民共和国气候变化第二次国家信息通报》（国家发展和改革委员会，2012）。

二、作物及花生种植制度的变化趋势

近年来不少学者在气候变化对包括花生在内作物的影响方面进行了大量研究，普遍认为高温加快呼吸作用及作物原有品种发育进程，导致减产；CO_2浓度升高降低作物品质，不利于油料作物蛋白质和脂肪累积。另外，CO_2浓度升高、气候变暖也给油料作物生产带来新机遇：CO_2浓度升高增强光合作用，气候变暖使高纬度地区作物生长期延长，多熟制边界北移（田展等，2014）。未来20年，资源集约持续利用的方向不变，多熟制依然占据主体地位：间混套作模式向土地集约、劳动集约和技术集约方向发展；轮连作向劳力资源节约型和环境友好型方向发展；土壤耕作方式以现代技术逐渐替代传统技术，向以少耕、免耕、深松、残茬覆盖等技术为代表的简单化趋势发展；大中城市郊区推广保护地设施栽培技术；土壤培肥继续保持无机为主，有机为辅，做到平衡施肥，养地技术强调用养结合和资源持续利用等（李立军，2004）。

气温升高增加了各地的农业热量资源，从而使当前多熟制的北界向北、向西推移，在只考虑温度的情况下，1981—2007年与1950—1980年相比，一年两熟制种植北界空间位移变化最大的区域在陕西东部、山西、河北、北京和辽宁，一年三熟制种植北界空间位移变化最大的区域为浙江、江苏、安徽、湖北、湖南地区。与1951—1980年相比，2011—2040年和2041—2050年的一年两熟和一年三熟制种植北界均不同程度向北移动，其中一年一熟区和一年两熟区分界线空间位移最大的省（区、市）为陕西省和辽宁省，且2041—2050年种植北界北移情况更为明显；一年两熟区和一年三熟区分界线空间位移最大的区域在云南省、贵州省、湖北省、安徽省、江苏省和浙江省境内，且2041—2050年种植北移情况更为明显（夏飞，2019）。

随着复种方式不断优化，种植模式进一步向土地集约和技术集约方向发展。在一熟区有条件的地方适当采用间套作成以实用为目的的短生育期作物填闲种植，发展旱地农业和绿洲农业技术；两熟和三熟耕作区大力发展经济作物、蔬菜、果树、特用作物、豆科牧草等，将经济作物和饲料作物纳入种植制度中去，发展多种多样的间套模式，推广粮饲间套、果粮间作、林草间作等立体种植模式，充分利用水土光热资源优势，发展土地密集性产品。未来复种指数将提高到170%左右，一熟耕作区仍有潜力，2020年可达到115%，二熟耕作区基本稳定在175%～180%，三熟耕作区还将进一步增加到240%（李立军，2004）。

对于花生而言，有一年一熟，两年三熟，一年两熟制。一年一熟区主要分布于东北地区、华北平原花生亚区、云贵高原花生产区、黄土高原、西北花生产区，这些产区热量条件相对较差，在全球变暖的气候背景下，该区域种植北界未来有向北移动的趋势。花生两年三熟区主要分布于辽宁南部、山东丘陵、黄淮平原、河南、河北、江苏、安徽部分地区、湖北部分地区、四川盆地、广东福建沿海部分地区等地区，该地区气候温和，花生通常与其他作物如小麦、玉米、油菜等作物套种，以最大限度利用热量资源。在此情况下，预计未来种植北界将随一熟区北移。花生一年两熟区主要分布于山东、河南、河北、安徽、江苏、湖南、湖北、四川等省，采用麦套花生的种植方式，由于气候变暖导致的热量条件变化，将有利于一年两熟区域面积的扩大。

三、气候变化与花生种植制度的关系

光、热、水是作物生长的必需条件，气候资源是决定当地农业结构合理布局的主要因素。当气候变化引起水热条件变化，农户会采取调整各作物的种植比重、播种面积、更换作物品种等措施来适应气候变化（李娟娟，2015）。随着全球气候变暖，中国北方地区气温上升，种植界限明显的北移西扩，主要粮食作物结构布局发生显著变化，呈南北方反向变化且变化幅度趋缓。气候变化会影响作物的种植制度，主要表现在生长发育及产量、种植面积及布局、病虫害、土壤投入等方面。

（一）光热资源变化与花生种植制度的关系

花生性喜温、喜光，虽然属于短日照作物，日照时间长短对花生开花过程有一定的影响，短时间光照能使盛花期提前，但出现总开花数量略有减少的趋势，长时间光照有利于营养体生长（马登超等，2013）。一般花生发芽所需的最低温度为12~13℃，生产所需最低温度为15℃，正常生产需要20℃以上，成熟期最适温度为31~33℃。随着未来光照、热量资源的变化，花生播期、适宜品种将会发生变化，传统花生种植区域及种植模式也会发生改变。气候变暖促使部分区域选择或改变种植作物品种类型以适应其变化，气温升高使作物生育期有效积温增加，农作物适种面积扩大，复种指数增加。品种熟性由早熟向中晚熟、一熟向两熟、多熟向其他地区发展，种植区及种植制度分界线北移，一年一熟制地区向北移动200~300km、一年两熟制和一年三熟制向北扩大了约500km（宁金花和申双和，2009；钱凤魁等，2014）。

基于气候条件与农作物熟制的相互关系，中国潜在的不可耕地面积减少，一年一熟区面积减少，一年两熟和一年三熟地区面积增加，潜在播种面积缓慢增长。一年两熟制变化最大的地区为陕西东部、山西、河北、北京和辽宁，一年三熟制区域变化最大的为浙江、江苏、安徽、湖北和湖南。若未来CO_2增加1倍，在品种和生产水平不变的前提下，仅考虑热量条件，中国一熟制面积减少而三熟制面积会明显增加。在≥10℃积温指标下，1986—2009年中国潜在的不可耕地面积平均值相对1961—1985年减少约34.33%。一年一熟区面积有所减少，但仍约占50%，一年两熟和一年三熟地区面积均呈增加趋势；总体≥10℃和≥0℃两个积温指标。中国潜在播种面积缓慢增加，与实际播种面积的变化趋势一致，其他综合因子则在总体上对潜在播种面积的增长有微弱抑制作用。郭佳等（2019）在研究未来CO_2倍增对农业熟制影响的研究指出，气温升高1℃，三熟制面积增加4 134万km^2；气温升高2℃，三熟制面积将增加5 144万km^2。

现阶段，中国花生主产区熟制以一年两熟、两年三熟为主，未来气候变化下，可能出现三熟制的种植区域，冬作物—花生—晚稻形式增加。花生生长季积温呈现上升趋势，给部分地区花生生产提供了优势气候资源。随着耕地面积的减少，粮油争地矛盾日益加剧，气候变化带来的优势气候资源，使花生生育期内积温增加，土地复种指数提高，因此，小麦花生两熟制区域不断扩大，很大程度上缓解了粮油争地矛盾（毕秀丽等，2008；郭峰等，2008）。有学者利用作物生长模型评估肥料对于麦油高产的影响。有学者评估了不同播期对花生产量的影响，总体上看，过去20多年的气候变暖已显示出其对中国花生熟制有显著影响，不仅适宜作物种植和多熟制种植的北界已明显北移，全国土地复种指数也呈上升趋势。花生的适宜种植带发生变化，集中程度降低，高纬度、高海拔地区受热量资源增加的影响，种植优势显著增强（尤飞等，2011；赵瑞等，2017）。

由于全球气候变暖，气候带将北移，在远离赤道的地方变化最显著。据推算，年平均气温每升高1℃，农业气候带将北移100km。中国把冬季1月0℃等温线作为副热带北界，目前约处于秦岭—淮河一带，国内现有研究结果表明，如果气候增暖，副热带北界将推移到黄河以北，冬季徐州、郑州一带气温将与现在杭州、武汉相似。这就意味着花生种植带也相应地向北移动（万书波，2008a）。

（二）水分资源变化与花生种植制度的关系

水资源短缺逐渐成为种植业发展的限制条件，农业节水与作物种植结构调整是一种既相互制约又相互促进的关系。优良的作物种植结构应按照适水原则选用耐旱、水分利用效率高的品种，适当压缩高耗水作物的种植比例，在一定程度上缓解农业种植结构的不合理性。北方地区特别是西北区水稻播种面积的增长一直受到水资源的限制，水资源越是短缺，农民越倾向于种植对灌溉依赖程度低、需水量小的作物（王华英等，2015）。

未来气候变化情景下东北地区年降水量下降，土壤沙化趋势增强，结合花生生长条件的适宜性，土壤沙漠化会使该区花生种植区扩大。中国花生产区的主要轮作方式有两年三熟制、一年两熟制，在气候变化下华南地区将基本变为三熟制，花生种植面积增加，且冬作物—花生—晚稻形式增加（田展等，2014）。

水资源条件改变对花生的生产提出了挑战。传统主产区花生生育期缩短引起减产，通过改变播种日期、更换中晚熟高产品种等措施可以减缓气候变化带来的损失。在极为干旱的地区，调整播种期可以大大减缓温度和降水变化带来的影响。水分条件好的地区，应调整种植制度，发展多熟制种植并提高复种指数。合理的种植结构同样重要，发展花生和其他作物间作、套种的栽培技术体系，加强作物生长模型在花生水分管控中的应用，有利于提高水资源利用率，稳定花生产量。

（三）农业温室气体变化与花生种植制度的关系

关于温室气体对花生种植制度的影响，应考虑各种固碳减排措施对于温室气体减排之间，或者是温室气体减排与土壤固碳效果之间的"彼此消长"关系，需要集合采用多种固碳减排措施进行综合减排，而不是采用单一的减排措施（夏龙龙等，2020）。对于花生来说，未来优化种植制度、合理施用氮肥、适宜施用有机肥与秸秆还田，有可能减少碳足迹和活性氮足迹，降低温室气体和活性氮排放所造成的总环境损失，而不影响花生的正常生长发育。与此同时，种植制度等对农业温室气候变化的影响，今后可利用多种温室气体排放模型和作物生长模型进行评估。

此外，随着未来气候条件变化，也会影响中国农业气象灾害与病虫害的发生。由于气候变暖，降水分布不均引发的旱涝灾害事件增多。北方易出现暖冬天气，有利于虫卵和病原物过冬，病原和虫口基数增大，害虫发育期提前。然而作物生育期间（5—9月）阶段性低温冷害也是影响东北地区粮食生产的气象灾害。这也农业气象灾害的发生发展加剧了花生生产的不稳定性，在布局合理的花生种植制度时要充分考虑，以减少气象灾害对花生生产的损失。

第二节　未来土壤条件变化与种植制度

土壤条件和肥力状况是决定花生是否丰产、优质的前提条件，对花生生产有很大的影响。中国花生多种植在丘陵沙砾土、沿海沿江风积或冲积沙土和酸性红壤、黄壤土上，往往存在土壤质量不高、结构较差、肥力较低等情况，适宜的花生种植制度及栽培措施将有效提高土壤供给养分、水分的能力，确保花生生长发育及高产、高效、优质。

一、未来农田土壤条件变化趋势

（一）土壤物理性状变化

花生对土壤的要求一般不太严格，除特别黏重的土壤和盐碱地外，均可种植花生。但由于花生是地上开花、地下结实的作物，要获得优质、高产，对土壤物理性状的要求，以耕作层疏松、活土层深厚的沙壤土最为适宜。据山东省花生研究所测定，每公顷荚果产量7 500kg以上的高产地块，其土体结构是全土层厚度在50cm以上，熟化的耕作层在30cm左右，结荚层是松软的沙壤土。由于花生对土壤的强适应性，在气候条件适宜的情况下，土壤对花生种植的限制性较小。土壤对花生种植制度的影响主要体现在经过长时间的土壤改良，使增加适宜种植花生或小麦、玉米、水稻等粮食作物的区域分布更加广泛，一年一熟制、两熟制、三熟制地区逐渐加。

（二）土壤碳氮含量变化

土壤碳氮含量是评价土壤质量的重要指标，土壤碳氮可以通过调节土壤微生物活性实现调节养分循环。单产6 000kg/hm^{2}以上的田块，0～30cm土层中有机质含量多在4～7g/kg，全氮含量多在0.3～0.6g/kg，水解氮含量多在30～100mg/kg，全磷含量多在0.5～1.0g/kg，速效磷（P$_2$O$_5$）含量多在5～20mg/kg，速效钾含量多在20～100mg/kg。目前中国养地技术向以无机投入为主的单一化趋势发展。以二熟区为例，化肥总量投入增加到1995年后稳中有降，自1990年以来，化肥投入总量接近870万t，到1995年以后基本稳定在1 150万t的水平上，氮肥和磷投入变化趋势基本相似，到1995年基本保持在600万t和170万t左右的规模上，钾肥的投入总量一直在增加，10年间增加了57万t。单位面积化肥投入水平15年来不断增长，前5年增长速度较快，后5年有所减缓，和总投入水平的趋势相似，单位面积氮肥和磷肥的投入水平是稳中有降，前5年增加了45kg/hm^2，以后基本保持在320kg/hm^2，左右的水平上；钾肥和复合肥的单位面积投入量不断增加，前5年增长较快，后5年有所减慢，10年间分别增长了34kg/hm^{2}和74kg/hm^2，高效的复合肥投入水平增长了1倍多。

化肥投入以氮肥为主的格局没有改变，但化肥中的氮磷钾结构有所改善，氮磷钾平衡施肥将有助于地力的恢复和提高。氮在化肥结构中的比重不断下降，由1994年的62%以上下降到54.5%，磷的比重在增长到1995年以后稳定在24.6%的水平上，钾的比重在增加，10年间由13.1%增长至15.1%。

（三）土壤有机质与肥力变化

土壤有机质是土壤固相部分的重要组成成分，其含量是用来评价土壤肥力水平的一项重要指标。土壤有机质对于农田系统养分循环具有重要意义，是土壤氮、磷、硫和微量元素等的主要来源，还会影响土壤理化性质，改善土壤肥力。

中国目前很多地区农田有机质含量下降趋势明显，对土壤质量产生较重的影响，目前的农作制度下，大多数地区土壤有机碳库都处于负平衡状态，东北区和内蒙古自治区是主要的土壤有机碳丢失区。在一熟耕作区，大多耕地为完全依靠天然降水的旱地，地力低下，水肥问题是制约旱地农业高产的主要障碍，尤其实行土地联产承包责任制后，往往是考虑用地多，养地少，再加上耗地作物面积的增多，秸秆还田少等，土壤有机质含量下降，结构变差；同时由于无机氮的大里投入，耕地土壤氮库表现为盈余。

中国目前绿肥、有机肥养地和秸秆还田能力下降。绿肥是氮素循环的重要环节，是生物固氮的重要途径之一，还可富集土壤中的磷、钾元素，缓和三熟耕作区磷肥不足的现状，同时，又能改善生态环境，为发展养殖业提供很好的饲料资源。但在三熟耕作区，绿肥养地的行为越来越减弱，绿肥面积下降速度惊人。三熟区15年间绿肥面积减少了267万hm²以上，下降速度超过3.5倍。为了培养和提高地力，必须重视恢复和扩大绿肥的种植面积，以充分发挥其养地作用（李立军，2004）。

二、土壤条件变化与花生种植制度的关系

（一）土壤条件变化对花生种植制度的影响

中国花生的栽培制度，随着农田基本条件的改变，栽培技术的创新，早、中熟高产品种的选育及推广，有了很大的变化和发展。20世纪50年代，中国花生几乎全部种植在丘陵山区旱薄地或土质较差的沙地。这些土壤土层浅、土质差、肥力低、保水保肥能力差。据广西壮族自治区对全区240.7万hm²耕地的普查结果表明，种植花生的丘陵坡地，土壤有机质含量普遍低于1%以下，速效磷含量低于5mg/kg。这种土地只能种植抗旱耐瘠的花生或甘薯等作物，栽培制度只能沿袭过去的一年一熟制。20世纪50年代后期和60年代中期在全国范围内掀起了整地改土高潮，不少的丘陵旱薄地得到了改造，通过整修梯田，深耕整平，沙地压土，增施有机肥等措施，使丘陵旱薄地的活土层加厚，土壤肥力提高，保水保肥能力增强，变成了既能种花生，又能种小麦、玉米等作物的旱涝保收田；到70年代中后期，两年三熟制成为中国花生生产的主要栽培制度；进入80年代，随着中国花生种植面积的迅速扩大，如河南省由1977年的4.7万hm²，1985年发展到28.9万hm²，1996—2000年猛增到73.3万hm²，种植花生的土地也由丘陵旱薄地，沿河沿

海沙地迅速向平原壤土、沙壤土和水稻田发展和扩大，从而一年两熟制、三熟制的面积也不断扩大。

一熟耕作区的中部和东部地区土壤耕作向少、免、深耕和资源保护型耕作方向发展；而少免耕技术往往与其他农艺措施相结合农艺，如地下深松耕作体系和地上种植方式配套与相应的栽培技术措施相结合，并向规范化、简单化、模式化方向发展。黑龙江采取以间隔深松为主体结合耙茬、普通翻耕等方式的土壤耕作体系，为保证春小麦水分供应起到了重要作用；吉林中部平原地区实行的轮翻少耕土壤耕作体系，各种中耕作物不再秋翻耕，只进行春耙茬或原垄上播种，实现了防止春季跑墒，保苗增产的目的；山西推广的作物整株秸秆覆盖少耕技术，既减少了秋季作业时间，又增加了土壤含水量和土壤微生物数量，取得了良好的效果。20世纪90年代，一些特殊的土壤耕作技术，如等高耕作，聚肥改土耕作等在西北地区的应用日渐广泛。二熟耕作区土壤耕作方式由传统耕法逐步向简单化、轻型化发展，免耕、少耕大量涌现，二熟耕作区免耕、少耕应用主要包括：河南麦后铁茬复种玉米；北京等城市郊区正在推进的现代机械化免耕覆盖耕作技术；江苏等省稻麦两熟区推行的少免耕技术；四川冬水田推行的自然免耕技术等。三熟区土壤耕作方式演变的主要特点有：少免耕方式增多，主要有半旱式耕作、板田油菜、稻茬板麦、早稻收后直接栽插晚稻、再生稻、晚稻套播紫云英、旱地间套作等：红黄壤旱地深耕作技术在山区丘陵旱坡地大面积推广；在生产实践上，将少耕、免耕、深耕、浅耕和常规耕作方式结合起来，相互配套、成为促进农作物稳产高产的重要因素。

（二）花生种植制度变化对土壤条件的影响

不同种植制度对土壤结构和产量的影响不同。相比于连作，轮作换茬、秸秆还田可以有效缓解土壤中氮素消耗。长期连作的土壤易造成特定的元素缺失，不利于土壤营养均衡，且土传病害发生概率增大，使作物正常生长发育受到影响。大垄麦套花生相对于纯作花生，可以提高2~9cm和16~23cm土层的土壤容重，相对于纯作田分别提高13.0%和1.2%（郭峰等，2008）。不同的轮作措施对土壤微生物组成有显著影响，可通过此种手段进行土壤修复。时鹏等（2011）的试验结果表明在不同作物种植方式下，土壤pH值和土壤>0.25mm水稳定性团聚体含量的大小顺序为作物连作>非连作>撂荒。王淑彬等（2018）研究结果表明，在双季稻田的冬季种植紫云英、油菜、大蒜等作物，可以促进大团聚体的形成。

不同作物在对于土壤结构、养分种类以及质量方面有不同要求。耕作制度在轮作对土壤肥力的影响起到重要作用，轮作相比与连作而言，可通过换茬、秸秆还田的方式有效缓解土壤氮素消耗，有利于有机质的积累。王西和等（2008）发现，土壤中的有机质和养分可通过作物的秸秆、残茬、根系和落叶进行有效的补充，比如禾本科作物主要补充土壤有机碳，而豆科作物、油菜等则补充土壤氮素和有机碳，因采用合理的禾—豆轮作，可促进土壤中碳、氮含量平衡，并对土壤结构等耕层物理状况有显著改善作用，有利于提高土地利用效率。另外，土壤肥力土壤还受土壤团粒结构的影响，土壤团粒结构影响着土壤孔隙状况、水分利用和作物生长。不同种植方式和耕作措施下的水稳定性团聚体在0～10cm、10～20cm、20～35cm和35～50cm土层表现出不同的分布趋势。种植不同类型的作物，土壤粒径>0.25mm水稳定性团聚体的数量不同。宋日等（2009）研究发现，将玉米和大豆的根系分泌物加入土壤中能够显著增加大团聚体比例，提高团聚体稳定性（李玉奇等，2011；刘丹，2018）。

在花生的生产过程中，可以通过选择合适的作物进行轮作，以保证土壤性质的稳定，同时也增加了经济效益。比如北方大花生产区常用到春花生→冬小麦—夏玉米（或夏甘薯等其他夏播作物），长江流域春夏花生交作区的冬小麦（套种夏花生）或→花生→冬小麦—夏玉米（或夏甘薯），南方春秋两熟花生产区的春花生→晚稻→冬甘薯（小麦），或早稻→秋花生→冬黄豆（蔬菜、麦类、冬甘薯或冬闲）等种植制度，对土壤的理化特性、微生态条件具有良好作用，用地养地、提高地力，均有利于花生田土壤条件的改善。

第三节　机械化、信息化、标准化、产业化发展与种植制度

随着中国城市化进程的快速推进，城乡人口占比发生了显著的变化，农业生产劳动力不足的现象愈发突出，加之经济全球化的不断深入，市场竞争愈发激烈。劳动生产力低下与中国花生种植面积和产量逐年增加之间的矛盾、全球化下中国传统农业面临着新的机遇与严峻的考验之间的矛盾，迫切要求发展花生机械化、信息化、标准化与产业化的发展，这对于发展中国农业、调整农业结构、实现农业现代化具有重要的指导意义（张冲等，2018）。

一、机械化发展与花生种植制度

花生机械化栽培是指花生栽培过程中整地、播种、铺膜、施肥、田间管理、收获等机械化栽培措施，花生生产机械化能够减轻劳动强度，提高作业效率，争抢农时，提高花生产量，实现节本增效。

（一）花生机械化概况及发展趋势

近半个世纪以来，中国农业投入水平不断提高，生产条件得到改善。各一级区农机总动力均呈增加趋势，北部耕作制度区的Ⅳ区、Ⅰ区、Ⅱ区和Ⅴ区农机总动力年增加幅度都接近和超过了5%，尤其Ⅵ区农机总动力由1985年的10 100万kW增加到2001年的21 878.5万kW，年增加幅度为4.95%，在2001年占全国农机总动力的46.6%；Ⅰ区农机总动力由1985年的69.5万kW猛增到2001年的228.5万kW，年增加幅度为7.73%；Ⅱ区的农机总动力由1985年的495.5万kW增加到2001年的1 147.1万kW，年增加幅度为5.39%；Ⅴ区的农机总动力由1985年的698.5万kW增加到2001年的1 795.5万kW，年增加幅度为6.08%。其他各区农机总动力也都有所增加，增加的幅度都在1%~5%（李立军，2004）。

一熟区物质投入中，单位面积农机动力投入持续增加，1985—2001年年增长率为3.07%，尤其1995—2001年年均增长了6.52%。两熟耕作区农机总动力从1985年的14 350.8万kW增加到2001年的28 772.0万kW，平均每年增长4.44%；农机动力投入持续增加，1985—1990年增长了1 586.4万kW，年均增长4.00%。农业投入水平的不断提高，是三熟耕作区在耕地面积减少幅度较大的情况下，粮食总产能够得以持续增长的重要保障。1985—2001年全国农机总动力均呈增加趋势，北部各区增加幅度较大（李立军，2004）。

目前中国花生生产机械化还处于发展初期，生产耕种收综合机械化水平较低，2009年仅为36.34%，其中机耕、机播和机收水平分别为53.90%、31.25%和18.02%，尤其机收水平与水稻（56.69%）、小麦（86.07%）相比还有较大差距。黄淮海、长江流域花生区机械化水平在10%显著性水平下对花生生产布局有正向影响，华南花生区不显著，东北花生区在5%显著性水平下对花生生产布局有正向影响。黄淮海花生区地势相对平坦，机械化水平的提高对花生整地环节机械化水平的提高有显著影响，从而提高种植和收割环节效率，因此对生产布局有显著正向影响。长江流域花生区劳动力成本较高，机械化水平提高可以有效替代劳动力，对农户增加花生种植面积有正向影响。华南花生区花生种植土质黏重，机械化主要集中于整地环节，种植和收割环节机械化适用性较差，花生种植整体机械化水平很低，机械在种植和收割环节很难替代劳动力，因此对花生种植面积影响并不显著。东北地区地势平坦，机械化水平全国最高，可以有效提高生产效率，降低对劳动力的需求，从而增加花生种植面积（周曙东和孟桓宽，2017）。通过当前中国花生主产区的机械化水平可以看出，目前耕地和播种的机械化水平相对较高，技术趋于成熟；然而，收获环节由于操作复杂，对收获设备的技术要求较高，仍以人工收获为主，机械化水平仍需大幅提高。对于目前中国的花生生产过程而言，耕整、灌溉地和植保过程的机械化已基本完善，播种和铺膜过程机械化水平也不断提高，但收获、摘果和脱壳等生产环节机械化水平较低，主要表现为机械品种少、性能和质量还不能完全满足生产要求。播种和收获环节，占用劳动力多、劳动强度大的生产环节，是目前花生机械化水平提高的核心内容。花生铺膜播种联合作业，一次可完成碎土镇压、翻土筑畦、开沟施肥、覆土刮平、喷洒农药、铺展地膜、打孔播种、起土盖种等多道工序，作业效率高、质量好。花生的收获机械有花生挖掘犁（仅有单项挖掘功能）、花生收获机（具有挖掘、抖土亮果功能）、花生联合收获机（具有挖掘、抖土亮果、摘果功能）和花生搞果机、花生脱粒机等单项功能机具。目前采用花生收获机一次完成花生挖掘、抖土、铺放等工序，在田间晾晒后，人工收集运回场院摘果方式应用相对较多。安徽省花生主产区固镇县近年来在花生主要生产环节推广应用机械化技术表明，花生联合播种机械作业效率是人工作业效率的20倍以上，机械收获作业效率是人工作业效率的40倍以上，同时在耕整地环节推广适度深耕、深松技术，对花生有着明显的增产效果。

　　未来花生机械化发展过程中，需求最为迫切的是播种、收获、脱壳、产地干燥等机械化技术，而此类技术供给还远不能满足实际生产需求。农机农艺有效结合问题虽已逐步引起各级领导及相关部门的重视，但仍未从根本上得到解决。目前由于技术供给还远不能满足实际生产需求，花生播种、收获、脱壳等机械化技术也亟待提高。新机具研发和试验示范工作在紧张开展，通过研、产、推结合，继续在河南、山东等地对花生联合收获设备进行适应性和可靠性试验，部分产品已初步形成小批量生产条件。但花生各生产环节机械化水平和区域机械化发展水平不均，农机农艺有效结合问题还没有得到根本解决。

（二）机械化发展与花生种植制度

中国现有的花生种植方式一定程度上影响了花生的机械化水平。中国花生现有种植方式主要有平作、畦作和垄作3种方式。平作即平地开沟或开穴播种，是北方花生基本种植方式。高畦种植在中国长江以南普遍采用，主要优点是便于排灌防涝。平作和畦作时，往往由于花生行不整齐或者雨水冲刷造成土壤板结，给花生机械化收获带来一定难度。尤其当采用联合收获方式收获时，操作人员难以准确对行，易造成机收损失，且机具前行挖掘阻力大，故机械化不容易推行。垄作是在花生播种前先起垄，或边起垄边播种，花生种在垄上，在中国河南、山东、河北和东北等主产区广泛采用。由于垄作播种规范，对分段或联合收获机收获均具有较好适应性，因此此类地区机械化水平更容易提高。

不同花生产区种植方式的不同，也促使机械化收获技术体系依据产区特点建立。中国花生主产区可分为黄淮海花生产区、东北花生产区、长江流域花生产区和华南花生产区4个优势产业区。针对中国花生各产区的特点，因地制宜地制定多元化的花生生产机械化技术体系。黄淮海花生主产区及东北花生产区，具有较好的种植模式、种植规模以及土壤等条件，因此普遍使用集成度高、功能完善的联合收获技术装备。长江流域花生产区及华南花生产区，土壤相对黏重，促进了分段收获技术装备的推广，若土质为冲积沙土，田块较大，且采用起垄覆膜种植模式，则提高大半喂入花生联合收获设备的应用水平（吕小莲等，2012）。花生机械收获对花生品种特性的要求很多，一是植株高度，当植株过低时，不利于机械抓取植株；二是品种生育期，生育期一致才利于机械化收获，尤其是落叶一致性，落叶时间不一，收获时容易缠绕，整体产生故障；三是结果习性，结果习性不好，收获时易落果、裂果，荚果习性不好，易破果；四是果柄坚韧性，这里主要说落果，而有的品种果柄结实，用手拽都不易拽下来，有的品种则一碰就落，这些都不利于机械化收获；五是植株类型，中国现有的机械化耕作模式和耕作制度、管理习惯，以及播种机的种植方式、垄宽等，基本确定了花生的基本类型，如匍匐类型、结果范围、结果深度等；六是茎枝弹性。聂红民（2019）研究认为，适于摘果机械的品种要求株高30cm以上、果柄长3cm以上、荚果整齐、植株直立，疏枝类型、荚果不易破碎。适于机械分段收获的品种要求生育期一致、植株直立、荚果整齐、果柄坚韧不落果，最好为疏枝类型。适于机械化联合收获的品种要求生育期一致、株高20cm以上、荚果整齐、果柄坚韧不落果、落叶性好、荚果不破碎。

根据目前花生各产区机械化的发展现状，东北地区的辽宁省、黄淮海地区的河南省和山东省花生生产的比较优势明显，机械化水平较高，花生生产全程机械化作业可尝试进行推广，另外机械化收获作业，特别是联合收获作业也需重点攻关；南方地区丘陵山区广布，地形复杂多样，位于长江流域产区的四川省和东南沿海花生产区的广东和广西，应首先提高农田基础设施建设水平，适度提高经营规模，同时研发中小型和轻便型的作业机械，以适应南方丘陵山区的地形，南方花生收获季节雨水偏多，因而应着力发展挖掘机和摘果机具等收获环节的机械。

进入21世纪，随着中国城市化的发展，劳动力成本及生产资料价格也相对提高，这就要求农业生产不断简化生产程序，减少物质投入，以降低成本。因此，投入精准化，管理轻简化、操作规范化、作业机械化是中国未来花生生产技术发展的总趋势。一是花生机械化发展应遵循优先有序的发展战略。由于受到资源约束，花生的机械化发展也需考虑中国花生生产的具体条件，在机械化发展的优先性上有所侧重，先主后次，稳步发展。在生产环节上，劳动强度大、用工量多的收获环节应优先发展；在产区自然地理条件方面，优先发展自然条件优越、地形相对平坦、土壤质地适宜开展机械化作业的产地；在社会经济因素方面，优先发展花生经营规模大、经济条件相对较好、农业劳动力转移较多的产区；在机械选择上，优先发展生产率高，适宜规模化生产需要的大中型农业作业机械。二是花生机械化发展应遵循因地制宜发展战略。花生机械化的发展既受到环境条件、农艺水平、种植模式和经济因素的综合影响，也受到微观农户花生生产决策的影响。中国花生生产机械化的发展的技术路线、机型的选择、机械化程度、机械化经营方式和经营体制等应与当地自然、社会经济条件以及生产需要相符合。在经济发展水平较好、土地平整、经营规模大、商品率较高、农田基础设施建设较好的地区，可以适度发展大型作业机械化生产，加快全程机械化的发展；同时，对于经济相对欠发达、地形坡度较大、经营规模小、商品率较低、农田基础设施条件落后的地区，则可适度发展主要环节的机械化作业，对于机型来说，也应以小型和轻便型机型为主。

二、信息化发展与花生种植制度

农业信息化是基于现代信息科学理论的支持，将现代信息技术作为实现的工具，进行收集、分析并整理农业生产活动的过程，同时运用这些信息达到控制农业生产活动全过程的目标，以现代信息技术和可持续发展的农业专业知识为主体形成新型农业。农业发展必然朝着信息化方向前进，农业信息化将会在加快转变传统农业和现代农业建设中发挥着重要作用，同时也必然会促进社会和经济的变革，成为现代化的标志之一。

（一）花生信息化概况及发展趋势

中国农业信息化起步相对较晚，当前中国农业信息化正走在由传统农业向现代农业转型的道路上，仍然面临着许多新的问题和挑战。现阶段还没有建立起相对稳定、完善的机制，硬件建设方面和软件开发配套项目相对偏少，建设和运维存在明显的资金不足现象。与发达国家相比，在认识信息化建设重要性方面还没有充分发挥出主导的作用。目前，许多相关部门对于农业信息化没有足够的认识和重视，只是将侧重点放在了建设基础设施和提高信息技术水平这两方面。然而，要完成建设信息化基础设施的工作，需要大量的启动资金。与此同时，还要转变农民陈旧的思想观念，改变耕作方式，这些都是政府面临的巨大挑战（杨艺等，2019）。

目前，中国农村网络基础设施相对落后，农机化和水利的发展也亟待提升，大部分农业发展生产方式落后，仍需依赖气候条件。国家对于农业信息化投入主要集中在大中型城市，大部分农村地区缺乏网络通信手段。中国农业信息的相关网站虽然有很多，但是信息更新及交流不及时，也缺乏系统性的管理，因此对于农村网络基础设施还需要进一步完善。另外，广大农民群众对于现代化农业了解较少，信息意识相对偏低，计算机的使用和智能终端的运用能力偏差，导致了信息需求的主动性不足，也严重制约了农业信息化的发展。

对于花生信息化发展，还需要大批量、各种各样人才团队的支持。农业科研机构和高等院校等研究型人才能够快速推动花生信息化进程；花生信息网络人才能够快速、全面地收集和整理并分析相关资源，做好网络设备、服务器的维护工作，及时更新管理信息，准确地为民众提供市场信息；基层人员需要及时将信息传递给农民群众。然而，相对于广大农民而言，当前各种人才都得不到满足，且财政资金支持力度不够也成了影响信息化发展的重要因素。

（二）信息化发展与花生种植制度的关系

花生全程机械信息化系统监控平台是花生全程机械化信息化的中心。花生种植机械、田管机械、采收机械、土壤处理机械信息化可以通过花生全程机械信息化系统监控平台达到对花生全程机械化从播前土壤处理到花生采收后犁地监控全程信息化记录，是实现农机车辆行走轨迹，花生生产精准化，棉田精准施肥施药的基础，是提高花生生产机械效率，降低肥料使用，减少土壤污染（王四平等，2019）。随着花生信息化发展，建立与花生种植制度相匹配的信息化系统，开发相应的信息化系统监控平台，将有助于促进花生生产及生产效率提高。

花生信息化建设与发展是一项高技术和高投资的社会项目，需要政府部门重视农业信息化，增强管理和协调组织能力，有大量从事信息化发展的专业人才，以及花生种植大户、农民的主动参与，需要做好前期的基础设施建设，以及后期的运维工作（岳赵寒和胡启龙，2019）。尽管中国在花生信息化方面起步晚，尚不具备完善的基础设施和农业信息资源储备，今后要高度重视从事花生信息化与生产结合有关人才的培养，提高花生种植户的信息化认识和处理能力，根据市场发展方向及需求，加强信息技术研究和资金投入，就能加快推进中国花生信息化发展的步伐。

三、标准化发展与种植制度

标准化是运用"统一、简化、协调、选优"的原则，通过制定和实施标准，用标准指导生产，促进科技成果的转化与普及。花生标准化是提升花生产品质量安全水平的技术基础，是加强花生产品品牌建设，提升花生产品市场竞争力的重要手段，是实现农业综合效益最大化的有效载体。随着农业经济结构的调整和农业经济的发展，人们更加重视花生产品品牌效益和品牌质量，而没有标准化就没有花生产品品牌建设的基础，新的发展形势赋予了标准化和花生产品品牌建设新的内涵（王道亮等，2018；王晶，2019）。

（一）花生标准化概况及发展趋势

花生是中国为数不多的出口农产品，受国际市场技术壁垒的影响，出口形势在高低震荡间波动，影响了农民的种植利益及加工企业的效益。中国包括花生在内的作物生产发展正朝着集约化方向发展，标准化契合了新时期政府部门应用科学技术指导农业生产与农村经济发展的需要，在保障花生等农产品质量安全、规范种植生产过程、增加农村居民收入、保持生态平衡等方面发挥着重要作用。随着政府、市场和农户对标准化种植的重视，近几年标准化工作得到了里程碑式发展，花生种植生产中一系列的标准化已被审定、认可，并在花生田间大面积推广应用，同时"标准化+"还在不断拓展新领域、标准国际化也逐步迈上新台阶。从花生种植标准化来看，主要有以下环节。

（1）选择适宜的花生种植地。选择土质疏松、通透性较好、易于排涝、农药残留量较少、周围无污染源的土地，以便花生作物的健康生长；在进行花生种植前，需要在前一年秋季进行土壤深翻，加深土壤空间，为来年花生种植准备腐熟、水分充足的土壤；在正式种植花生前，需要将土地耙细整平，挖好排水沟，保证花生植株生长拥有适量不过量的水分（赵嫒，2019）。

（2）选种与种子处理。选用高产、优质、抗病，适应性广、商品性好并通过审定的花生新品种，在优选花生品种时，主要看该品质花生的果型、粒型、抗病性、抗虫害性能、产量，从品种方面提高花生的产量和整体质量。在剥壳前应选择晴天对其进行晒果，时间应该维持在2～3d，这一过程可以有效地减少病原菌的寄生数量，提高种子在生长过程中的活力。

（3）科学高效施肥。可开展测土配方施肥，以土壤测试和肥料田间试验为基础，根据农作物的生长需求提供适当种类、适量的肥料，在保障农作物生长的基础上降低多余肥料对于土壤和生产成本造成的压力。有机肥与化肥的2/3在耕作施入，剩余1/3在起垄时使用，另外注意根瘤菌剂、生物有机肥等合理使用。

（4）田间管理与病虫害防治。出苗期，花生种子萌发出苗后需要及时进行灭茬、清棵，促使花生第一对侧枝的生长。开花下针期，花生植株生长期的田间管理重点在于病虫害防治和防旱、防涝，其中病虫害的防治一部分依靠拌种时使用的钼酸铵，另一部分依靠抗蚜威、吡虫啉、敌百虫、辛硫磷、波尔多液、百菌清等药剂作用，药剂使用主要是以喷雾形式进行，可以有效对花生常见病虫害进行预防和治疗。荚果膨大期，田间管理重点在于防早衰和防内涝，主要可通过根外追肥和叶面喷洒的形式进行营养物质补充，用于叶面喷洒的容易主要以磷酸二氢钾和尿素溶液为主，将0.5%的磷酸二氢钾和1%的尿素溶液混合液喷洒至植株叶面，可以有效避免花生植株的早衰问题，但混合液的喷洒必须控制在收获前30～35d；内涝问题可依靠种植土地的排涝沟，避免影响花生植株的正常生长（赵嫒，2019）。另外，注重病虫害综合治理，以系统调查为前提，把花生健康栽培作为基础，根据不同时期花生病虫害的特点，运用农业栽培、理化诱控、生态调控等多项技术措施，科学用药，杜绝高毒、高残留农药的使用，最大限度地减少化学农药的使用。

（5）科学收获与贮藏。在花生植株中下部叶片枯黄，大多数荚果果壳变硬，荚果内海绵组织干缩并呈黑褐色，籽粒饱满，果皮和种皮基本呈本皮重固有颜色时收获。收获时，及时捡出残膜和枯枝落叶，带出田外（王宏梅等，2019）。将荚果向阳晾晒2~3d，至水分含量低于10%。花生荚果贮藏中，注意水分控制10%以下，温度不超过28℃，及时检查贮藏环境条件变化及花生荚果状态。

（二）标准化发展与花生种植制度的关系

建立与花生种植制度相匹配的花生生产标准，有利于提高花生产品的质量和安全，增强产品的市场竞争力，维护农业生产和生态平衡。就其标准化而言，为了实现产品质量和质量的标准化，通过各种优质生产基地按不同规格选择和分级，以满足市场需求，并通过标准化栽培、精量播种、减施肥料、轻型栽培等技术，实现投入使用的标准化，可以节省种子肥料，降低成本，提高效率；要达到食品标准化，以绿色食品标准为目标，优质生产基地通过种子精选处理、轮作翻耕、冬季绿肥等农艺措施，以及生物防控、物理防控和低毒高效农药使用等，绿色防控病虫草危害。此外，要按照花生产品标准建立产地准出机制、市场准入机制、产品追溯管理机制，构建标准化发展的长效监管机制。

开展花生标准化生产，有助于加速中国农业产业化、农业现代化进程，加快与国际接轨的速度。针对当前及今后花生种植制度变化，特别是一年一熟、一年两熟、两年三熟、一年三熟制地区花生，要采取不同的标准化种植体系，要适应不同地区气候、土壤条件变化。针对不同花生种植制度的标准化发展，要基于实际生产情况建立标准化体系，增强品牌意识，为实现农业现代化、保障农产品质量安全、促进产业结构优化升级提供坚实基础。同时，还需要在以下方面做出积极努力：一是提高花生生产者对花生种植制度和标准化工作的认识，充分利用报纸、电视、广播、互联网等信息平台，加大花生标准化生产的宣传力度，是提高农民和企业标准化意识，使他们充分认识到花生种植制度标准化是保证农产品质量和安全、提高市场竞争力、增加经济效益的有效途径。加强对规模化、集约化农业生产企业的技术指导和标准化服务，树立品牌示范标准。二是加强以"标准化+互联网"为基础的花生种植系统，以信息化促进标准化，加快信息化服务平台建设，从项目、起草、发布到实施及时、准确、有效，为广大种植户、企业提供免费、方便的标准查询服务。三是加强对国际规则的理解和遵守，加强国际合作。要打破国际贸易壁垒，建立的花生标准必须与时俱进，与国际标准接轨，与国际标准接轨，利用农业标准网络平台准确收集最先进的标准信息，提高中国花生生产标准的质量和国际影响力。

四、产业化发展与种植制度

花生产业化是一种现代农业生产经营方式，从延长花生产业链、增加花生产品附加值、加深花生生产与相关产业的融合发展入手，能有效地改善中国花生市场结构，解决花生产品的产销衔接、农业和农民增收，以及将先进科技和管理手段引入花生生产，改造传统花生种植方式。花生产业化经营的形式多种多样，主要是企业+农户，这是花生产业化经营赖以生存及健康发展的精髓，花生产业化经营的优点是既符合市场经济一般要求，又符合花生行业内在规律（邵长亮和王铭伦，2003）。

（一）花生产业化发展概况及发展趋势

当前，中国食用植物油及植物蛋白供需矛盾突出。国内大豆、油菜籽因缺乏竞争力受国际市场严重冲击，而中国花生产业以单产高、比较效益好、榨油食品兼用、"三产"融合好、产业链长、附加值提升潜力大等特点在国内大宗油料作物中优势凸显。而且，自中美贸易战以来，中国压缩大豆进口量也为国内油料市场释放了较大空间。随着国际国内市场不断融合以及"一带一路"倡议的快速推进，花生产业的发展应当与国际市场接轨，花生产业化的发展刻不容缓（任春玲等，2019）。

中国产业化发展现已起步，目前全国已有多处产业化示范基地。山东莱西以产业带动能力强的粮油生产功能区为重点，建设项目核心示范区7 600亩。示范区建设农情墒情自动监测、病虫害捕捉等设备，图像数据实现远程传输。运用物联网高新技术，实现了生产过程的机械化、信息化、精准化，集成了绿色高质高效生产模式。示范区设立标识牌，介绍示范区绿色高产高效技术模式要点，扩大了宣传效应。机械覆膜精播、无人机飞防、水肥一体化管理、机械适时收获等生产关键环节，都以农民田间课堂的形势组织现场学习，让种植户学得会、用得上绿色高质高效创新技术。根据花生种植区的区域特点，通过培育花生种植大户、"公司+农户"等方式，辐射带动建立起大、小沽河流域出口花生生产基地、北部丘陵特色花生生产基地、南部洼区花生良种繁育基地三大基地，引导农户转变常规种植方式，落实花生绿色高质高效技术模式，进行区域化、规模化、标准化生产，推动了全市25万亩花生提质增效。

河南省在花生主产区积极引导优质花生由小农户分散经营向新型经营主体主导的规模化经营发展。据农业部门统计，2018年，全省通过土地流转、土地托管从事花生规模化经营的新型经营主体有3 000多个，≥3.33hm²规模化经营花生面积10万hm²，平均个体经营规模面积20hm²。在规模化示范区，推广单品种专种、专收、专储、专用的产加销一体化经营模式，有效解决了优质产品规模小、成本高、效益低的难题。新型经营主体对优质花生单品种规模化种植的引领带动作用明显，订单化生产、专用化生产正在全面兴起。河南省花生产品加工企业82个、批发市场33个。近年来，河南省依托正阳国家花生现代化产业园，引进鲁花、君乐宝等大型龙头企业，一批有市场竞争力的企业正在兴起。玛氏、中粮等国内外企业纷纷与河南省优质花生生产基地开展对接，绿色优质花生生产基地实现了产销衔接和精深加工。"三产"融合发展势头好，优质花生副产品基本实现了饲料化、肥料化、基料化应用，拉长了产业链条，提高了产品附加值。

依托农机生产经营企业，改进推广国内外先进的花生生产配套机械，主要有2BFD-2B型花生起垄覆膜播种机、4H-2型花生收获机、4H-700型多功能轮式花生收获机等，促进了农机农艺深度融合，实现了花生生产的全程机械化精准作业，降低了劳动强度，节省了劳动力成本，为规模化生产打下基础。拓展农机、植保专业化服务，实现统一整地播种、统一管理、统一机械收获的社会化服务，推进了花生生产规模化、标准化。例如：青岛金丰公社（农机合作社）与鲁花集团签订合同，采用全程托管高油酸花生生产模式。在山东省莱西市院上镇组织农户种植5 700亩特色高油酸花生，由金丰公社全程托管服务，统一耕种、统一收获、统一回收产品，将产前、产中、产后相衔接，确保质量安全、创建品牌。其产品销售价格高于市场同类产品的20%～30%，避免了低端同质化竞争。河南省在花生优势区域以技术绿色、产品绿色、环境绿色为目标，选择产区集中、生产基础好、种植规模大的正阳县、开封市祥符区、邓州市等30个花生生产大县，建设了万亩绿色高质高效标准化生产示范区。围绕小麦—花生两熟种植制度，落实农药化肥双减行动，推广病虫草害绿色防控、节水控膜降耗等一系列规范化、轻简化、绿色化技术模式，辐射带动了花生大面积实现绿色高质高效，产品向绿色安全方向发展，"三品一标"比率快速提高。

花生生产、加工会产生大量秸秆、果壳等废弃物，项目的实施使这些废弃物得到高效资源化利用。山东莱西是奶牛养殖大市，存栏量多达8.5万头。利用这一优势，促成奶牛养殖大户与农机合作社联合，免费为花生种植户提供摘果、脱壳等作业服务。花生秸秆作为养殖户的青贮饲料原料，过腹还田培肥地力，创新了农牧结合、互惠互利的途径；花生果壳、种皮粉碎后作为食用菌培养基料或生物煤炭原料，售价达400～600元/t。通过秸秆资源化利用，平均每亩花生增加效益200元，同时解决了秸秆、畜禽养殖场废弃物的农业面源污染（赵品绩等，2018）。

（二）产业化发展与花生种植制度的关系

花生产业化发展能够显著影响其种植制度，特别是对区域种植制度有新的要求，而区域性种植制度变化也对产业化发展方向产生影响。除部分花生主产区外，还需建立完善基于产业化发展方向的花生种植制度体系。其原因，一方面是由于区域优质花生品种的规模较小，不能满足国内外增长需求，另一方面是由于机械化水平低、农艺农机融合度差，田间基础设施落后，抵御灾害能力薄弱，产品安全性低，且产品市场占有率、效益等也限制其产业化发展水平。

有关加强与花生种植制度相适应的花生产业化发展，主要有以下途径：一是优化花生种植布局，调优品种结构。根据自然生产条件与栽培技术水平建立不同品种类型区，以便更好地与不同需求的市场接轨（任春玲等，2019）。实现品种布局区域化，以整乡、整村为单位与企业签订订单。加快专用型新品种的培育，食用型花生以高油酸（油酸含量>72%）、高蛋白（蛋白含量>28%）、低脂肪、食味佳、果形粒形美观为主要育种目标。二是提高规模化经营水平。建立相对稳定的规模化繁种基地和生产基地，保证花生品质稳定，降低生产各环节的风险；加强优质品种的品质检测手段，根据不同用途（油用、食用）进行规模化种植，加强产销衔接，实现单品种专种、专管、专储、专用，不断总结规模化生产基地的组织形式、运作模式（胡艳，2018）。三是延伸产业链发展水平。支持蛋白粉、白藜芦醇营养新产品的研发，支持饲料加工企业利用花生饼粕替代进口大豆饼粕，提高花生秸秆、花生壳等副产品饲料化、肥料化应用率，促进农牧结合、种养循环，充分挖掘花生产业的经济价值，加快"三产"融合发展，进一步延伸产业链、提升价值链。四是注意防控产业风险。做好自然灾害风险防控、安全生产风险防控、市场销售风险防控，对于基础设施条件薄弱的中低产田要采取防灾减灾应对措施，支持新型农业经营主体提升生产装备水平，提高种植、管理、收获效率和质量，做好市场价格跟踪分析和市场供求信息发布，鼓励企业对优质花生进行溢价收购，加强农资市场的管理，保证农民用到质量可靠的种子、农药、化肥等物资，保证花生产业的健康发展。

第四节　国家粮油安全与花生种植制度

中国人口众多，粮油安全直接影响到社会的稳定和经济的发展，粮油产量保持较高水平的同时，结构性矛盾凸显，品种间供过于求和供给不足并存。在世界贸易组织框架下，亟须处理好农业生产比较优势的发挥与保障中国粮油安全两者的关系，并且依照农业生产的比较优势促进农业生产结构调整。合理的种植制度能够充分利用光热和土地资源，提高单位面积的总产量和总效益，又能够培养地力，保护生态环境，使得花生与其他作物生产持续发展，从而有助于保障中国粮油安全。

一、中国粮油安全现状

（一）粮油生产现状

目前中国粮食安全的压力主要来源于相互关联的内外两个因素。内因是中国农业生产面临着严重的耕地土壤生态环境污染。以往过度追求增产的农业生产方式在土壤中留下了大量的化肥、农药和地膜，不仅造成了严重的农业面源污染，而且导致土壤理化性质恶化，土壤退化，土壤肥力和自然生产力下降，耕地资源负担过重。农业生产的可持续性受到了极大的挑战。单单就东北平原而言，过去的30多年来由于粗放的耕作方式导致肥沃的松辽平原的黑土地黑土腐殖层厚度已由20世纪50—60年代的平均60~70cm，下降到现在的平均20~30cm。土壤质量直接影响农产品的质量，进而影响中国农产品的国际竞争力和粮食安全。在开放的经济环境下，如果一个国家的农产品长期缺乏竞争力，将直接导致国内农业衰退。但目前中国粮食安全的另一个主要压力正是来自国外的低价格、高质量农产品的巨大冲击。当前中国主要农产品国际国内价格倒挂及负面影响较为突出，据统计小麦、大米、玉米和大豆等主要农产品的国内价格比国际价格已高出30%～50%，个别品种达到60%，结果粮食市场呈现出进口量、生产量和库存量"三量齐增""洋粮入市、国粮入库"的尴尬境地。目前中国粮食储备率已经超过80%，超额储备的代价是巨额的储备费用支出和一定程度的粮食浪费（表6-3）。

表6-3 2000—2016年综合粮食自给率变化情况表（倪学志和于晓媛，2018）

年份	2000	2005	2010	2012	2013	2014	2015	2016
总产量（万t）	46 218	48 402	54 647	58 985	60 194	60 703	62 143	61 625
净进口（万t）	-208	-353	6 337	7 694	8 427	9 709	12 028	11 041
自给率（%）	100.50	100.73	89.60	88.46	87.71	86.21	83.78	84.80

在人均耕地资源稀缺的约束下，中国需要小幅度降低自给率。尽管中国谷物产量收获了"十六连丰"，2015年谷物总产量达到了57 228万t，实现了谷物和口粮的绝对自给。但是，近些年谷物的连续增产是建立在谷物特别是玉米生产大量挤占豆类、油料、薯类及棉花和甜菜生产的代价之上，因此可以说当前中国谷物的高自给率是以谷物之外作物的低自给率以及相应的耕地轮作受到抑制从而土壤退化为代价获取的。大豆等油料的大量进口，使中国综合粮食自给率在2015年降到了83.78%，而同时谷物的自给率仍然保持94.66%的水平。谷物自给率与综合粮食自给率存在一定程度的彼此消长关系。

在日益开放的经济全球化的背景下，必须对传统粮油安全战略进行积极调整，在立足搞好国内粮油生产，实现粮油基本自足的基础上，把粮油供求均衡提高到新的经济发展水平上来加以考虑，并适应粮油国际贸易不断深化的趋势，肯定国际粮油市场对于中国粮油安全的作用，从而确立更为开放的粮油安全战略。

（二）花生生产现状

从1949年之后花生生产发展的历史进程来看，中国主要花生产区经历了5次品种更新过程，极大地促进了花生生产的可持续发展，单位面积产量的提高奠定了中国花生产品的比较优势。及时推出符合市场需求的花生品种，对花生生产具有重要意义（万书波，2008b）。随着人民生活水平的提高和消费需求结构的变化，花生的消费需求也发生了变化，不仅要满足人们日益增长的食用油消费需求，还要满足食用花生市场需求的快速增长，继续发挥中国传统的花生出口优势。不同的要求对应不同的品质和加工特性，对花生品种提出了更高的要求。然而，目前中国主产区花生品种加工与消费需求之间的矛盾更加突出。首先，花生主产区普遍存在品种老化、退化、杂交等问题，严重影响了花生产量的提高；其次，花生品种分布不合理，优质特种品种短缺，也影响了花生生产的发展和国际竞争力的提高。因此，加快花生新品种推广更新，促进优质专用品种布局的形成，是发展花生主产区的战略重点。

花生生产重心整体呈现出向北移动的演变趋势，但东南地区作为中国传统的花生生产地区其花生生产仍在全国占据重要地位。自改革开放以来，中国花生生产重心在东经113.30°~114.85°、北纬30.71°~33.20°变化，花生生产重心一直处于中国几何中心（东经103.50°、北纬36°）的东南方向。在花生生产重心移动的整个过程中，主要有三次大的方向变动，第一次是从1981年开始花生生产重心由向东北方向移动变为向西北方向移动，第二次是从1996年开始花生生产重心再次转向东北方向，第三次是从2011年花生生产重心向西南方向移动。花生生产重心的移动可以归结于以河南省为代表的华中地区和以辽宁省为代表的东北地区花生生产的增长速度超过了其他地区，并且对全国花生生产起到了明显的拉动作用。

全国各地区花生生产的比重虽在不断变化，但黄淮海地区一直是中国最大的花生主产区，花生种植面积与产量稳定增长，其花生种植面积占全国的比重一直保持在高位。长江流域地区的花生种植面积波动较大，部分省（区）花生面积占全国的比重上升，部分省（区）下降；华南地区主产区的花生种植面积占全国的比重逐步下降；东北地区花生种植面积迅速扩大，其花生面积占全国的比重有所上升（表6-4）。

表6-4 中国1978—2016年花生生产重心演变轨迹（张怡和王兆华，2018）

年份	花生生产重心坐标		花生生产重心坐标移动		
	经度（°）	纬度（°）	移动方向	移动距离（km）	移动速度（km/年）
1978	114.24	30.71	—	—	—
1981	114.85	31.98	东北	156.39	52.13
1984	114.60	32.01	西北	28.61	9.54
1987	114.29	32.12	西北	36.76	12.25
1990	114.21	32.15	西北	8.93	2.98

（续表）

年份	花生生产重心坐标		花生生产重心坐标移动		
	经度（°）	纬度（°）	移动方向	移动距离（km）	移动速度（km/年）
1993	113.30	32.26	东北	15.36	5.12
1996	114.08	32.17	西南	25.49	8.50
1999	114.22	32.42	东北	31.51	10.50
2002	114.46	32.80	东北	49.70	16.57
2005	114.35	32.83	西北	11.88	3.96
2008	114.47	33.11	东北	33.82	11.27
2011	114.70	33.20	东北	27.44	9.15
2014	113.94	32.80	西南	95.53	31.84
2016	114.03	32.82	东北	10.59	5.29

为保证未来花生战略安全，中国主产区花新品种发展战略应遵循"专用化"的发展思路。一方面要大力加强优质专用型花生品种的选育力度，针对不同的用途、结合生产实际培育专门的花生品种。例如，对于鲜食花生需要着重培育蛋白质含量和糖分含量高的花生品种；鉴于出口花生可能遭遇的"绿色壁垒"问题，需要加强抗黄曲霉素花生品种的培育；根据花生生产过程中病虫害频发、机械化程度低等现实问题，需要培育专门的抗病、抗虫和便于机械化的花生品种。另一方面要着重解决花生品种在推广、生产、收获、流通和加工过程中的"多、乱、杂、混"现象，加快建设优质特色花生产业带，实现优质特色花生品种的区域布局和规范化生产。花生品种的专业化生产和区域分布应综合考虑各主产区花生的区位特点、生产条件、市场需求和品质特点等多方面因素，以保证中国花生油在全球市场的占有率和主导地位。

二、粮油安全与花生种植制度

新生产形势下，中国农业的主要矛盾已由总量不足转变为结构性矛盾，推进农业供给侧结构性改革，加快转变农业发展方式，是当前和今后一个时期农业农村经济的重要任务。适宜的种植制度可以有效地保证粮油的安全。要抓住时机，根据《全国种植业结构调整规划（2016—2020年）》及"耕地轮作休耕制度"等有关政策，加快转变农业发展方式，推进种植业结构调整，提升质量效益和竞争力，保障国家粮食安全，促进种植业可持续发展。

由于连年种植一种作物，对土壤养分的需求也常年不变，这样会使土壤养分失衡，为了弥补该种作物所需的养分，必须不断增加化肥的使用，造成化肥的边际效用逐年下降，为了维持同样产量，只能施用更多的肥料，从而提高了单位产出的成本。由于轮作休耕等土壤保护措施在欧美国家的实施，使欧美国家粮食产量的70%~80%都是靠基础地力，而在中国耕地基础地力对粮食产量贡献率仅为50%左右。开展花生与大豆、玉米等轮作，以及花生与玉米、向日葵、甘蔗等间作是确保可持续粮食安全不可或缺的手段。轮作在维护粮食安全的两个相互关联的因素，即农业生态安全和农产品国际竞争力方面的基本作用，取决于轮作的生物学和经济学特征，能改善土壤结构，平衡土壤养分，提高土壤肥力，减少害虫和杂草，增加土壤蓄水量和水分利用效率，从而提高作物产量，保持轮作还能实现在较好的土地上同时种植两种竞争作物的耕作制度，这样对提高两种竞争作物的单产都有积极作用。农产品的国际竞争力受价格影响，轮作能同时实现两种轮作作物品质的提高、单产的增加和成本的降低。间作在同一田地上于同一生长期内，分行或分带相间种植两种或两种以上作物的种植方式。目前玉米与花生间作等模式，通过压缩玉米株行距挤出宽带间套作花生，能够发挥玉米边际效应和花生生物固氮双重优势，充分利用光热资源和改善土壤生态环境的自然功能，较好地解决了小麦—玉米单一种植模式造成的土壤板结、地力下降、化肥农药使用量较多等问题，在保障玉米产量基本不减的前提条件下，实现了粮油均衡增产。

为保障中国粮油安全，需要根据气候条件、土壤条件、栽培手段等对不同区域花生种植制度进行调整和完善，建立适宜不同产区的花生种植制度（周曙东等，2018；王艳，2013）。

（一）黄淮海主产区

应围绕建设黄淮海花生优势区的部署与计划，巩固中国花生生产及花生油加工的龙头地位，确保食用油脂的消费需求。结合该区域一年两熟、两年三熟等主要耕作制度，加快高油花生、高油酸花生新品种培育，应用高效栽培技术，加速播种、收获与产后加工的机械化，有效调配使用区内的各种资源，突出科技创新的引领与带动作用，建设成为中国高油花生及高油酸花生的主要生产基地。一方面，推进产区的标准化生产，推广优质花生品种，建立原料生产基地，引进先进种植、加工技术，提高产业发展带动能力。一些地方加强产学研合作，培育推广符合当前食用、油用及出口需要的专用品种，加强产地环境安全建设，有效破解农药残留、黄曲霉毒素污染等影响因素。另一方面，增强花生国际市场竞争力，大力发展花生油、花生酱、花生红衣、白藜芦醇等产品，延伸产业链，拓展加工利用渠道，提高加工水平，充分发挥产业优势。

（二）长江流域主产区

该产区的气候条件和区位优势明显，以高效、优质、专用花生生产为重心，强化产区内花生产业的发展秩序，合理有效配置产区内的资源。根据该区域一年二熟等主要耕作制度情况，在淮河以北地区大力发展油用花生，在淮河以南地区大力发展食用型优质花生，建设高蛋白食用与加工花生区。将花生的质量优势转变为产品、商品优势，稳定种植面积，应用先进生产技术，建立"植物蛋白源、加工原料源、农田生物互补源"基地，延伸产业链，提高花生种植及加工效益。

（三）华南地区

根据该区域一年两熟、一年三熟耕作制度情况，加强花生新品种的推广，提高单产水平和生产效率，加强鲜食、加工烘烤和油用等前茬花生生产，发展专用优质品种以及抗病品种，促进优质专用花生生产基地的形成。后茬秋花生可向种用花生方向发展，供应东北等产区良种需求。通过政策鼓励和引导，加强科技支持与配套资金扶持等，促进土地流转及土地平衡等基本农田建设，研发适于该区域的小型播种与收获机械，为规模化生产打下基础。促进加工龙头企业发展，加强资源整合，提升产地储存等设施条件及流通市场建设，加快花生商品化进程。

（四）东北主产区

该区域主要是一年一熟耕作，是新兴花生生产基地，也是中国粮油基地的重要组成部分。要着力培育和推广耐低温、耐旱品种，建设高蛋白出口基地和食用基地，推进播种、收获的机械化，扶持花生龙头企业，注重打造品牌，提高产品附加值及收益。

（五）西北地区

该区域主要是一年一熟耕作制度，光温条件适合花生的生长，尤其是新疆具备花生高产的潜力。特别是常年种植棉花的地区，连作引起的病虫害问题非常突出，推广花生种植，能够减轻当地病虫害为害。因该产区农田集中连片、面积较大，能够满足大型机械作业，可有效提高劳动生产效率。要大力发展适于机械化的品种与技术，提高花生的种植面积和产量，拓展国外消费市场，加快出口型花生生产，拓展"一带一路"花生国际贸易，扩大出口创汇。

参考文献

毕秀丽，谷志金，魏勇，等，2008. 小麦套种花生种植技术[J]. 中国种业(10)：56-57.

曹智，2008. 国内食用油价格有望回落[J]. 国际农产品贸易，104(1)：9-11.

陈嵘峰，2009. 黄瓜品种资源的耐涝性鉴定及耐涝相关性状QTL的初步定位[D]. 扬州：扬州大学.

陈团伟，康彬彬，苏丽青，等，2007. 福建省花生主栽品种的营养品质分析[J]. 中国农学通报，23(11)：141-145.

陈萱，庄永年，1990. 河北省自然生态系统特征及其调控[J]. 地理学与国土研究，6(3)：25-30.

陈学南，2003. 低丘红壤区花生连作重茬的负效应与治理对策[J]. 江西农业科技(2)：40-41.

陈艳君，2010. 我国花生及花生油市场分析[J]. 粮食与油脂(4)：32-34.

陈有庆，王海鸥，彭宝良，等，2011. 我国花生主产区种植模式概况[J]. 中国农机化(6)：66-69.

陈志才，邹晓芬，宋来强，等，2010. 江西省花生生产现状及发展对策[J]. 农业科技通讯(6)：18-21.

陈志德，俞春涛，谢吉先，等，2011. 江苏花生品种系谱分析及农艺性状的演变[J]. 花生学报，40(2)：20-23.

成波，王才斌，迟玉成，等，1996. 小麦花生两熟制高产生育规律及栽培技术研究Ⅶ. 麦套花生与密度[J]. 花生科技(4)：22-24.

程广燕，胡志全，2010. 油脂安全视角下我国花生产业发展思路[J]. 农业经济(8)：6-8.

程琨，2013. 农田减缓气候变化潜力的统计计量与模型模拟[D]. 南京：南京农业大学.

程黔，2008. 2008年国内食用油市场行情展望[J]. AO农业展望(1)：20-23.

程曦，赵长星，王铭伦，等，2010. 不同生育时期干旱胁迫对花生抗旱指标值及产量的影响[J]. 青岛农业大学学报：自然科学版，27(4)：282-284.

慈敦伟，杨吉顺，丁红，等，2017. 盐碱地花生‖棉花间作系统群体配置对产量和效益的影响[J]. 花生学报，46(4)：22-25.

崔凤高，2009. 花生高产种植新技术[M]. 北京：金盾出版社.

崔富华，2000. 四川花生发展对策探讨[J]. 花生科技(2)：31-32.

崔顺立，2010. 河北省花生地方品种遗传多样性研究[D]. 保定：河北农业大学.

崔晓明，张亚如，张晓军，等，2016. 土壤紧实度对花生根系生长和活性变化的影响[J]. 华北农学报，31(6)：131-136.

崔昕，2012. 花生生产全程机械化技术探讨[J]. 农业科技与装备(4)：74-75.

崔永清，2008. 区域耕地资源综合生产能力核算——以河北省为例[D]. 保定：河北农业大学.

代洪娟，吴金桐，王慧新，等，2008. 辽西地区花生产业现状及发展对策[J]. 现代农业科技
(24)：219-220.

代会会，2015. 豆科间作和地表覆盖对作物生长和土壤养分的影响研究[D]. 上海：上海大学.

戴良香，康涛，慈敦伟，等，2019. 黄河三角洲盐碱地花生根层土壤菌群结构多样性[J]. 生
态学报，39(19)：7 169-7 178.

戴良香，康涛，张冠初，等，2017. 地膜覆盖方式对花生田土壤含水量、温度及产量的影
响[J]. 中国农学通报，33(8)：72-77.

戴良香，刘孟娟，成波，等，2014. 干旱胁迫对花生生长发育和光合产物积累的影响[J]. 花
生学报，43(2)：12-17.

单世华，万书波，邱庆树，等，2007. 我国花生种质资源品质性状评价[J]. 山东农业科学
(6)：40-42.

邓秀新，2014. 现代农业与农业发展[J]. 华中农业大学学报(社会科学版)(1)：1-4.

董静，王书芝，王春峰，2012. 冬油菜—花生一年两茬轮作高效栽培技术[J]. 中国农技推
广，215(7)：35-36.

董文召，张新友，韩锁义，等，2012. 中国花生发展及主产区的演变特征分析[J]. 中国农业
科技导报，14(2)：47-55.

董文召，张新友，韩锁义，等，2017. 中国与美国花生生产成本及收益比较分析[J]. 农业科
技管理，36(5)：56-60.

方越，沈雪峰，陈勇，等，2015. 花生不同播种期对甘蔗/花生复合群落生态因子及花生产量
的影响[J]. 华中农业大学学报，34(2)：1-8.

房增国，左元梅，李隆，等，2004. 灭菌土壤玉米—花生混作对花生铁营养的影响研究[J].
中国生态农业学报(4)：104-107.

房增国，左元梅，赵秀芬，等，2006. 玉米—花生混作系统中的氮铁营养效应[J]. 生态环境
(1)：134-139.

封海胜，1980. 花生生长发育与气象条件[J]. 花生科技(2)：35-38.

封海胜，栾文祺，1987. 中国花生品种志[M]. 北京：农业出版社.

封海胜，万书波，2011. 花生栽培新技术[M]. 北京：中国农业出版社.

封海胜，张思苏，万书波，等，1991. 土层翻转改良耕地法解除花生连作障碍的效果研究初
报[J]. 花生科技(3)：14-16.

封海胜，张思苏，万书波，等，1993. 花生连作对土壤及根际微生物区系的影响[J]. 山东农
业科学(1)：13-15.

封海胜，张思苏，万书波，等，1993. 连作花生土壤养分变化及对施肥反应[J]. 中国油料
(2)：55-59.

封海胜，张思苏，万书波，等，1994. 花生不同连作年限土壤酶活性的变化[J]. 花生科技
(3)：5-9.

封海胜，张思苏，万书波，等，1996. 解除花生连作障碍的对策研究Ⅰ. 模拟轮作的增产效果[J]. 花生科技(1)：22-24.

冯良山，2013. 花生谷子间作水分养分高效利用机制研究[D]. 沈阳：沈阳农业大学.

冯晓静，易克传，高连兴，2013. 河北省花生生产特点与机械化收获问题研究[J]. 中国农机化学报，34(1)：22-25.

凤桐，高华援，赵叶明，等，2010. 吉林省花生生产现状与发展优势[J]. 吉林农业科学，35(1)：23-25，27.

付晓，2015. 不同种植方式下盐碱地花生土壤盐分运移、生理特性及产量和品质的研究[D]. 乌鲁木齐：新疆农业大学.

高广金，2002. 湖北省花生生产情况及栽培技术总结[J]. 湖北农业科学(2)：29-30.

高国庆，周汉群，唐荣华，1995. 花生品种抗旱性鉴定[J]. 花生科技(3)：7-9，15.

高华援，王庆峰，徐宝慧，2009. 吉林省花生低产原因及高产栽培技术[J]. 作物杂志(2)：114-115.

高华援，徐宝慧，由宝茹，等，2009. 吉林省花生生产现状及发展对策[J]. 花生学报，38(2)：30-34.

高路博，毕华兴，许华森，等，2013. 晋西黄土区幼龄苹果+花生间作地土壤水分的时空分布特征[J]. 中国水土保持科学，11(4)：93-98.

高树广，李伟峰，王瑞霞，等，周口生态区麦茬芝麻—花生间作高效栽培技术[J]. 陕西农业科学，2018，64(3)：98-99.

高雄良，欧洁珍，赵华，等，2009. 怀集县花生良种高产示范及栽培技术[J]. 广东农业科学(8)：65-67.

高砚亮，孙占祥，白伟，等，2017. 辽西半干旱区玉米与花生间作对土地生产力和水分利用效率的影响[J]. 中国农业科学，50(19)：3 702-3 713.

葛洪滨，刘宗发，曾细华，等，2013. 不同拌种剂对连作花生病害发生及产量的影响[J]. 江西农业学报(5)：64-65，68.

葛洪滨，刘宗发，徐宝庆，等，2013. 不同土壤消毒剂对连作花生的病害及产量的影响[J]. 江西农业学报(2)：37-39.

葛丽颖，2004. 河北省水资源与水环境现状及其生态系统服务功能研究[D]. 石家庄：河北师范大学.

葛体达，隋方功，李金政，等，2005. 干旱对夏玉米根冠生长的影响[J]. 中国农学通报，21(1)：103-109.

顾峰玮，胡志超，彭宝良，等，2010. 国内花生种植概况与生产机械化发展对策[J]. 中国农机化(3)：7-10.

顾学花，孙莲强，高波，等，2015. 施钙对干旱胁迫下花生生理特性、产量和品质的影响[J]. 应用生态学报，26(5)：1 433-1 439.

官春云，2005. 农业概论[M]. 北京：中国农业出版社.

广东省农业厅，2009. 广东种植业改革发展三十年[M]. 广州：广东人民出版社.

郭峰，万书波，王才斌，等，2007. 麦套花生产量形成期固氮酶和保护酶活性特征研究[J]. 西北植物学报(2)：309-314.

郭峰，万书波，王才斌，等，2008. 不同类型花生单粒精播生长发育、光合性质的比较研究[J]. 花生学报，37(4)：18-21，39.

郭峰，万书波，王才斌，等，2008. 宽幅麦田套种田间小气候效应及对花生生长发育的影响[J]. 中国农业气象，29(3)：285-289.

郭峰，万书波，王才斌，等，2009. 麦套花生氮素代谢及相关酶活性变化研究[J]. 植物营养与肥料学报，15(2)：416-421.

郭贵敏，2004. 21个花生地方品种的数量性状分析和聚类分析[J]. 花生学报，33(3)：29-31.

郭洪海，李新华，杨丽萍，等，2010. 我国东北地区花生生产现状及发展对策[J]. 花生学报，39(2)：45-48.

郭洪海，杨丽萍，李新华，等，2010. 黄淮海区域花生生产与品质特征的研究[J]. 中国农业生态学报，18(6)：1 233-1 238.

郭洪海，杨丽萍，李新华，等，2010. 长江中下游区域花生生产与品质特征的研究[J]. 农业现代化研究，31(5)：617-625.

郭洪海，杨萍，李新华，等，2011. 华南地区花生生产与品质特征的研究[J]. 热带作物学报，32(1)：21-27.

郭洪海，杨萍，杨丽萍，等，2010. 四川盆地花生生产与品质特征的研究[J]. 安徽农业科学，38(19)：10 044-10 046，10 068.

郭洪海，杨萍，杨丽萍，等，2011. 云贵高原花生生产与品质特征的研究[J]. 中国农学通报，27(3)：221-225.

郭佳，张宝林，高聚林，2019. 气候变化对中国农业气候资源及农业生产影响的研究进展[J]. 北方农业学报，47(1)：105-113.

郭晓丽，时丽冉，王广才，等，2013. 干旱胁迫对不同高粱品种生理特性的影响[J]. 江苏农业科学，41(2)：91-93.

韩宝文，贾良良，李春杰，等，2009. 河北省主要土壤2次普查钾素养分状况变化分析[J]. 河北农业科学，13(12)：25-28.

何洪良，唐利球，廖韦卫，等，2020. 我国甘蔗间套种花生研究进展[J]. 中国热带农业(1)：72-74.

何孟霞，刘立峰，齐丽雅，等，2009. 河北春播花生区试各品种(系)产量变化趋势分析[J]. 花生学报，38(3)：21-24.

何孟霞，刘立峰，李玉荣，等，2008. 河北省花生区域试验各参试品系与对照品种农艺性状分析[J]. 中国农学通报，24(4)：192-194.

何延成，王平，张保亮，等，2003. 抓住入世机遇　加快河南花生产业化发展[J]. 花生学报，32(增刊)：77-79.

何中国，李玉发，刘洪欣，等，2009. 东北早熟区花生生产科研产业的现状和发展策略[J]. 吉林农业科学，34(4)：56-59.

候国瑞，2008. 春小麦套种花生高产高效模式与栽培技术研究[J]. 作物杂志(4)：93-95.

胡积送，杨可胜，产焰坤，等，2002. 棉花花生间作复合群体效应及配套栽培技术[J]. 安徽农业科学，30(2)：207-208，210.

胡艳，2018. 宁陵县花生产业发展特点、存在问题与建议[J]. 河南农业(25)：16.

胡志超，陈有庆，王海鸥，等，2011. 我国花生田间机械化生产技术路线[J]. 中国农机化(4)：32-37.

胡志超，王海鸥，胡良龙，2010. 我国花生生产机械化技术[J]. 农机化研究，32(4)：240-243.

胡志超，王海鸥，彭宝良，等，2006. 国内外花生收获机械化现状与发展[J]. 中国农机化(5)：40-42.

黄梅梅，骆赞磊，孙明珠，2013. 江西省花生生产现状与发展对策[J]. 江西农业(2)：15-16.

黄鹏，张恩和，柴强，2001. 施氮对新灌区不同间套种植模式产量及茬口养分特性的影响[J]. 草业学报(1)：86-91.

黄玉茜，2011. 花生连作障碍的效应及其作用机理研究[D]. 沈阳：沈阳农业大学.

贾立华，王月福，陈安余，等，2013. 土壤质地对花生光合特性及干物质积累分配的影响[J]. 青岛农业大学学报(自然科学版)，30(2)：107-109，113.

姜善涛，李安东，马京波，等，2004. 旱地小麦套种花生粮油双高产技术研究[J]. 花生学报，33(1)：19-23.

姜玉超，2015. 玉米花生间作对土壤肥力特性的影响[D]. 洛阳：河南科技大学.

焦坤，陈明娜，潘丽娟，等，2015. 长期连作对不同花生品种生长发育、产量与品质的影响[J]. 中国农学通报，31(15)：44-51.

焦念元，2006. 玉米花生间作复合群体中氮磷吸收利用特征与种间效应的研究[D]. 泰安：山东农业大学.

焦念元，侯连涛，宁堂原，等，2007. 玉米花生间作氮磷营养间作优势分析[J]. 作物杂志(4)：50-53.

焦念元，宁堂原，尹飞，等，2012. 小麦晚套露地花生间作玉米高产高效栽培技术[J]. 作物杂志(1)：137-138.

焦念元，宁堂原，赵春，等，2008. 施氮量和玉米—花生间作模式对氮磷吸收与利用的影响[J]. 作物学报(4)：706-712.

焦念元，赵春，宁堂原，等，2008. 玉米—花生间作对作物产量和光合作用光响应的影响[J]. 应用生态学报，19(5)：981-985.

景元书，张斌，孙秀芬，2003. 坡地对花生气候生产潜力利用率的影响[J]. 花生学报(1)：17-20.

亢霞，2005. 中国农业生产结构调整的动力机制研究[D]. 北京：中国农业大学.

李德谦，柳凤敏，2006. 略论辽宁花生生产及发展[J]. 辽宁农业职业技术学院学报，8(4)：35-36.

李海涛，杨中旭，李秋芝，等，2017. 棉花//花生带状间作模式初探[J]. 中国棉花，44(8)：31-33.

李婧, 陈广波, 张坤, 等, 2012. 花生连作红壤芽孢杆菌的群落多样性及其生防效果研究[J]. 土壤(5): 776-781.

李娟娟, 2015. 农户种植结构变化及影响因素研究[D]. 长沙: 湖南农业大学.

李俊庆, 2004. 不同生育时期干旱处理对夏花生生长发育的影响[J]. 花生学报, 33(3): 33-35.

李鹍鹏, 栾雪雁, 2012. 我国花生机械化生产发展问题与对策研究[J]. 农业装备与车辆工程, 50(8): 18-25.

李立军, 2004. 中国耕作制度近50年演变规律及未来20年发展趋势研究[D]. 北京: 中国农业大学.

李利民, 2014. 新疆林农复合花生高产栽培[M]. 乌鲁木齐: 新疆人民出版总社/新疆科学技术出版社.

李利民, 苗昊翠, 张金波, 等, 2011. 新疆花生栽培生产现状及发展对策研究[J]. 中国农学通报, 27(9): 12-16.

李利民, 田聪华, 苗昊翠, 等, 2017. 新疆花生生产效益及比较优势分析[J]. 农业科技通讯(6): 268-272.

李林, 2004. 花生品种间耐湿涝性差异及其机理研究[D]. 长沙: 湖南农业大学.

李林, 2011. 河北省粮食生产的自然灾害补偿问题研究[D]. 保定: 河北农业大学.

李林, 2015. 春花生—晚稻轮作模式[J]. 湖南农业(3): 9.

李林, 刘登望, 邹冬生, 等, 2008. 自然湿涝条件下花生种质主要性状与产量的相关性[J]. 中国油料作物学报, 30(1): 62-70.

李林, 袁正乔, 张琼瑛, 等, 2002. 湖南花生优势及生产现状与发展[J]. 花生学报, 31(4): 33-36.

李林, 邹冬生, 刘登望, 等, 2004. 花生等农作物耐湿涝性研究进展[J]. 中国油料作物学报, 26(3): 106-111.

李隆, 杨思存, 孙建好, 等, 1999. 春小麦大豆间作条件下作物养分吸收积累动态的研究[J]. 植物营养与肥料学报(2): 68-76.

李美, 2012. 玉米花生间作群体互补竞争及防风蚀效应研究[D]. 沈阳: 沈阳农业大学.

李明姝, 姚开, 贾冬英, 等, 2004. 四川花生资源及生产效益分析[J]. 四川食品与发酵, 2(40): 4-6.

李楠, 2009. 加快发展阜新地区花生产业的主要措施[J]. 安徽农学通报, 15(5): 41-42.

李强, 顾元国, 王娟, 等, 2016. 新疆旱区不同种植密度对花生光合生理及产量的影响[J]. 新疆农业科学, 53(1): 84-90.

李少雄, 司徒志谋, 周桂元, 等, 2008. 2007年广东省花生新品种区域试验[J]. 广东农业科学(9): 15-17.

李相松, 李文巧, 李玉松, 等, 2019. 花生—棉花间作套种高效栽培技术[J]. 农业科技通讯(9): 306-307.

李向东, 费胜学, 王宏岳, 等, 1992. 麦套花生不同种植密度对产量及其结构因素的影响[J]. 花生科技(3): 34-38.

李孝刚，王兴祥，戴传超，等，2014. 不同施肥措施对连作花生土传病害及产量的影响[J]. 土壤通报(4)：930-933.

李新周，刘晓东，2012. 未来全球气候变暖情景下华东地区极端降水变化的数值模拟研究[J]. 热带气象学报，28(3)：379-391.

李艳红，杨晓康，张佳蕾，等，2012. 连作对花生农艺性状及生理特性的影响及其覆膜调控[J]. 花生学报，41(3)：16-20.

李永胜，杜建军，赵荣芳，等，2011. 花生中微量元素营养特性及研究进展[J]. 花生学报，40(2)：24-28.

李玉发，何中国，李玉甫，等，2007. 吉林省花生生产现状及发展对策[J]. 杂粮作物，27(6)：434-436.

李玉奇，王涛，奥岩松，2011. 不同种植制度对土壤质量的影响[J]. 安徽农业科学，39(21)：12 755-12 758.

李正强，1995. 贵州常规花生栽培技术[J]. 农村经济与技术(1)：42，48.

李正强，1999. 关于发展贵州花生产业的思考[J]. 花生科技(S1)：55-58.

梁海功，2011. 岗丘旱地花生油菜轮作技术及效益分析[J]. 现代农村科技(18)：7.

梁满，徐杰，汪宝卿，等，2020. 不同等带宽间作模式对芝麻花生产量和效益的影响[J]. 花生学报，49(1)：79-82.

梁晓艳，2016. 单粒精播对花生源库特征及冠层微环境的调控[D]. 长沙：湖南农业大学.

梁晓艳，郭峰，张佳蕾，等，2015. 单粒精播对花生冠层微环境、光合特性及产量的影响[J]. 应用生态学报，26(12)：3 700-3 706.

梁晓艳，李安东，万书波，等，2011. 超高产夏直播花生生育动态及生理特性研究[J]. 作物杂志(3)：46-50.

廖伯寿，2003. 中国农业种植业十大丛书(花生)[M]. 武汉：湖北科学技术出版社.

林壁润，郑奕雄，2009. 我国花生青枯病菌的遗传多样性与抗病育种研究进展[J]. 广东农业科学(12)：20-21，19.

刘博文，刘晓庚，2011. 浅谈中国花生产业发展的优势与策略[J]. 粮食科技与经济，36(1)：9-11.

刘丹，2018. 不同种植制度下耕作措施对黑垆土物理性质和作物产量的影响[D]. 西安：西北农林科技大学.

刘登望，1996. 播期与气象条件对花生发育和产量的影响[J]. 作物研究(4)：19-23.

刘登望，李林，2007. 湿涝对幼苗期花生根系ADH活性与生长发育的影响及相互关系[J]. 花生学报(4)：12-17.

刘登望，李林，王正功，2010. 棉花花生间作复合系统的照度、生长发育与生产力效应[J]. 中国农学通报，26(24)：270-275.

刘国江，宋寿才，刘建军，等，1995. 花生与粮菜作物间套复种技术研究与推广[J]. 花生科技(4)：15-19.

刘吉利，王铭伦，吴娜，等，2009. 苗期水分胁迫对花生产量、品质和水分利用效率的影响[J]. 中国农业科技导报，11(2)：114-118.

刘开昌，张秀清，王庆成，等，2000. 密度对玉米群体冠层内小气候的影响[J]. 植物生态学报，24(4)：489-493.

刘学忠，2008. 世界主要花生出口国花生产业国际竞争力比较[J]. 世界农业(1)：29-32.

刘巽浩，2005. 农作学[M]. 北京：中国农业大学出版社.

刘燕，2015. 玉米花生间作体系中花生适应弱光的光合机理[D]. 洛阳：河南科技大学.

刘永秀，左元梅，张福锁，等，1999. 玉米—花生混作对改善花生铁营养及固氮的影响[J]. 土壤通报(2)：8-9，12.

刘张勇，2011. 河北省花生生产经济效益分析[D]. 重庆：西南大学.

刘长明，杨振民，李远德，等，1990. 实施花生—小麦—水稻二年三熟制的经验[J]. 耕作与栽培(2)：12-13.

刘柱，孟维伟，南镇武，等，2019. 盐碱地不同种植模式对谷子花生生长发育及产量形成的影响[J]. 花生学报，48(2)：31-37.

柳帅，2014. 湖南不同区域花生玉米间作模式的玉米密度调控研究[D]. 长沙：湖南农业大学.

卢良恕，2003. 西南岩溶地区现代农业建设的新思路[J]. 中国农业资源与区划(1)：5-7.

卢良恕，2004. 论新时期的中国现代农业建设[J]. 科技进步与对策(3)：4-6.

卢山，2011. 湖南花生高产栽培的气候生态与密度调控研究[D]. 长沙：湖南农业大学.

鲁成凯，宋吉英，孙世玲，等，2008. 超高产花生开花与结果规律的研究[J]. 青岛农业大学学报，25(4)：58-261.

禄熊伟，许吟隆，林而达，2000. 气候变化情景下我国花生产量变化模拟[J]. 中国环境科学(5)：8-11.

栾文楼，温小亚，马忠社，等，2008. 冀东平原土壤中重金属元素的地球化学特征[J]. 现代地质，22(6)：939-947.

吕小莲，王海鸥，张会娟，等，2012. 国内花生机械化收获的现状与研究[J]. 农机化研究，34(6)：245-248.

马常宝，2007. 美国艾奥瓦州测土配方施肥现状与启示[J]. 世界农业(1)：58-59.

马登超，张智猛，慈敦伟，等，2013. 积温变化对济宁市夏花生生长的影响[J]. 花生学报，42(3)：43-47.

门爱军，王耀波，2003. 山东出口花生贸易的现状与展望[J]. 花生学报，32(4)：48-51.

孟庆华，赵逢涛，王凤梅，2017. 棉花花生宽幅间作高产高效栽培技术[J]. 耕作与栽培(4)：63-66.

孟维伟，高华鑫，张正，等，2016. 不同玉米花生间作模式对系统产量及土地当量比的影响[J]. 山东农业科学，48(12)：32-36.

穆国俊，崔顺利，侯名语，等，2011. 适于冀中地区种植的高产花生品种筛选及其丰产性评价[J]. 河北农业科学，15(7)：1-3.

倪学志，于晓媛，2018. 耕地轮作、农业种植结构与我国持久粮食安全[J]. 经济问题探索(7)：78-88.

聂红民，2019.麦套花生全程机械化种植技术[J].农业科技通讯(4)：186-187.

宁金花，申双和，2009.气候变化对中国农业的影响[J].现代农业科技(12)：251-254.

宁堂原，焦念元，安艳艳，等，2007.间套作资源集约利用及对产量品质影响研究进展[J].中国农学通报，23(4)：159-162.

蓬莱气象站，1978.花生生产与气象条件关系的初步分析[J].花生科技(3)：17-21.

蒲伟凤，纪展波，李桂兰，等，2011.作物抗旱性鉴定方法研究进展[J].河北科技师范学院学报，25(2)：34-39.

钱凤魁，王文涛，刘燕华，2014.农业领域应对气候变化的适应措施与对策[J].中国人口·资源与环境，24(5)：19-24.

秦文利，贾立明，刘忠宽，等，2015.冬绿肥品种与播种方式对土壤养分和后茬花生产量及品质的影响[J].华北农学报，30(S1)：168-172.

邱柳，2012.花生种质资源耐渍性鉴定研究[D].长沙：湖南农业大学.

屈哲，2014.间作套种模式下玉米机械化收获技术与装备的研究[D].郑州：河南农业大学.

曲杰，高建强，程亮，等，2017.膜下滴灌条件下土壤质地对花生生长发育及产量形成的影响[J].山东农业科学，49(1)：95-97，102.

任春玲，1999.河南花生生产的回顾与展望[J].花生科技(3)：13-17.

任春玲，曲奕威，姜玉忠，2019.加快河南省花生产业转型升级的对策思考[J].河南农业(16)：7-8.

任咏梅，白丽，2012.河北省花生产业发展的现状及对策[J].贵州农业科学，40(9)：240-242.

赛力汗，雷钧杰，铁木尔·吐尔逊，等，2005.新疆花生高产栽培要点[J].新疆农业科学，42(S1)：17-19.

山东省花生生产机械化课题组，1989.花生生产综合机械化技术[M].济南：山东省机械技术出版社.

尚书旗，刘曙光，王方艳，等，2003.花生生产机械的应用现状与进展分析[J].花生学报，32(S1)：509-517.

尚书旗，王建刚，王方艳，等，2005.4H-2型花生收获机的设计原理及运动特性分析[J].农业工程学报，21(1)：87-91.

邵长亮，王铭伦，2003.关于花生产业化发展的几点思考[J].花生学报(S1)：73-76.

沈金雄，傅廷栋，2011.我国油菜生产、改良与食用油供给安全[J].中国农业科技导报，13(1)：1-8.

沈毓骏，安克，王铭伦，等，1993.夏直播覆膜花生减粒增穴的研究[J].莱阳农学院学报，10(1)：1-4.

石必显，朱明成，王起才，等，2017.新疆花生生产现状、趋势及发展对策研究[J].新疆农业科学，54(3)：574-584.

石程仁，禹山林，杜秉海，等，2018.连作花生土壤理化性质的变化特征及其与土壤微生物相关性分析[J].花生学报，47(4)：1-6.

石磊，许明祥，董丽茹，等，2016.陕西省农田土壤物理障碍评价[J].干旱地区农业研究，

34(3)：46-53.

石元亮，王玲莉，刘世彬，等，2008. 中国化学肥料发展及其对农业的作用[J]. 土壤学报，
　　45(5)：852-864.

时鹏，王淑平，贾书刚，等，2011. 三种种植方式对土壤微生物群落组成的影响[J]. 植物生态
　　学报，35(9)：965-972.

史奕，陈欣，沈善敏，2002. 有机胶结形成土壤团聚体的机理及理论模型[J]. 应用生态学
　　报，13(11)：1 495-1 498.

宋日，刘利，马丽艳，等，2009. 作物根系分泌物对土壤团聚体大小及其稳定性的影响[J].
　　南京农业大学学报，32(3)，93-97.

宋永林，袁锋明，姚造华，2002. 化肥与有机物料配施对作物产量及土壤有机质的影响[J].
　　华北农学报，17(4)：73-76.

苏培玺，杜明武，赵爱芬，等，2002. 荒漠绿洲主要作物及不同种植方式需水规律研究[J].
　　干旱地区农业研究(2)：79-86.

孙大容，1998. 花生育种学[M]. 北京：中国农业出版社.

孙健，杨新琴，2006. 农作制度创新是建设现代农业的有效途径[J]. 浙江农业科学(4)：469-473.

孙瑞莲，赵秉强，朱鲁生，2003. 长期定位施肥对土壤酶活性的影响及其调控土壤肥力的作
　　用[J]. 植物营养与肥料学报，9(4)：406-410.

孙秀山，孙学武，王才斌，等，2014. 旱地花生不同土壤类型植株钾素积累动态研究[J]. 中
　　国农学通报，30(3)：112-116.

孙学武，李安东，孙秀山，等，2013. 不同土壤类型对旱地花生植株磷素积累动态的影响[J].
　　山东农业科学，45(6)：71-74.

孙学武，孙秀山，王才斌，等，2013. 旱地花生不同土壤类型植株氮素积累动态研究[J]. 作
　　物杂志(2)：96-99.

孙智辉，王春乙，2010. 气候变化对中国农业的影响[J]. 科技导报，28(4)：110-117.

汤丰收，2009. 河南花生生产现状、存在问题及发展对策[J]. 花生学报，38(4)：39-43.

汤松，禹山林，廖伯寿，等，2010. 我国花生产业现状、存在问题及发展对策[J]. 花生学
　　报，39(3)：35-38.

唐启宇，1986. 中国作物栽培史稿[M]. 北京：农业出版社.

田煜，2002. 近年我国油脂供需概况及WTO短期影响[J]. 粮食与油脂(1)：16-18.

田煜，2003. 全球油脂油料供需形势分析[J]. 粮食与油脂(11)：28-30.

田展，丁秋莹，梁卓然，等，2014. 气候变化对中国油料作物的影响研究进展[J]. 中国农学
　　通报，30(15)：1-6.

铁木尔·吐尔逊，栗铁申，陈常兵，等，2000. 新疆花生科技考察报告[J]. 山东农业科学
　　(2)：48-49.

万书波，2003. 打造强势花生产业，参与国际竞争[J]. 花生学报，32(S1)：5-10.

万书波，2003. 中国花生栽培学[M]. 上海：上海科学技术出版社.

万书波，2007. 花生品质学(第二版)[M]. 北京：中国农业科学技术出版社.

万书波，2008. 花生品种改良与高产优质栽培[M]. 北京：中国农业出版社.

万书波，2008. 气候变暖对花生生产的影响及应对策略[J]. 山东农业科学(6)：107-109.

万书波，2009. 我国花生产业面临的机遇与科技发展战略[J]. 中国农业科技导报，11(1)：7-12.

万书波，2010. 花生产业经济学[M]. 北京：中国农业出版社.

万书波，2014. 花生产业形势与对策[J]. 山东农业科学，46(10)：128-132.

万书波，单世华，郭峰，2010. 提高花生产能，确保油料供给安全[J]. 中国农业科技导报，12(3)：22-26.

万书波，郭洪海，杨丽萍，等，2012. 中国花生品质区划[M]. 北京：科学出版社.

万书波，王才斌，2009. 麦油两熟制花生高产栽培理论与技术[M]. 北京：科学出版社.

万书波，王才斌，姜天新，2006. 找出差距、发挥优势、进一步提高山东花生的竞争力[J]. 花生学报，35(2)：1-5.

万书波，张建成，封海胜，2000. 花生在西部农业大开发中的地位和作用[J]. 中国农业科技导报(6)：50-52.

万书波，郑亚萍，刘道忠，等，2006. 精播麦套花生套期、肥料与密度优化配置研究[J]. 中国油料作物学报(3)：319-323.

王伯仁，徐明岗，文石林，2005. 长期不同施肥对旱地红壤性质和作物生长的影响[J]. 水土保持学报，19(1)：97-100，144.

王才斌，1998. 小麦花生两熟制双高产栽培的基本原理与关键技术[J]. 花生科技(4)：10-12.

王才斌，1999. 小麦花生两熟制一体化高产高效平衡施肥技术研究[J]. 中国油料作物学报，21(3)：67-71.

王才斌，成波，孙秀山，等，1996. 小麦花生两熟制高产生育规律及栽培技术研究Ⅱ种植模式[J]. 中国油料，18(2)：37-40.

王才斌，刘云峰，吴正锋，等，2008. 山东省不同生态区花生品质差异及稳定性研究[J]. 中国生态农业学报，16(5)：1 138-1 142.

王才斌，孙彦浩，陶寿祥，等，1994. 小麦花生两熟制不同种植方式花生产量构成因素分析及高产途径[J]. 花生科技(3)：24-26.

王才斌，万书波，2009. 麦油两熟制花生高产栽培理论与技术[M]. 北京：科学出版社.

王才斌，万书波，郑亚萍，等，2006. 山东花生生产当前主要问题、成因及发展对策[J]. 花生学报，35(1)：25-28.

王才斌，吴正锋，成波，等，2007. 连作对花生光合特性和活性氧代谢的影响[J]. 作物学报，33(8)：1 304-1 309.

王才斌，郑亚萍，成波，等，2002. 山东省不同生态区域花生种植方式综合评价研究[J]. 花生学报，31(3)：15-19.

王传堂，张建成，2013. 花生遗传改良[M]. 上海：上海科学技术出版社.

王春丽，李增嘉，2005. 小麦花生玉米不同间套作模式产量品质效益比较[J]. 耕作与栽培(5)：11-12.

王道亮，张永华，潘军，2018. 花生种植规范化及管理标准化技术规程探究[J]. 农业与技术，38(18)：22.

王恩逊，赵广玉，温汝章，1998. 山东推广小麦、花生、玉米三作三收综合增产技术取得显著效益[J]. 花生科技(2)：37-41.

王国庆，金君良，鲍振鑫，等，2014. 气候变化对华北粮食主产区水资源的影响及适应对策[J]. 中国生态农业学报，22(8)：898-903.

王宏梅，孔德生，焦玉霞，等，2019. 邹城市花生病虫草害全程绿色防控技术集成与应用[J]. 中国植保导刊，39(12)：92-94.

王华英，胡海棠，李存军，2015. 中国种植制度时空变化及驱动力综述[J]. 安徽农业科学，43(6)：37-40.

王慧新，于洪波，吴占鹏，等，2008. 辽宁省花生品种植结构的历史、现状与展望[J]. 河北农业科学，12(12)：1-2.

王建国，刘登望，李林，等，2018. 不同栽培方式对秋繁花生土壤温度和农艺性状及产量的影响[J]. 湖南农业大学学报(自然科学版)，44(1)：17-21.

王建国，张昊，李林，等，2017. 不同钙肥梯度与覆膜对低钙红壤花生根系形态发育及产量的影响[J]. 中国油料作物学报，39(6)：820-826.

王亮，魏建军，李艳，等，2014. 中国花生全程机械化发展状况及其在新疆的应用[J]. 中国农学通报，30(2)：161-168.

王龙彬，王丽娟，赵亮，2006. 东北地区花生栽培技术[J]. 农民科技培训(7)：26.

王梅，李建伟，石璟，等，2013. 花生不同连作年限应用微生物菌剂效果研究[J]. 花生学报，42(4)：37-41.

王启现，2008. 油料市场供求态势分析与短期走势[J]. 农产品加工(7)：14-16.

王倩仪，蔡秀英，1989. 广西花生种质资源脂肪酸组分分析[J]. 广西农业科学(3)：9-11.

王盛玉，2007. 花生生产全程机械化技术应用[J]. 农机科技推广(3)：36.

王淑彬，杨文亭，杨滨娟，等，2018. 不同冬作物对双季稻田土壤团聚体结构及有机碳、全氮的影响[J]. 江西农业大学学报，40(1)：1-9.

王四平，魏广学，郭麟，2019. 棉花种植机械信息化概况和发展前景[J]. 农业工程技术，39(36)：76-79.

王巍，于洪波，杨会全，等，2005. 辽宁花生生产的过去与未来[J]. 花生学报，34(2)：23-26.

王西和，刘骅，马兴旺，等，2008. 种植制度在农田土壤培肥中的作用[J]. 新疆农业科学，45(S3)：134-137.

王喜庆，李生秀，高亚军，1998. 地膜覆盖对旱地春玉米生理生态和产量的影响[J]. 作物学报，24(3)：348-353.

王小琳，刘辉，顾正清，2001. 棉花间作花生的效应研究[J]. 花生学报，30(4)：19-22.

王艳，2013. 中国花生主产区比较优势研究[D]. 南京：南京农业大学.

王耀波，张艺兵，张鹏，等，2003. 入世后中国花生产业发展前景及促进出口对策[J]. 花生学报，32(3)：24-29.

王移，卫伟，杨兴中，等，2011. 黄土丘陵沟壑区典型植物耐旱生理及抗旱性评价[J]. 生态与农村环境学报，27(4)：56-61.

王移收，2006. 我国花生产品加工业现状、问题及发展趋势[J]. 中国油料作物学报，28(4)：498-502.

王永刚，2010. 中国油脂油料供求、贸易、政策的现状与前景[J]. 中国油脂，35(2)：1-5.

王玉河，王承军，2011. 新泰市气候变化及其对种植业的影响[J]. 安徽农业科学(39)：14 978-14 980.

王在序，1982. 花生栽培[M]. 济南：山东科学技术出版社.

王在序，盖树人，1999. 山东花生[M]. 上海：上海科学技术出版社.

王昭静，刘登望，王建国，等，2013. 播期对不同粒型花生品种发育进度的影响及与气象生态因子的关系[J]. 中国农学通报，29(36)：246-252.

王兆华，2015. 山东省种植制度与粮食安全研究[M]. 北京：中国农业出版社.

温长文，王进朝，陈思刚，2011. 我国花生机械化收获影响因素分析及发展建议[J]. 河北农业科学，15(10)：100-103.

吴佳宝，2012. 植物生长调节剂对花生渍涝胁迫的调控效应[D]. 长沙：湖南农业大学.

吴晓东，王国祥，李振国，等，2012. 干旱胁迫对香蒲生长和叶绿素荧光参数的影响[J]. 生态与农村环境学报，28(1)：103-107.

吴远馨，2007. 全球油脂和脂肪产量预测和价格展望[J]. 日用化学品科学，30(8)：1-4.

夏飞，2019. 长江中游不同种植模式产量、资源利用效率及环境代价的研究[D]. 武汉：华中农业大学.

夏龙龙，颜晓元，蔡祖聪，2020. 我国农田土壤温室气体减排和有机碳固定的研究进展及展望[J]. 农业环境科学学报，39(4)：834-841.

谢丽萍，2014. 东北花生覆膜高产栽培技术[J]. 吉林农业(1)：36.

徐国环，官国科，2011. 地膜花生—杂交晚稻—冬菜水旱轮作高效种植技术[J]. 中国种业(7)：57-58.

徐杰，张正，孟维伟，等，2017. 施氮量对玉米花生宽幅间作体系农艺性状及产量的影响[J]. 花生学报，46(1)：14-20.

许昌燊，2004. 农业气象指标大全[M]. 北京：气象出版社.

颜明娟，章明清，李娟，等，2010. 福建花生测土配方施肥指标体系研究[J]. 中国油料作物学报，32(3)：424-430.

杨传杰，罗毅，孙林，等，2012. 水分胁迫对覆膜滴灌棉花根系活力和叶片生理的影响[J]. 干旱区研究，29(5)：802-810.

杨大俐，董秀英，李振胜，2003. 河北省冀东地区春花生地膜覆盖栽培及配套技术的推广应用[J]. 花生学报，32(S1)：429-433.

杨冬静，王晓军，张祖明，2012. 江苏省花生生产现状、存在问题及对策[J]. 花生学报，41(4)：30-32.

杨富军，赵长星，闫萌萌，等，2013. 栽培方式对夏直播花生叶片光合特性及产量的影响[J].

应用生态学报，24(3)：747-752.

杨继松，李新华，郭洪海，2010. 东北三省花生生产现状、问题及对策[J]. 安徽农业科学，38(30)：17 308-17 310.

杨建群，2003. 安徽省花生生产和市场的现状及思考[J]. 花生学报，32(S1)：52-55.

杨静，2009. 中国花生生产及贸易现状与展望[J]. 花生学报，38(1)：27-31.

杨静，黄漫红，2002. 中国花生生产的成本收益分析[J]. 北京农学院学报，17(4)：72-77.

杨丽萍，郭洪海，李新华，等，2010. 中国花生O/L值空间分布预测初探[J]. 中国农学通报，26(12)：311-315.

杨丽萍，郭洪海，李新华，等，2010. 中国花生蛋白质含量空间分布预测初探[J]. 中国农业科技导报，12(5)：92-97.

杨世琦，吴会军，韩瑞芸，等，2016. 农田土壤紧实度研究进展[J]. 土壤通报，47(1)：226-232.

杨伟波，付登强，刘立云，等，2013. 海南花生研究现状及展望[J]. 热带农业科学，33(5)：73-75.

杨晓光，陈阜，2014. 气候变化对中国种植制度影响研究[M]. 北京：气象出版社.

杨艺，朱翠明，王霞，2019. 我国农业信息化建设存在的问题、成因与发展对策研究[J]. 情报科学，37(5)：53-57.

杨英民，李俊庆，宋克美，1991. 土壤质地对夏花生荚果发育及其产量的影响[J]. 中国油料(2)：82-84.

杨中旭，李秋芝，商娜，等，2015. 聊城市花生—小麦一年两作气象条件分析[J]. 中国农学通报，31(30)：268-272.

姚广宪，万善乐，王萍，1997. 临沭县小麦、夏花生双高产技术开发总结报告[J]. 花生科技(2)：25-29.

姚君平，罗瑶年，杨新道，等，1985. 早中熟花生不同生育阶段土壤水分亏缺对植株生育的影响[J]. 花生科技(2)：15-18.

叶优良，2003. 间作对氮素利用和水分利用效率的影响[D]. 泰安：中国农业大学.

殷冬梅，李拴柱，崔党群，2010. 花生主要农艺性状的相关性及聚类分析[J]. 中国油料作物学报，32(2)：212-216.

尤飞，汤松，李文娟，2011. 气候变化影响下东北花生业发展潜力与对策分析[J]. 中国农业资源与区划，32(3)：71-74.

游春平，傅莹，韩静君，等，2010. 我国花生病害的种类及其防治措施[J]. 江西农业学报，22(1)：97-101.

于伯成，张智猛，刘恒德，等，2014. 不同类型果林间套播花生性状的相关分析和因子分析[J]. 花生学报，43(2)：31-35.

于国庆，于树涛，于洪波，等，2016. 东北三省花生生产和科研现状分析及建议[J]. 农业经济(5)：58-59.

于海林，龚振平，于贵霞，等，2006. 黑龙江省花生生产现状及发展对策[J]. 黑龙江农业科学(4)：36-38.

于洪波，史普想，于树涛，等，2014. 东北地区花生生产和科研现状、存在问题与发展浅见[J]. 农业科技通讯(12)：25-28.

于建新，高英，张新民，2014. 新疆喀什地区花生病虫害防治关键技术[J]. 植保土肥(11)：136.

余常兵，李志玉，廖伯寿，等，2009. 湖北花生主要养分限制因子研究[J]. 高效施肥(1)：27-30.

余美炎，1984. 土壤三要素含量与花生产量关系的研究[J]. 花生科技(2)：16-21.

余泳昌，刘文艺，冯春丽，等，2005. 花生收获机械发展与应用现状[J]. 山东农机(6)：10-11.

禹山林，2008. 中国花生品种及其系谱[M]. 上海：上海科学技术出版社.

岳赵寒，胡启龙，2019. 我国农业信息化发展的形势与对策研究[J]. 种子科技，37(18)：155-156.

曾红远，2013. 耐渍花生生育生理对不同耕种模式的响应[D]. 长沙：湖南农业大学.

翟振，李玉义，逄焕成，等，2016. 黄淮海北部农田犁底层现状及其特征[J]. 中国农业科学，49(12)：2 322-2 332.

张承祥，张勋利，李矩深，等，1984. 我国花生种植区划Ⅱ种植区划和商品基地[J]. 花生科技(2)：14-19.

张承祥，张勋利，李矩深，等，1984. 我国花生种植区划Ⅰ花生生产布局现状和品种适宜气候区划[J]. 花生科技(1)：15-19.

张冲，胡志超，邱添，等，2018. 国内外花生机械化收获发展概况分析[J]. 江苏农业科学，46(5)：13-18.

张恩和，李玲玲，黄高宝，等，2002. 供肥对小麦间作蚕豆群体产量及根系的调控[J]. 应用生态学报(8)：939-942.

张飞民，王澄海，谢国辉，2018. 气候变化背景下未来全球陆地风、光资源的预估[J]. 干旱气象，36(5)：725-732.

张凤华，贾可，刘建玲，等，2008. 土壤磷的动态积累及土壤有效磷的产量效应[J]. 华北农学报，23(1)：168-172.

张根伟，张丽萍，李书生，等，2012. 复合土壤微生态制剂在连作花生上的应用效果[J]. 河南农业科学(9)：47-49，62.

张辉，李维炯，倪永珍，2006. 生物有机无机复合肥对土壤性质的影响[J]. 土壤通报，37(2)：273-277.

张佳蕾，郭峰，杨佃卿，等，2015. 单粒精播对超高产花生群体结构和产量的影响[J]. 中国农业科学，48(18)：3 757-3 766.

张建成，2005. 我国花生原料及制品出口现状和产业发展对策[J]. 中国食物与营养(1)：33-34.

张建成，宫清轩，张正，等，2009. 世界花生产业发展的回顾与展望[J]. 世界农业(2)：7-9.

张璟，2018. 气候变化对农业生产影响的区域差异研究[J]. 淮阴工学院学报，27(6)：58-63.

张静，2008. 河北省土地利用分区研究[D]. 保定：河北农业大学.

张俊，刘娟，汤丰收，等，2016. 早春不同栽培方式对河南花生一年两熟影响[J]. 中国农业科技导报，18(5)：134-140.

张俊，刘娟，臧秀旺，等，2015. 不同生育时期水分胁迫对花生生长发育和产量的影响[J]. 中国农学通报，31(24)：93-98.

张俊，汤丰收，刘娟，等，2015. 不同种植方式夏花生开花物候与结果习性[J]. 中国生态农业学报，23(8)：979-986.

张启华，高翔，郭永华，等，1996. 陕西黄土高原花生生态资源及高产栽培技术研究[J]. 花生科技(1)：10-14.

张思苏，封海胜，万书波，等，1992. 花生不同连作年限对植株生育的影响[J]. 花生科技(2)：21-23.

张翔，毛家伟，司贤宗，等，2014. 不同种类有机肥与钼肥配施对连作花生生长发育及产量、品质的影响[J]. 中国油料作物学报，36(4)：489-493.

张亚如，崔洁亚，侯凯旋，等，2017. 土壤容重对花生结荚期氮、磷、钾、钙吸收与分配的影响[J]. 华北农学报，32(6)：198-204.

张艳君，郭丽华，于涛，等，2015. 花生连作对植株生长发育及主要农艺生理指标的影响[J]. 辽宁农业科学(6)：17-20.

张艳艳，陈建生，张利民，等，2014. 不同种植方式对花生叶片光合特性、干物质积累与分配及产量的影响[J]. 花生学报，43(1)：39-43.

张怡，王兆华，2018. 中国花生生产布局变化分析[J]. 农业技术经济(9)：112-122.

张毅，2007. 我国花生生产及产业发展战略[J]. 国际农产品贸易(3)：42-45.

张玉娇，2006. 花生生育动态与模拟模型的研究[D]. 泰安：山东农业大学.

张智猛，戴良香，慈敦伟，等，2016. 种植密度和播种方式对盐碱地花生生长发育、产量及品质的影响[J]. 中国生态农业学报，24(10)：1 328-1 338.

张智猛，宋文武，丁红，等，2013. 不同生育期花生渗透调节物质含量和抗氧化酶活性对土壤水分的响应[J]. 生态学报，33(14)：4 257-4 265.

张智婷，2009. 河北省自然保护区规划和管理有效性评估[D]. 保定：河北农业大学.

章家恩，高爱霞，徐华勤，等，2009. 玉米/花生间作对土壤微生物和土壤养分状况的影响[J]. 应用生态学报，20(7)：1 597-1 602.

赵嫒，2019. 花生测土施肥标准化栽培技术研究[J]. 农民致富之友(2)：63.

赵琛，曾永三，孙辉，等，2009. 我国花生抗病性研究进展[J]. 湖北农业科学，48(5)：1 241-1 244.

赵海祯，梁哲军，齐宏立，等，2002. 旱地小麦覆盖栽培高产机理研究[J]. 干旱地区农业研究，20(2)：1-4.

赵品绩，孙成银，王海霞，2018. 莱西市花生绿色高质高效生产创新模式[J]. 基层农技推广，6(10)：120-122.

赵茹欣，王会肖，董宇轩，2020. 气候变化对关中地区粮食产量的影响及趋势分析[J]. 中国生态农业学报(4)：467-479.

赵瑞，许瀚卿，樊冬丽，等，2017. 气候变化对中国花生生产的影响研究进展[J]. 中国农学通报，33(21)：114-117.

郑冰婵，2012.气候变化对中国种植制度影响的研究进展[J].中国农学通报(28)：308-311.

郑瑞强，李霞，冯蕾，2011.河北省花生种植生产效益分析与对策建议[J].广东农业科学
(13)：168-172.

郑亚萍，吴正锋，王才斌，等，2013.旱地花生不同土壤类型主要土壤肥力指标季节变异及
其相互关系研究[J].核农学报，27(6)：831-838.

郑奕雄，2009.南方花生产业技术学[M].广州：中山大学出版社.

郑奕雄，陈少婷，2012.经济作物种植实用技能[M].广州：中山大学出版社.

郑奕雄，胡学应，赵玉环，等，2010.广东省花生高产创建中的良种选用[J].广东农业科学
(4)：50-51.

钟鹏，刘杰，孙彬，等，2016.寒地花生—玉米轮作少耕高产栽培技术[J].农业工程，6(1)：
92-93，18.

周可金，吴永辉，邢君，等，2003.安徽油料产业现状及其竞争力分析[J].中国农学通报，
19(4)：146-148，158.

周录英，李向东，汤笑，等，2007.氮、磷、钾肥不同用量对花生生理特性及产量品质的影
响[J].应用生态学报，18(11)：2 468-2 474.

周曙东，景令怡，孟桓宽，等，2018.中国花生主产区生产布局演变规律及动因挖掘[J].农
业技术经济(3)：100-109.

周曙东，孟桓宽，2017.中国花生主产区种植面积变化的影响因素[J].江苏农业科学，45
(13)：250-253.

周雪松，赵谋明，2004.我国花生食品产业现状与发展趋势[J].食品与发酵工业，30(6)：
84-89.

朱行，2003.世界油籽业发展现状和今后30年预测[J].现代商贸工业(7)：37-38.

宗锦耀，2008.中国农业机械化重点推广技术[M].北京：中国农业大学出版社.

邹晓霞，张晓军，王月福，等，2018.山东省小麦—夏直播花生种植体系碳足迹[J].应用生
态学报，29(3)：850-856.

左洪超，吕世华，胡隐樵，2004.中国近50年气温及降水量的变化趋势分析[J].高原气象，
23(2)：238-244.

左元梅，李晓林，曹一平，等，2003.河南省沙区玉米花生间作对花生铁营养效率及间作优
势的影响[J].作物学报，29(5)：658-663.

左元梅，刘永秀，张福锁，2004.玉米/花生混作改善花生铁营养对花生根瘤碳氮代谢及固氮
的影响[J].生态学报，24(11)：2 584-2 590.

左元梅，张福锁，2003.不同间作组合和间作方式对花生铁营养状况的影响[J].中国农业科
学，36(3)：300-306.

Bhagsari A S，Brown R H，Schepers J S，1976. Effect of moisture stress on photosynthesis and
some related physiological characteristics in peanut[J]. Crop Sci，16(5)：712-715.

Bishnoi N R，Krishnamoorthy H N，1995. Effect of waterlogging and gibberellic acid on growth and yield of peanut(*Arachis hypogaea* L.)[J]. Indian Journal of Plant Physiology, 38 (1): 45-47.

Carcia F, Cruse R M, Blackmer A M, 1988. Compaction and nitrogen placement effect on root growth, water depletion, and nitrogen uptake[J]. Soil Science Society American Journal, 52 (3): 792-798.

De Neve S, Hofman G, 2000. Influence of soil compaction on carbon and nitrogen mineralization of soil or canic matter and crop residues[J]. Biology and Fertility of Soils, 30 (5): 544-549.

Duncan W G, 1978. Physiological aspects of peanut yield improvement[J]. Crop science, 18 (6): 1 015-1 020.

Li X H, Guo H H, Yang L P, et al., 2010. Effects of soil fertility on peanut quality[J]. Agricultural Science & Technology, 11(3): 182-185.

Marois J J, Wright D L, Wiatrak P J, et al., 2004. Effect of row width and nitrogen on cotton morphology and canopy microclimate[J]. Crop Science, 44(3): 870-877.

Mazzola M, 1997. Identification and pathogenicity of *Rhizoctonia* spp. isolated from apple roots and orchard soils[J]. Phytopathology, 87(6): 582-587.

Messina F J, Durham S L, 2002. Trade-off between plant growth and defense a comparison of sagebrush populations[J]. Oecologia, 131(1): 43-51.

Pinheiro E F M, Pereira M G, Anjos L H C, 2004. Aggregate distribution and soil organic matter under diferent tillage systems for vegetable crops in a red latosol from Brazil[J]. Soil and Tillage Research, 77(1): 79-84.

Stewart D W, Costa C, Dwyer L M, et al., 2003. Canopy structure, light interception, and photosynthesis in maize[J]. Agronomy Journal, 95(6): 1 465-1 474.

Stinson G, Freedman B, 2001. Potential for carbon sequestration in Canadian forests and agroecosystems[J]. Mitigation and Adaptation Strategies for Global Change(6): 1-23.

Tosti G, Guiducci M, 2010. Durum wheat-faba bean temporary intercropping: Effects on nitrogen supply and wheat quality[J]. European Journal of Agronomy, 33(3): 157-165.

TRENBATH B R, 1993. Intercropping for the management of pests and diseases[J]. Field Crops Research, 34(3-4): 381-405.

Zhang W F, Cao G X, Li X L, et al., 2016. Closing yield gaps in China by empowering small holder farmers[J]. Nature, 537(7 622): 671-674.

附　　录

一、世界花生主产区主要方式

1. 美国（图1、图2）

美国种植（耕作）制度实行轮作、免耕和休耕，花生等作物很少间作和套作，极小部分地区存在花生的连作，一般实行棉花、花生轮作，较普遍轮作模式为：玉米→花生→棉花3年一轮作。花生种植机械化程度很高，实现了精准化，因地域差别由北向南实行一年一熟、一年两熟、两年三熟制。

整地

播种

中耕、病虫害防治

灌溉

田间运输   干燥运输车

图1 美国花生机械化作业（高连兴等，2017）

当前，以Runner等系列匍匐型花生为主要品种，实现了全美统一的花生清种栽培技术体系。全部实行与拖拉机轮距匹配的宽窄单行（narrow-wide single row，简称L1模式）和2种宽窄双行（narrow-wide twin rows，简称L2和L3模式）规范化种植，为机械化收获创造了有利条件。L1模式适应拖拉机轮距182cm，窄行距L12为81cm、宽行距L11为101cm，便于轮胎通过；L2适应拖拉机轮距182cm，轮胎通过的宽行距L21为91cm、中间和两侧宽行距相等，即L23为56cm、窄行距L22为18cm；L3模式适应拖拉机轮距193cm，中间和两侧宽行距相等，即L33为56cm、窄行距L32为23cm。

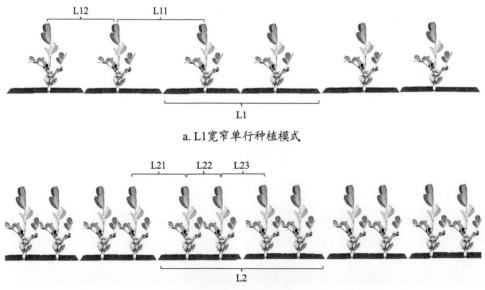

a. L1宽窄单行种植模式

b. L2宽窄双行种植模式

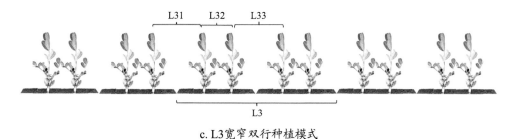

c. L3宽窄双行种植模式

图2　美国花生种植基本模式（高连兴等，2017）

2. 阿根廷（图3、图4、图5）

阿根廷为了减轻花生重茬造成的各种危害，常进行轮作换茬，前茬作物多为：小麦、玉米、大豆，耕作制度采取轮作、免耕、秸秆还田等。

花生于11月上旬机械播种，翌年4月上旬机械收获。采用大型花生播种机播种，种植管理方式与美国类似。机播有单粒条播和点播两种规格，花生行距70cm，株距为5.3～5.6cm，平均25.7万～27.5万株/hm²。花生播深为4～5cm，出苗率可达90%～95%以上。

图3　花生免耕播种
（山东省花生研究所）

图4　玉米茬秸秆还田直播花生
（山东省花生研究所）

图5　玉米茬后直播花生
（山东省花生研究所）

3.印度（图6、图7、图8）

印度花生种植几乎遍布全国，主要种植模式以畦作为主。种植方式多样，可与玉米套种，品种以直立型为主。普通型花生多为平垄播种，行株距为60cm×10cm或45cm×15cm，珍珠豆型多为45cm×10cm，部分地区花生种植实施90cm大垄等行距裸种4行花生。

图6 印度玉米套种花生（山东省花生研究所）

裸种花生

花生苗期

图7 90cm大垄等行距裸种花生（山东省花生研究所）

小型播种机械

人力、畜力播种

图8 印度花生播种机机具（山东省花生研究所）

二、中国花生种植典型方式及模式

1.种植方式及模式（图9）

中国花生种植主要包平作、垄作、畦作、单作、间作、混作、套作等方式及模式。

旱薄地花生—平作　　　　　　　　　新疆膜下滴灌—平作

垄作—覆膜　　　　　　　　　　　　垄作—不覆膜

畦作花生

单作花生

花生‖玉米

花生‖棉花

林油间作

花生‖甘蔗

花生‖木薯

花生‖谷子

花生‖油葵

花生‖高粱

花生‖油葵

花生‖芝麻

麦套花生

夏直播花生垄作　　　　　　　　　　　夏直播平作

单垄单行种植

一垄两行　　　　　　　　　　　　　　　一垄三行

膜下滴灌一膜四行　　　　　　　　　　膜下滴灌一膜五行

图9　中国花生种植典型方式

（山东省农业科学院、广西壮族自治区农业科学院、新疆农业科学院等）

2. 种植机械（图10至图22）

典型种植机械图片（山东省农业科学院、农业农村部南京农业机械化研究所、河南省农业科学院等）。

图10　一垄两行不覆土播种机

图11　一垄两行隔段覆土播种机

图12　一垄两行条带覆土播种机

图13　两垄四行播种机

图14　玉米花生间作种肥同播播种机

图15　麦后免耕覆秸花生播种机

图16　麦后全秸秆覆盖花生免耕播种机

图17　小型花生收获机

图18　花生摘果机

图19　花生收获机

图20　花生捡拾摘果机

图21　花生联合收获机

图22　玉米花生同步收获

三、主要相关标准或技术规程

1. 国家标准（GB）

标准号	标准名称
GB 4407.2—2008	经济作物种子 第2部分：油料类
GB/T 17980.126—2004	农药 田间药效试验准则（二）第126部分：除草剂防治花生田杂草
GB/T 17980.84—2004	农药 田间药效试验准则（二）第84部分：杀菌剂防治花生锈病
GB/T 17980.85—2004	农药 田间药效试验准则（二）第85部分：杀菌剂防治花生叶斑病

2. 农业行业标准（NY）

标准号	标准名称
NY/T 855—2004	花生产地环境技术条件
NY/T 994—2006	花生剥壳机 作业质量
NY/T 993—2006	花生摘果机 作业质量
NY/T 2204—2012	花生收获机械 质量评价技术规范
NY/T 2404—2013	花生单粒精播高产栽培技术规程
NY/T 2406—2013	花生防空秕栽培技术规程
NY/T 2407—2013	花生防早衰适期晚收高产栽培技术规程
NY/T 2390—2013	花生干燥与贮藏技术规程
NY/T 2308—2013	花生黄曲霉毒素污染控制技术规程
NY/T 2405—2013	花生连作高产栽培技术规程
NY/T 2397—2013	高油花生生产技术规程
NY/T 2402—2013	高蛋白花生生产技术规程
NY/T 2392—2013	花生田镉污染控制技术规程
NY/T 2395—2013	花生田主要杂草防治技术规程
NY/T 2408—2013	花生栽培观察记载技术规范
NY/T 2401—2013	覆膜花生机械化生产技术规程
NY/T 2399—2013	花生种子生产技术规程
NY/T 2394—2013	花生主要病害防治技术规程
NY/T 2398—2013	夏直播花生生产技术规程
NY/T 2400—2013	绿色食品 花生生产技术规程
NY/T 2396—2013	麦田套种花生生产技术规程
NY/T 2403—2013	旱薄地花生高产栽培技术规程
NY/T 2683—2015	农田主要地下害虫防治技术规程
NY/T 502—2016	花生收获机 作业质量
NY/T 3160—2017	黄淮海地区麦后花生免耕覆秸精播技术规程
NY/T 1464.76—2018	农药田间药效试验准则第76部分：植物生长调节剂促进花生生长

3. 地方标准（DB）

标准号	标准名称
DB37/T 062—1985	花生高产栽培观察测定项目和方法
DB37/T 061—1985	花生高产栽培技术指标和技术规程
DB37/T 218—1996	春花生地膜覆盖技术规程
DB37/T 216—1996	麦田套种花生地膜覆盖栽培技术规程
DB37/T 217—1996	夏直播花生地膜覆盖栽培技术规程
DB13/T 398.8—1999	旱地花生覆膜高产栽培技术规程
DB37/T 316—2002	农业机械作业质量 花生机械收获
DB37/T 930—2007	花生防黄曲霉毒素污染操作技术规程
DB37/T 925—2007	旱薄地花生生产技术规程
DB37/T 921—2007	春花生机播覆膜规范化生产技术规程
DB37/T 923—2007	花生连作生产技术规程
DB37/T 929—2007	花生种子安全贮藏技术规程
DB37/T 924—2007	精播花生高产栽培技术规程
DB37/T 926—2007	鲁东地区宽幅麦套种花生生产技术规程
DB37/T 927—2007	鲁西地区麦田套种花生生产技术规程
DB37/T 922—2007	麦田夏直播花生生产技术规程
DB37/T 928—2007	无公害食品 花生生产技术规程
DB37/T 1032—2008	绿色食品 花生生产技术规程
DB37/T 1041—2008	出口花生优质高产生产技术规程
DB37/T 1043—2008	花生高产规范化栽培技术规程
DB37/T 1035—2008	花生田镉污染控制生产技术规程
DB37/T 1033—2008	花生原料干燥与贮藏技术规程
DB37/T 1042—2008	花生栽培植株性状考察标准
DB37/T 1037—2008	花生高油栽培生产技术规程
DB37/T 1039—2008	花生主要病害防治技术规程

（续表）

标准号	标准名称
DB37/T 1032—2008	绿色食品 花生生产技术规程
DB37/T 1036—2008	鲜食花生生产技术规程
DB37/T 1038—2008	有机食品 花生生产技术规程
DB37/T 1463—2009	幼龄果树田花生生产技术
DB37/T 1461—2009	夏直播花生密植晚收高产栽培技术
DB37/T 1318.1—2009	出口花生质量安全技术规程 第1部分：生产技术要求
DB37/T 1318.2—2009	出口花生质量安全技术规程 第2部分：加工要求
DB37/T 1454—2009	花生超高产栽培技术
DB37/T 1453—2009	花生氮肥经济施用技术
DB37/T 1457—2009	花生黄曲霉毒素污染田间检测技术规程
DB37/T 1462—2009	花生机械化生产技术
DB37/T 1456—2009	花生缺素症状及其矫正技术
DB37/T 1459—2009	花生种质资源保存技术规程
DB37/T 1455—2009	花育22号高产优质规范化栽培技术
DB37/T 1460—2009	绿色食品 花生病虫害综合防治技术规程
DB13/T 1205—2010	高油花生品种冀花4号栽培技术规程
DB37/T 1540—2010	花生田杂草综合治理技术规程
DB21/T 1807—2010	花生摘果机械作业技术规程
DB37/T 1951—2011	花生田中黄顶菊防除技术规范
DB34/T 1576—2011	绿色食品 沿淮地区花生栽培技术规程
DB13/T 1528—2012	花生地下害虫综合防治技术规程
DB21/T 1993—2012	花生防风蚀技术操作规程
DB37/T 2048—2012	花生肥料面源污染防控技术规程
DB21/T 1976—2012	花生高产栽培技术规程
DB37/T 2210—2012	花生合理施钙防空秕栽培技术规程

标准号	标准名称
DB37/T 2213—2012	花生适期晚收高产栽培技术规程
DB21/T 2055—2012	花生种子生产技术规程
DB62/T 2250—2012	庆阳市无公害农产品 花生地膜覆盖生产技术规范
DB41/T 775—2012	夏花生有害生物综合防治技术规程
DB32/T 2191—2012	早春双膜覆盖菜用花生栽培技术规程
DB21/T 2224—2013	出口用小花生高产栽培技术规程
DB52/T 793—2013	贵州铜仁花生生产技术规程
DB21/T 2067—2013	地理标志产品 红崖子花生生产技术规程
DB34/T 1889—2013	淮北地区夏播花生生产技术规程
DB45/T 1052—2014	水旱轮作花生栽培技术规程
DB41/T 293.13—2014	农作物四级种子生产技术规程 第13部分：花生
DB13/T 2024—2014	冀中南冬油菜—花生轮作栽培技术规程
DB21/T 2223—2014	花生主要病害防治技术规程
DB14/T 936—2014	春播花生优质高产栽培技术规程
DB45/T 1054—2014	春花生间作玉米栽培技术规程
DB21/T 2384—2014	花生膜下滴灌栽培技术规程
DB13/T 2151—2014	地理标志产品 滦县花生（东路花生）生产技术规程
DB22/T 2176—2014	地膜覆盖花生生产技术规程
DB37/T 2507—2014	花生生产风险数据采集规范
DB34/T 2149—2014	黑花生栽培技术规程
DB65/T 3710—2015	绿色食品 花生（果、仁）林农复合间套作种植平播覆膜花生栽培技术规程
DB53/T 688—2015	红皮小粒花生生产技术规程
DB21/T 2496—2015	花生储藏技术规程
DB21/T 2531—2015	有机花生生产技术规程

（续表）

标准号	标准名称
DB37/T 2780.1—2016	花生专用环保地膜覆盖高产栽培技术规程 第1部分：配色可回收地膜覆盖高产栽培
DB37/T 2780.2—2016	花生专用环保地膜覆盖高产栽培技术规程 第2部分：生物降解地膜覆盖高产栽培
DB37/T 2824.4—2016	盐碱地农作物栽培技术规程 第4部分：花生
DB37/T 2851—2016	玉米花生宽幅间作高产高效安全栽培技术规程
DB37/T 3379—2018	氧化—生物双降解地膜应用技术规程 花生
DB37/T 3476—2018	莒南花生生产技术规程
DB37/T 3477—2018	临沭花生生产技术规程
DB37/T 3561—2019	花生机械化播种作业技术规范
DB37/T 3500—2019	花生逆境生产技术规程
DB37/T 3685—2019	轻度盐碱地夏玉米与花生—田菁轮作技术规程

4. 农业机械推广鉴定大纲（DG/T）

标准号	标准名称
DG/T 077—2019	花生收获机
DG/T 128—2019	花生脱壳机
DG/T 121—2019	花生摘果机

5. 机械行业标准（JB）

标准号	标准名称
JB/T 5688.1—2007	花生剥壳机技术条件
JB/T 5688.2—2007	花生剥壳机试验方法
JB/T 13076—2017	花生联合收获机